天地一体化信息网络丛书

国家出版基金项目
NATIONAL PUBLICATION FOUNDATION

Space-ground

Integrated

Information

Network

天地一体化
信息网络信息安全保障技术

■ 李凤华 郭云川 曹进 李晖 张林杰 著

人民邮电出版社
北 京

图书在版编目（CIP）数据

天地一体化信息网络信息安全保障技术 / 李凤华等
著. -- 北京 : 人民邮电出版社，2022.10
（天地一体化信息网络丛书）
ISBN 978-7-115-59680-2

Ⅰ．①天… Ⅱ．①李… Ⅲ．①通信网－网络安全－研
究 Ⅳ．①TN915.08

中国版本图书馆CIP数据核字(2022)第117958号

内 容 提 要

　　天地一体化信息网络具有"全球覆盖、随遇接入、异构互联、资源受限"等特征，现有网络与信息安全技术难以应对天地一体化信息网络在网络运行和信息服务等方面的安全挑战。本书系统阐述了天地一体化信息网络安全保障方面适合学术交流的相关理论、技术及应用。本书内容分为 6章，首先介绍了天地一体化信息网络面临的安全风险、安全体系架构，然后介绍了天地一体化信息网络细粒度访问控制、组网认证与接入鉴权、全网安全设备统一管理、安全动态赋能架构与威胁处置、数据安全等方面内容，在后记中展望了天地一体化信息网络安全保障技术的未来发展趋势。

　　本书可作为网络空间安全、卫星通信和计算机领域理论研究和工程技术开发人员的参考书，也可作为相关专业研究生和高年级本科生的教学参考书。

◆ 著　　　　李凤华　郭云川　曹　进　李　晖　张林杰
　　责任编辑　李彩珊
　　责任印制　马振武

◆ 人民邮电出版社出版发行　　北京市丰台区成寿寺路 11 号
　　邮编　100164　　电子邮件　315@ptpress.com.cn
　　网址　https://www.ptpress.com.cn
　　三河市中晟雅豪印务有限公司印刷

◆ 开本：710×1000　1/16
　　印张：20　　　　　　　　　　　2022 年 10 月第 1 版
　　字数：370　　　　　　　　　　2022 年 10 月河北第 1 次印刷

定价：189.80 元

读者服务热线：(010)81055493　印装质量热线：(010)81055316
反盗版热线：(010)81055315
广告经营许可证：京东市监广登字 20170147 号

前　言

随着人类足迹不断向远洋、深空等区域延伸，"全球覆盖、随遇接入"的通信需求大幅增加，通过卫星网络实现终端互联是通信网络发展的必然趋势。为了满足网络的随遇接入需求，按照"天基组网、地网跨代、天地互联"的思路，我国建设了由天基骨干网、天基接入网、地基节点（网）构成的天地一体化信息网络。

天地一体化信息网络具有重大战略价值，其安全性尤为重要。然而，现有网络信息安全技术难以应对天地一体化信息网络的网络运行和信息服务等方面的安全挑战。本书以天地一体化信息网络下的细粒度访问控制、组网认证与接入鉴权、全网安全设备统一管理、安全动态赋能架构与威胁处置、数据安全等研究为主线，结合作者多年的科研实践经验，从理论模型到实际应用，系统阐述了天地一体化信息网络安全保障方面适合学术交流的理论、技术与应用。

本书共 6 章，主要内容如下。

第 1 章概述了天地一体化信息网络的结构与特征，系统地总结了测控、终端接入、无线信道、天基/地面网络等方面面临的安全风险，介绍了天地一体化信息网络安全体系架构。

第 2 章阐述了细粒度访问控制。介绍了访问控制技术发展历程，详细介绍了面向网络空间的访问控制模型、访问控制策略自动生成方法，以及在天地一体化信息网络中的应用。

第 3 章阐述了组网认证与接入鉴权。分析了天地一体化信息网络组网认证等方面面临的安全需求，详细介绍了注册机制、星间/星地组网认证机制、终端接入认证机制、无缝切换认证机制、群组设备认证机制等方面的关键技术与解决方案。

第 4 章阐述了全网安全设备统一管理。分析了天地一体化信息网络在安全设备管理方面存在的问题，详细介绍了天地一体化信息网络中安全设备管理模型、安全设备自动发现与网络拓扑构建、安全策略生成与下发等方面的关键技术与解决方案。

第 5 章阐述了安全动态赋能架构与威胁处置。分析了天地一体化信息网络结构和网络边界，详细介绍了安全动态赋能架构、安全威胁感知与融合分析、安全设备联动处置等方面的关键技术与解决方案。

第 6 章阐述了数据安全。分析了天地一体化信息网络在数据安全方面与传统网络的差异性，详细介绍了业务数据安全、高并发按需服务、海量密钥管理等方面的关键技术与解决方案。

后记从细粒度访问控制、组网认证与接入鉴权、全网安全设备统一管理、安全动态赋能架构与威胁处置、数据安全等 5 个方面，展望了天地一体化信息网络安全保障技术的未来发展趋势。

本书内容系统且新颖，从天地一体化信息网络结构与特征、面临的安全风险对天地一体化信息网络安全保障提出的新需求和新挑战，再到不同维度安全保障模型、方法及其实施，并从理论方法、关键技术、实际应用角度全面阐述了天地一体化信息网络安全保障内涵。本书所介绍的部分内容在国家重大工程中得到应用，具有很好的实用性。

本书主要由李凤华、郭云川、曹进、李晖、张林杰完成，是作者团队多年来的研究成果。第 1 章主要由李凤华、李晖、张林杰、房梁、郭云川、曹进完成，第 2 章主要由郭云川、李凤华等完成，第 3 章主要由曹进、李晖、朱辉、马如慧等完成，第 4 章主要由李凤华、李子孚、郭云川等完成，第 5 章主要由李凤华、郭云川、房梁、张玲翠等完成，第 6 章主要由李凤华、曹进、耿魁、李晖等完成。本书在编写过程中得到马铭鑫、李勇俊、陈天柱等博士，金伟、寇文龙、余铭洁、尹沛捷、罗海洋、陈亚虹、王霄、周紫妍等博士生，杨春蕾、林志铭、毕文卿等硕士生的协助，在此表示衷心感谢！感谢人民邮电出版社的大力支持，感谢为本书出版付出辛勤工作的所有相关人员！

本书的出版得到"国家自然科学基金–通用技术基础研究联合基金重点项目"

（No.U1836203）、山东省重大科技创新工程项目（No.2019JZZY020127）、陕西省重点产业创新链项目（No.2019ZDLGY12-02）、国家重点研发计划项目（No.2016YFB0800300）的支持和资助。

本书仅代表作者对天地一体化信息网络安全保障理论与技术的观点，由于作者水平有限，书中难免有不妥之处，敬请各位读者赐教与指正。

李凤华

中国·北京

2022 年 2 月

目　录

第 1 章

绪论

天地一体化信息网络是由天基骨干网、天基接入网和地基节点（网）组成的"全球覆盖、随遇接入"的异构融合网络，将为天基信息中继、航空互联网服务、海洋信息服务、全球移动通信、应急救灾保障等应用场景下的用户提供高带宽、大尺度的通信和互联网服务，具有重要的战略地位。天地一体化信息网络在测控、天基网络、地面网络、业务系统以及运维管理系统等方面面临窃听、篡改、重放、伪造和攻击等重大安全风险。本章为绪论，概述了天地一体化信息网络面临的安全风险以及安全体系架构等。

| 1.1 天地一体化信息网络概述 |

天地一体化信息网络将成为维护国家战略利益的基础性设施。本节将明确天地一体化信息网络的内涵，厘清其网络结构与网络特征。

1.1.1 天地一体化信息网络结构

天地一体化信息网络是由天基骨干网、天基接入网和地基节点（网）组成的异构融合网络，未来 Ka 大容量宽带卫星网、Ku 宽带卫星网和 S 高轨卫星移动网等也将接入天地一体化信息网络，实现天地互联互通。其中，天基骨干网由地球同步轨道上的若干骨干节点互联组网而成，其核心功能是实现天基接入节点接入、飞行器用户接入和地表用户接入，为区域提供容量适度的宽带服务，并对天基节点和飞行器用户实现网络化、全时全空域管控。同时，天基骨干网又与天基接入网、地基节点（网）互联，提供大容量信息传送能力，为天基、空基及重要地表用户提供全球范围内宽带接入与数据传输服务。

天基接入网由布设在低轨的若干接入节点组成，与地基节点（网）或天基骨干网（或节点）互联，为陆、海、空各类用户提供全球宽带互联网接入、全球个人移动通信等服务，为全球重点机构平台和用户提供安全通信服务，同时还为广域分布用户提供泛在互联服务，包括航空/航海目标监视、频谱监测、数据采集回传等附加业务。地基节点（网）由信关站、一体化网络互联节点等地基节点联网组成，主要实现对天基网络的控制管理、信息处理及天基网络与地面网络的互联等功能，提供按需服务能力。依据文献[1]，本书给出了天地一体化信息网络体系结构，如图 1-1 所示。

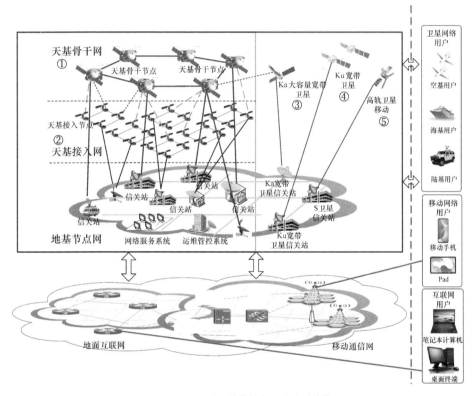

图 1-1　天地一体化信息网络体系结构

1.1.2　天地一体化信息网络特征

不同于地面互联网络，天地一体化信息网络结构极其复杂，具有如下特征[2]。

（1）天地异构网络互联

天地一体化信息网络由天基骨干网、天基接入网、地基节点（网）构成，包括 Ka 大容量宽带卫星、Ku 宽带卫星和高轨卫星移动等现有和规划建设的卫星通信系统，其数据交换方式包括信道化透明转发、分组交换等，具有明显的异构性。

（2）高动态多类型实体组网

天地一体化信息网络由涵盖陆、海、空、天在内的多种异构网络互联融合而成，网络节点包括卫星节点、地面节点等多种类型的节点，并且卫星节点始终处于高速运转状态，可能频繁地加入或退出网络，导致网络拓扑每时每刻都在发生变化。

（3）多链路信道特性差异

天基骨干节点支持光交换、微波交换、分组交换等多模式混合交换。其中，信息获取类的卫星数据以光交换为主，通信类的用户数据采用微波交换和分组交换，控制类的运维信息采用分组（多播方式）交换。部分低轨接入节点采用微波或激光链路与天基骨干节点互联，实现高低轨卫星组网和数据通信。根据用户接入链路特点和业务需求，可采用与其适应的 FDMA、TDMA、CDMA、OFDMA 以及与 5G 融合的混合多址接入体制。

（4）天基节点资源受限

受卫星有效载荷技术及太空恶劣自然环境等因素的影响，卫星节点的计算、存储、带宽、物理空间等资源均受到较大限制，处理能力有限；并且在卫星发射后，现有技术条件无法支持硬件层面的升级改造，难以从根本上扩展卫星节点的处理能力。

（5）数据传输高时延、大方差、间歇链路

由于链路传输距离远大于传统地面网络，天地一体化信息网络中的数据传输存在高时延的问题。且由于卫星通信链路始终处于变化的恶劣自然环境中，如太阳黑子爆发、暴雨天气等，链路的连通难以像传统网络一样保持时间连通性，进而造成通信时延变化幅度大。此外，因卫星始终处于高速运动状态，加之地球的自转与公转，星间通信无法长时间处于各自的信号覆盖范围内，进一步加大了通信链路持续保持的难度和通信时延抖动的幅度，因而，天地一体化信息网络呈现连通间断性、时延方差大等特点。

1.2　天地一体化信息网络面临的安全风险

天地一体化信息网络是国家的关键基础设施，具有天地异构网络互联、高动态多类型实体组网、多链路信道特性差异、天基节点资源受限、数据传输高时延/大方差/间歇链路等特征，这些特征导致天地一体化信息网络在测控系统、终端接入、无线传输、天基或地面网络、业务信息系统以及运维管理等方面将面临前所未有的安全挑战[2-3]。

（1）在测控系统方面，测控指令和信息通过无线链路在星地间传输，面临窃听、篡改、重放和伪造等方面的安全风险。

（2）在终端接入和无线传输方面，天地一体化信息网络具有无线链路开放、波束覆盖范围广等特征，在协议交互过程中，信号或通信数据容易遭受干扰、窃听、拦截、重放、注入、数据流分析等攻击，终端接入也面临拒绝服务、终端假冒、密钥泄露等安全风险。

（3）在天基或地面网络方面，网络设备和服务器设备可能非授权接入天基或地面网络，在传输指令、状态、业务等数据时，面临窃听、篡改、实体假冒等风险。

（4）在业务信息系统方面，用户鉴别数据（包括用户登录令牌、口令、生物特征等）和重要业务数据可能被攻击者窃取和篡改；天地一体化信息网络系统（包括运行管理、卫星管理和信关站运营支撑系统等）的数据可能被截获、假冒和重放；业务信息系统可能被非法访问和越权使用；访问控制策略和重要敏感标记等信息可能被攻击篡改；业务信息系统中重要应用程序的加载和卸载可能遭受恶意代码劫持、注入等攻击；业务信息系统中重要数据（包括重要业务数据、重要用户信息等）在传输、存储过程中可能遭受窃取、篡改等攻击。

（5）在运维管理方面，网络设备和服务器等设备可能遭受非授权访问、管理和接管，系统管理员可能遭受身份假冒、远程窃听和劫持等攻击。

| 1.3 天地一体化信息网络安全体系架构 |

天地一体化信息网络安全防护的关键是设计安全保障体系，本节将对天地一体化信息网络中通信的信息流进行分类，分析安全防护需求，在此基础上概述天地一体化信息网络安全保障技术体系。

1.3.1 信息流模型

天地一体化信息网络中信息流包括 5 类：星上处理转发、经天基骨干网/地基节点（网）互通、管理控制、星上透明转发（网状）、星上透明转发（星状），如图 1-2 所示。

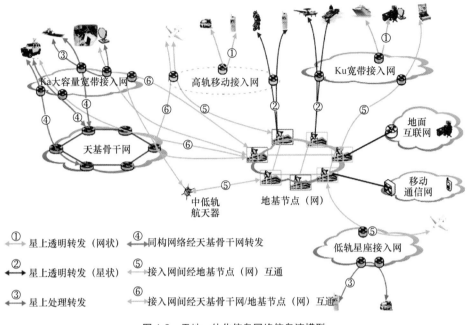

图1-2 天地一体化信息网络信息流模型

其中，天基骨干网中地表用户之间经天基骨干节点互通时，主要采用星上处理转发方式；地表用户与天基接入网（低轨）用户、其他卫星系统用户、地面互联网和移动通信网用户的互通需要经天基骨干节点和地基节点（网），通过网络服务系统实现异构网络互联；信息获取类卫星也以这种方式与地面系统交互数据；地面运维管控系统通过管理控制通道，对天基骨干节点和信息获取类卫星进行监测与管控。

天基接入网（低轨）中，移动用户之间经综合节点互通时，主要采用星上处理转发方式，实现语音、短消息、数据等端到端的移动通信服务；宽带用户之间经宽带增强节点互通时主要采用网状结构的透明转发方式；天基接入网用户与天基骨干网用户、其他卫星系统用户、地面互联网和移动通信网用户互通时，主要经低轨接入节点和地基节点（网），通过网络服务系统实现异构网络互联，部分业务可通过天基骨干节点转发至地基节点（网）；低轨接入节点处于境内地基节点可见范围时，运维管控系统直接通过管理控制通道管控，处于境内地基节点不可见的范围时，可通过天基骨干节点实现对低轨接入节点的管理控制。

1.3.2 安全防护需求

根据前述 5 类信息流，天地一体化信息网络的安全防护需求如下。

（1）星上处理转发安全防护需求

星上处理转发流程能够实现同体制卫星系统的端到端通信，主要包括资源管理、业务接入、分组交换等功能，由于星上资源受限，卫星只能实现部分处理功能，因此需要由信关站实现其他处理功能。在资源管理过程中需要对终端进行接入认证，对分配的控制信道进行机密性和完整性保护；在业务接入过程中需要对用户进行细粒度鉴权，对分配的业务信道进行机密性和完整性保护；在分组交换过程中按需进行互联控制。

（2）经天基骨干网/地基节点（网）互通安全防护需求

经天基骨干网/地基节点（网）互通流程能够实现不同体制卫星系统的端到端通信。用户的资源管理和业务接入功能由各自的卫星和信关站实现，所需安全防护机制与星上处理转发流程相同；基于不同信令、不同承载、不同编码的业务流汇集到地基节点（网）中的网络服务系统进行统一接续、转换等通信处理，在统一通信过程中需要进行细粒度的互联控制，并按需对数据进行安全隔离传输。

（3）管理控制安全防护需求

管理控制流程实现运维管控系统对天基节点、信息获取类卫星、飞行器用户等的状态监测和运行控制。在此过程中需要实现双向身份认证和信息安全传输，保证测控信息的实时、可靠、可信。

（4）星上透明转发（网状）安全防护需求

透明转发流程能够实现单星覆盖范围内的端到端通信。资源管理、业务接入等功能在信关站实现，星上实现端到端的电路交换。用户的资源管理和业务接入过程中需要的安全防护机制与星上处理转发流程相同，终端接入认证、用户鉴权和信道的机密性/完整性保护都在终端、信关站中实现。

（5）星上透明转发（星状）安全防护需求

星状结构与网状结构区别在于星状结构下资源管理、业务接入、交换等功能都在信关站实现，端到端通信（网状结构）必须经过信关站，因此终端接入认证、用户鉴权、信道的机密性/完整性保护、互联控制等安全功能需在终端、信关站中实现。

1.3.3　安全保障技术体系

1.3.3.1　安全域与安全区划分

安全域是属于同一物理或逻辑组织的一组网络资源（包括物理设备、应用、程序、数据等）的集合，常被用于大规模网络的安全防护中。天地一体化信息网络规模大、结构复杂、设备众多，为了更好地保障安全，实现对每个区域分层差异化保护，需要分析天地一体化信息网络内部具有相同或相似安全需求的设备和应用，并划分安全域。天地一体化信息网络安全域划分模型如图 1-3 所示。

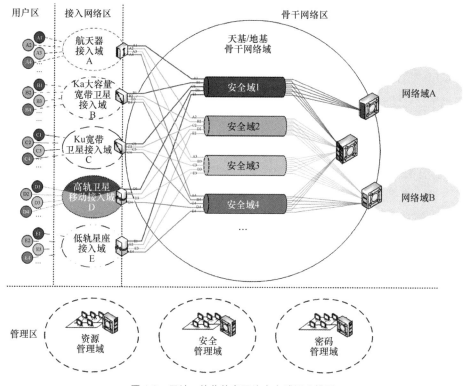

图 1-3　天地一体化信息网络安全域划分模型

针对网络实体（被）管辖权限和物理部署位置的不同，天地一体化信息网络可分为 4 个安全区：用户区、接入网络区、骨干网络区和管理区。接入网络区从技术维度分为航天器接入域、Ka 大容量宽带卫星接入域、Ku 宽带卫星接入域、高轨卫星移动接入域、低轨星座接入域 5 类，不同的接入域可能有不同的认证方式；骨干网络区从技术维度分为天基/地基骨干网络域和民用网络域（含移动通信网、地面互联网）等网络域，其中天基/地基骨干网络域可分为公开虚拟网络域、行业应用虚拟网络域、政务虚拟网络域和特殊应用虚拟网络域 4 个安全域；管理区按照安全需求分为资源管理域、安全管理域和密码管理域 3 类。

1.3.3.2　安全保障技术架构

1. 体系框架

为了确保天地一体化信息网络可靠运行，需要设计体系化的安全保障技术体系，如图 1-4 所示。天地一体化信息网络安全保障技术体系由安全支撑层、接入安全层、网络安全层、安全服务层、安全态势预警层、统一安全管理层等构成，支持安全资源的动态部署与重构，为滚动建设的天地一体化信息网络提供持续支撑[3]。

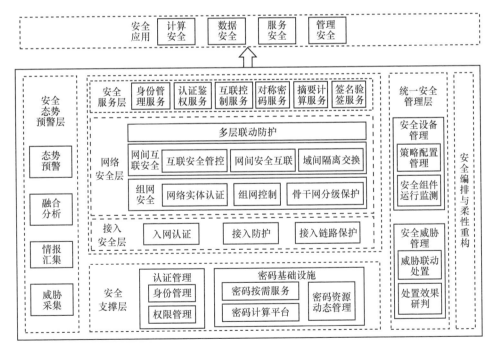

图 1-4　安全保障技术体系

（1）安全支撑层为天地一体化信息网络各层的安全保障服务提供基础的技术支撑，包括密码基础设施和认证管理两部分。密码基础设施包括密码计算平台、密码按需服务和密码资源动态管理等功能，为全网安全设备提供密码技术支撑；认证管理包括全网用户和实体的身份管理、权限管理等功能，为网络安全接入和互联提供可信技术支撑。

（2）接入安全层确保设备接入天地一体化信息网络时的安全，具体措施包括入网认证、接入防护和接入链路保护等，以确保非授权设备不能接入网络，授权设备只能接入相应的网络和接入网络的链路安全。其中，入网认证提供用户终端到卫星或信关站的第一跳接入认证功能，实现多中心分布式互认证；接入防护提供基于授权策略的接入控制功能；接入链路保护提供接入链路数据的机密性、完整性、时效性等保护功能。

（3）网络安全层针对星上处理设备、地面网关等多种实体动态组网，以及不同天基接入网用户间、天基信息网与地面网络用户间的业务安全互通需求，结合网络构成、网络信息流程和控制流程，在低轨星座动态组网认证基础上，综合考虑链路时延方差大的特点进行安全动态组网控制，并依据用户的差异化安全需求进行骨干网的分级保护，通过对不同网络间的域间隔离交换和互联安全管控，实现天地互联网络运行的安全可控。

网络安全层提供包括组网安全、网间互联安全和多层联动防护功能在内的安全防护能力。在组网层面，网络实体认证提供卫星节点、信关站等网络实体组网时的身份认证，组网控制实现网络运行及重构过程中实体间的可信连接及信任保持，骨干网分级保护提供同一网络域内不同密级信息的分级传输管控；在网间互联安全层面，互联安全管控实现不同安全域、不同网络域间互联时的安全控制管理，网间安全互联实现基于互联访问策略的安全互联控制，域间隔离交换实现多网系、多类型业务在数据和控制层面的信息隔离与实时交换。

（4）安全服务层包括身份管理、认证鉴权、互联控制、对称密码、摘要计算、签名验签等服务，是为网络各层、各应用系统按需提供安全服务的功能实体，为计算安全、数据安全、服务安全、管理安全等提供支撑。

（5）安全态势预警层通过威胁驱动的内嵌式数据采集获得数据，依据网络可用资源（计算资源、存储资源和网络资源等）评估数据的汇聚时机，基于当前环境、历史数据等对原始数据进行融合分析，动态整体地识别安全威胁，生成态势报警或预警。

（6）统一安全管理层监测天地一体化信息网络安全设备与系统的运行状态，依据安全威胁和运行状态等要素，动态配置安全策略，并对威胁进行分级智能管控，包括安全设备管理和安全威胁管控两部分，其中安全设备管理包括安全组件运行监测、策略配置管理等，安全威胁管控包括威胁联动处置、处置效果研判等。

2. 内生安全

内生安全是一种安全目标，也是安全实现方式的总称，其实质是安全与网络设备、计算设备、通信设备、存储设备等融为一体，或者安全设备与系统业务流程深度融合。既不能简单地说某类技术为内生技术，也不能简单地说某类技术不是内生安全技术。在天地一体化信息网络中，实现内生安全的重要途径是安全流程与通信流程的一体化设计，其核心是安全流程与通信流程融合的安全通信协议体系。为了从协议层角度实现内生安全，链路层的安全通信协议包括：终端接入认证协议、测控信息安全传输协议、无线信道传输协议等；网络层的安全通信协议包括：地基节点间安全传输协议、组网认证协议等；传输层的安全通信协议包括：运控信息安全传输协议、专用业务安全传输协议等；应用层的安全通信协议包括：安全态势感知协议、安全管理协议、动态重构协议等。安全通信协议体系涵盖了从链路层到应用层的整个通信体系，相应地在天地一体化信息网络关键位置也要部署支持内生安全的安全设备/组件/系统。例如，在卫星上需部署支持内生安全的载荷安全防护和测控安全防护单元，提供星地互联认证、测/运控信息安全传输等功能。

3. 安全动态赋能架构

针对天地一体化信息网络异构网络多域互联、安全防护能力差异、安全服务需求多样、应用场景复杂、分级管理分层部署等特点和应用需求，提出融合安全服务能力编排、安全态势分析和安全威胁响应等于一体的安全动态赋能架构[4-5]，如图 1-5 所示。具体地，依据安全防护能力要求和威胁态势，对天基骨干节点、天基接入节点、地基节点、核心网、安全管控中心等的安全设备/系统以及卫星终端进行差异化能力编排，确保安全服务能力编排、安全威胁与态势分析、安全威胁处置指挥等单元相互合作，实现星上安全载荷、终端安全防护模块、地基节点（网）安全防护设备/系统中的安全服务柔性重构和服务资源的按需供给，支撑"能力柔性重构、服务按需编排、编排协同联动、安全动态赋能"。

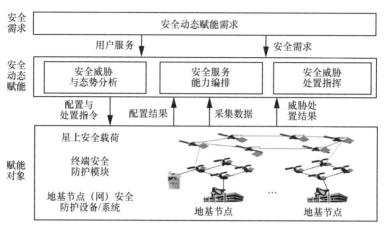

图 1-5　安全动态赋能架构

安全服务能力编排主要包括安全功能多层次多维度统一描述、安全策略精化与安全服务能力编排等功能。其中，安全功能的多层次多维度统一描述是对天地一体化信息网络中的网络设备和安全设备的设备类型、设备状态以及网络负载等进行统一资源描述，对安全设备的安全服务能力、安全策略配置和安全态势状态等进行安全需求与策略统一定义，从而构建统一的安全资源抽象层，实现安全资源的灵活接入、扩展和统一管理。

安全策略精化与安全服务能力编排将用户安全需求、用户服务、安全态势等抽象安全需求，细化为安全服务能力编排可识别的中间层策略。同时，检测并消解细化后策略与全局策略间的形式冲突和语义冲突，将无冲突的策略交由安全服务能力编排执行服务链编排工作，由安全服务链编排将网络中的各种安全服务单元在逻辑上按照安全需求组合在一起，完成对底层安全资源的统一接入、管理和调度，提供满足用户安全需求的安全服务。

4. 安全态势分析

在安全态势分析中，需要采集天基骨干节点、天基接入节点、地基节点、核心网、安全管控中心、卫星终端等的威胁感知信息；纵向按网系、横向按区域进行威胁关联分析，实现全网统一态势感知与融合分析。安全威胁与态势分析的核心目标是确保"采集全网覆盖、汇聚多源融合、分析协同关联、态势全局掌控"。

具体地，安全威胁与态势分析主要包括态势要素提取、融合分析、逐级关联和威胁预警等功能。其中，态势要素提取从威胁汇集系统中获取天地一体化信息网络的威胁情报信息，利用正则表达式等方式从中提取漏洞、资产、恶意软件及安全事件等态势要素，并删除误报的事件，对重复的事件进行合并，整理后供融合分析和逐级关联使用。态势关联分析基于分布式流数据处理系统实现，从而支持多用户并发和海量数据的在线计算。态势关联分析对多源数据进行关联分析，利用网络安全知识图谱识别网络安全事件，并依据关联规则对系统网络安全态势进行分析和预警。

5. 威胁联动处置

对天基骨干节点、天基接入节点、地基节点、核心网、安全管控中心、卫星终端等面临的安全威胁，进行纵向网系联动处置、横向区域协同处置，实现分区分域可扩展动态自适应的纵横协同处置，其核心目标是"区域预测准、联动配合好、处置挡得住、效果评估准"。主要功能包括安全设备和拓扑画像、设备统一配置、威胁区域预测、威胁联动响应、响应效果研判等功能。

（1）安全设备和拓扑画像是对安全设备与安全系统统一管理的基础，在设备入网时，需对设备的存活性、连接关系进行发现，对设备的基本信息（如设备类型、生产厂商）、安全能力、所部署的物理位置以及逻辑位置等进行登记、提取或查询，在此基础上对网络拓扑关系进行构建，从而支撑后续的安全管理。

（2）设备统一配置是在安全策略统一描述基础上实现对地基节点（网）的安全设备或安全系统、天基骨干节点星载综合安全防护单元、天基接入节点星载综合安全防护单元、用户终端安全模块的统一配置。

（3）威胁区域预测依据安全日志、威胁报警、设备状态变化等信息综合准确预测威胁发生的区域。

（4）威胁联动响应根据威胁报警信息确定威胁响应区域，通过对策略的安全收益、部署成本等多属性信息进行评估，选择并确定威胁响应策略，并将其动态分解为响应指令下发到相应安全设备执行，实现威胁的有效应对。

（5）响应效果研判在对响应指令执行结果进行验证的基础上，评估威胁响应效果，为威胁响应策略的优化调整提供基础信息。

| 1.4　本章小结 |

天地一体化信息网络将为空、天、地等不同场景下的用户提供通信和网络服务，是支撑人类活动拓展至空间、远海、深空的国家战略性公共信息基础设施，确保其安全是天地一体化信息网络运行的必要前提。本章针对天地一体化信息网络异构网络互联、高动态多类型实体组网、天基节点资源受限等典型特征，介绍了天地一体化信息网络信息流模型、安全保障技术体系等关键技术。后续章节将结合作者多年的科研实践经验，从理论模型到实际应用，系统阐述天地一体化信息网络安全保障方面适合学术交流的相关理论、技术与应用。

┃ 参考文献 ┃

[1] 汪春霆, 等. 天地一体化信息网络架构与技术[M]. 北京: 人民邮电出版社, 2021.

[2] 李凤华, 殷丽华, 吴巍, 等. 天地一体化信息网络安全保障技术研究进展及发展趋势[J]. 通信学报, 2016, 37(11): 156-168.

[3] 李凤华, 张林杰, 陆月明, 等. 天地网络安全保障技术研究[J]. 天地一体化信息网络, 2020, 1(1): 17-25.

[4] 张玲翠, 许瑶冰, 李凤华, 等. 天地一体化信息网络安全动态赋能架构[J]. 通信学报, 2021, 42(9): 87-95.

[5] 李凤华, 郭云川, 耿魁, 等. 天地一体化信息网络安全动态赋能研究[J]. 无线电通信技术, 2020, 46(5): 561-570.

第 2 章

细粒度访问控制

天地一体化信息网络承载了卫星终端、地面设备和多模态数据，支撑海量用户大尺度跨域信息服务，构成了一种复杂的通信和信息服务系统，访问控制是天地一体化信息网络安全访问和信息安全服务的控制理论。天地一体化信息网络具有拓扑高动态、访问接入大尺度、网络架构泛云化、异构多域互联、多模态数据海量、安全等级差异、跨域协同管理等特征和应用需求，需要从卫星终端、接入网络、资源分配、数据传播路径、信息服务流程等角度确保数据的受控流转和使用控制。针对上述需求，本章介绍了面向网络空间的访问控制模型、访问控制策略自动生成方法，以及在天地一体化信息网络中的应用，支撑大规模卫星星座、大尺度高动态异构网络的实时高效访问控制。

| 2.1 引言 |

20 世纪 70 年代至今,伴随着 IT 技术发展和信息传播方式演化,访问控制模型经历了 4 个发展阶段[1]。

(1)主机访问控制

这个阶段以单机数据共享为目的,其代表性工作包括 BLP、Biba 等模型。其中 BLP 模型只允许"下读、上写",可有效防止秘密信息向下级泄露,进而保护数据的机密性;Biba 模型只允许"上读、下写",可有效地保护数据的完整性。

(2)面向组织形态的访问控制

这个阶段以单域内部数据共享为目的,其代表性工作包括基于角色的访问控制(RBAC,role-based access control)[2]、使用控制(UCON,usage control)[3]等模型。在 RBAC 模型中策略管理员依据组织结构创建不同的角色,根据访问操作创建访问权限,同时将角色映射到访问权限,用户需要通过角色获得相应访问权限。UCON 模型将义务、条件和授权作为使用决策进程的一部分,为访问请求提供决策。

(3)面向开放环境的访问控制

这个阶段访问控制目的是确保互联网、云计算、在线社交网络等应用环境下数据受控共享,其代表性工作包括 3 类:基于属性的访问控制[4]、基于关系的访问控制[5]、基于行为的访问控制[6]。基于属性的访问控制通过对主体、客体、权限和环境的属性统一建模，描述授权和访问控制约束；基于关系的访问控制通过用户间关系来控制对数据访问权限的分配；基于行为的访问控制综合角色、时态和环境等要素，定义了用户行为，并利用行为来分配用户对数据的访问权限。

（4）面向网络空间的访问控制（CoAC，cyberspace-oriented access control）[7-8]

这个阶段访问控制目的是确保具有开放性、异构性、移动性、动态性等特性的泛在互联场景下，数据跨域跨系统流动时受控共享与有序访问，其核心思想是利用网络与信息流转关联来实施访问控制，其核心技术途径是网络交互图和资源传播链。

在上述 4 个阶段中，主机访问控制、面向组织形态的访问控制和面向开放环境的访问控制等的本质仍是控制单系统内数据的流动，且未将多个要素融合控制，不适用于控制天地一体化信息网络的数据跨域流动。由于 CoAC 模型考虑到了网络与信息流转关联，可有效支撑天地一体化信息网络的数据跨域流动。本章介绍了 CoAC 模型[7-8]，设计了 CoAC 模型的策略自动生成算法，包括不完备多标签自动标记[9-10]和跨域访问控制策略映射[11]，并将 CoAC 模型在天地一体化信息网络中进行应用[12]，支撑对天地一体化信息网络访问的细粒度高效授权。其中在 CoAC 模型中，通过考虑所处的时间状态、采用的终端设备、从何处接入、经由的网络/广义网络及待访问信息资源的安全属性和通用属性等要素，支撑对资源访问的细粒度授权。在策略自动生成中，针对访问控制数据标签缺失问题，利用数据标签向量的几何相似度来补全缺失标签，利用加权排序来降低正关系为负关系带来的模型偏差，并利用低秩结构来正则化模型，提升了访问控制数据的自动标记准确性；针对跨域访问控制策略映射中的平衡域间互操作性与域内自治性平衡问题，提出了基于多目标整数规划优化的跨域访问控制策略映射机制。在该机制中，将最大化域间互操作性和最小化域内自治性作为目标函数，设计了带约束的三型遗传优化算法。最后给出了 CoAC 模型在天地一体化信息网络中的应用，提出了相应的访问控制管理模型，并用 Z 符号形式地描述管理模型中的管理函数。

2.2　面向网络空间的访问控制（CoAC）模型

当前的访问控制模型主要聚焦于确保单系统内数据的受控使用，不适用于高动态多网系互联环境下细粒度控制。针对该问题，本节介绍了面向网络空间的访问控制模型，包括访问控制要素、场景层次结构及基于场景的访问控制模型，支撑数据跨域受控使用。

2.2.1 访问控制要素定义

定义 2-1 访问请求实体。访问请求实体为资源访问请求的发起方，记为 $q=<u,a,r>$，其中，u 表示用户，是用户的唯一标识，用户集合记为 $U=\{u_i|i\in\mathbf{N}^*\}$；$a$ 表示访问代理，是访问代理的唯一标识，访问代理可以是一个装置、进程或用户等，访问代理集合记为 $A=\{a_i|i\in\mathbf{N}^*\}$；$r$ 代表角色，是用户角色的唯一标识，角色集合记为 $R=\{r_i|i\in\mathbf{N}^*\}$。约定 $<u,\cdot,\cdot>$ 表示用户为 u 的所有访问请求实体，$<u,\cdot,r>$ 表示用户为 u、角色为 r 的所有访问请求实体。其他情况依此类推，不再详述。

根据定义 2-1，访问请求实体集合记为：

$$Q=\{<u,a,r>|u\in U,a\in A,r\in R\}\tag{2-1}$$

定义 2-2 广义时态（temporal factor）。广义时态是访问请求实体进行资源访问时所有与时态相关信息的集合，记为：

$$T=\{<\text{interval,period,duration}>|\text{interval}\in 2^{T^{\text{IN}}},\text{period}\in\mathbf{R}^+,\text{duration}\in\mathbf{R}^+\}\tag{2-2}$$

其中，$\text{interval}\in 2^{T^{\text{IN}}}$ 表示起始时间和终止时间，$T^{\text{IN}}=\{[\text{begin}_i,\text{end}_i]|i\in\mathbf{N}^*\}$；period 表示时间周期；duration 表示持续时间。则当 $|T^{\text{IN}}|=1$ 时，$t=<[\text{begin,end}],\text{period,duration}>$；令 t 为 T 中的元素，当 $|T^{\text{IN}}|>1$ 时，$t=<[\text{begin}_1,\text{end}_1],[\text{begin}_2,\text{end}_2],\cdots,[\text{begin}_{|T^{\text{IN}}|},\text{end}_{|T^{\text{IN}}|}],\text{period,duration}>$。

定义 2-3 接入点（access point）。接入点是资源访问请求实体在发起访问请求时首次接入网络系统中的空间位置和网络标识，记为 $l=<l^{\text{SPID}},l^{\text{NETID}}>$，其中，$l^{\text{SPID}}=<x,y,z>\in L^{\text{SPID}}$ 表示三维空间位置坐标，如 x 表示经度，y 表示纬度，z 表示高度；$l^{\text{NETID}}\in 2^{L^{\text{NETID}}}$ 表示网络接入唯一标识，包括手机唯一标识码（imei）、基站（bs）、网络号（nID）、MAC 地址（MAC）、端口（port）、IP 地址（ip）、域名（domain）等。

根据定义 2-3，接入点集合记为：

$$L=\{<l^{\text{SPID}},l^{\text{NETID}}>|l^{\text{SPID}}\in L^{\text{SPID}},l^{\text{NETID}}\in 2^{L^{\text{NETID}}}\}\tag{2-3}$$

定义 2-4 资源（resource）。资源指访问的对象，记为 $o=<c^o,g^o,s^o>$，其中

$c^O \in C^O$ 表示资源的内容；$g^O \in G^O$ 表示资源的通用属性；$s^O \in S^O$ 表示资源的安全属性。

资源的通用属性指资源的类别、来源等属性。资源的通用属性集合记为：

$$G^O = \{< g^{O_{\text{SORT}}}, g^{O_{\text{SOURCE}}}, g^{O_{\text{SIZE}}}, g^{O_{\text{TIME}}}, \cdots > | g^{O_{\text{SORT}}} \in G^{O_{\text{SORT}}},$$
$$g^{O_{\text{SOURCE}}} \in G^{O_{\text{SOURCE}}}, g^{O_{\text{SIZE}}} \in G^{O_{\text{SIZE}}}, g^{O_{\text{TIME}}} \in G^{O_{\text{TIME}}}, \cdots\} \quad (2\text{-}4)$$

其中，$G^{O_{\text{SORT}}}$ 表示资源类别的集合，包括数据库表、文件、网页等；$G^{O_{\text{SOURCE}}}$ 表示信息来源的集合，包括创建、转发以及重组等；$G^{O_{\text{SIZE}}}$ 表示资源大小的集合，记为 $G^{O_{\text{SIZE}}} = \{g_i^{O_{\text{SIZE}}} | i \in \mathbf{N}^*\}$；$G^{O_{\text{TIME}}}$ 表示资源的时态属性集合。

资源的安全属性指允许执行的操作、是否允许转发、销毁方式等属性。资源的安全属性集合记为：

$$S^O = \{< s^{O_{\text{OP}}}, s^{O_{\text{DIS}}}, s^{O_{\text{DE}}}, s^{O_{\text{SEC}}}, s^{O_{\text{ENC}}}, \cdots > | s^{O_{\text{OP}}} \in 2^{s^{O_{\text{OP}}}},$$
$$s^{O_{\text{DIS}}} \in 2^{s^{O_{\text{DIS}}}}, s^{O_{\text{DE}}} \in S^{O_{\text{DE}}}, s^{O_{\text{SEC}}} \in S^{O_{\text{SEC}}}, s^{O_{\text{ENC}}} \in S^{O_{\text{ENC}}}, \cdots\} \quad (2\text{-}5)$$

其中，$S^{O_{\text{OP}}}$ 表示允许对资源执行的操作；$S^{O_{\text{DIS}}}$ 表示资源的分发方式；$S^{O_{\text{DE}}}$ 表示资源的销毁方式；$S^{O_{\text{SEC}}}$ 表示资源的安全等级；$S^{O_{\text{ENC}}}$ 表示资源的加密方式。

根据定义 2-4，资源的集合记为：

$$O = \{< c^O, g^O, s^O > | c^O \in C^O, g^O \in G^O, s^O \in S^O\} \quad (2\text{-}6)$$

定义 2-5 访问设备（device）。访问设备指访问请求实体访问资源时所使用的设备，记为 $d = < g^D, s^D, t >$，其中，g^D 表示访问设备的通用属性，s^D 表示访问设备的安全属性，t 表示设备的时间属性。相应地，G^D 表示设备通用属性集合，包括处理器名（CPU）、操作系统名（OS）、接口名（interface）、内存名（memory）、硬盘名（disk）、应用程序名（App）等；S^D 表示设备安全属性集合，主要包括最小风险容许系数（mincoe）和最大风险容许系数（maxcoe）、安全域（security domain）、安全等级（security level）、安全软件模块（security-software module）、安全硬件模块（security-hardware module）。T 为广义时态集合，表示访问设备的时间属性。

根据定义 2-5，访问设备集合记为：

$$D = \{< g^D, s^D, t > \big| g^D \in 2^{G^D}, s^D \in 2^{S^D}, t \in T\} \quad (2\text{-}7)$$

定义 2-6 网络（network）。网络是信息传播的载体，是局域网内、广域网内或者任意设备间信息传播通道的集合。网络可以用有向属性图 $\text{NG} = (V, E)$ 表示，其中，V 是顶点集合，E 是边的集合。

顶点 v 表示网络中的子网或设备，记为 $v=<n^V,g^V,s^V>$，其中，n^V 表示顶点名，指代一个网络或设备；g^V 表示顶点 v 的通用属性；s^V 表示顶点 v 的安全属性。

顶点的通用属性集合记为：

$$G^V=\{<g^{V_{NT}},g^{V_{IO}},g^{V_{NP}}>|g^{V_{NT}}\in G^{V_{NT}},g^{V_{IO}}\in G^{V_{IO}},g^{V_{NP}}\in 2^{G^{V_{NP}}}\} \qquad (2\text{-}8)$$

在顶点的通用属性集合定义中，$G^{V_{NT}}$ 表示网络类型集合，包括 LAN、WAN、WLAN 等；$G^{V_{IO}}$ 表示顶点类型集合，包括 in、out、inout、interior 等；$G^{V_{NP}}$ 表示网络协议集合，包括 TCP/IP、Bluetooth、802.11a/b/g/n、ISO11898、CDMA2000/WCDMA/TD-SCDMA、LTE 等。

顶点可能是设备，也可能是子网。若顶点表示设备，则顶点的安全属性如定义 2-5 所示；若顶点表示子网，则顶点的安全属性集合记为：

$$S^V=\{<s^{V_{CON}},s^{V_{ENC}},s^{V_{PT}}>|s^{V_{CON}}\in S^{V_{CON}},s^{V_{ENC}}\in S^{V_{ENC}},s^{V_{PT}}\in 2^{S^{V_{PT}}}\} \qquad (2\text{-}9)$$

在顶点的安全属性集合定义中，$S^{V_{CON}}$ 表示管控信息；$S^{V_{ENC}}$ 表示加密类型集合，包括 3DES、RSA、ECC、AES、SM2/3/4 等；$S^{V_{PT}}$ 表示安全协议类型集合，包括 SSL、SSH、HTTPS、MANCONFIRM 等。

根据上述定义，顶点集合记为：

$$V=\{<n_i^V,g_i^V,s_i^V>|n_i^V\in N^V,g_i^V\in G^V,s_i^V\in S^V,i\in \mathbf{N}^*\} \qquad (2\text{-}10)$$

有向属性图中的边 E 标记了顶点间的连通属性和安全属性，记为 $<v_m,v_n,g^E,s^E>$，其中，$v_m\in V$ 表示边 e 的起点，$v_n\in V$ 表示边 e 的终点，$g^E\in G^E$ 表示边 e 的连通属性，$s^E\in S^E$ 表示边 e 的安全属性。

边 e 的通用属性集合表示为：

$$G^E=\{<g^{E_M},g^{E_{NP}}>|g^{E_M}\in 2^{G^{E_M}},g^{E_{NP}}\in 2^{G^{E_{NP}}}\} \qquad (2\text{-}11)$$

在边 e 的通用属性集合定义中，G^{E_M} 表示性能属性集合，包括 Bandwidth、QoS、Hop、Delay 等；$G^{E_{NP}}$ 表示协议属性集合，包括 TCP/IP、Bluetooth、802.11a/b/g/n、ISO11898、CDMA2000/WCDMA/TD-SCDMA、LTE 等。

边 e 的安全属性集合表示为：

$$S^E=\{<s^{E_{ENC}},s^{E_{PR}}>|s^{E_{ENC}}\in S^{E_{ENC}},s^{E_{PR}}\in S^{E_{PR}}\} \qquad (2\text{-}12)$$

在边 e 的安全属性集合定义中，$S^{E_{ENC}}$ 表示加密类型集合，包括 3DES、RSA、ECC、AES、SM2/3/4 等；$S^{E_{PR}}$ 表示安全协议类型集合，包括 SSL、SSH、HTTPS、

MANCONFIRM 等。

根据上述定义，边的集合记为：

$$E = \{< v_{i_m}, v_{i_n}, g_i^E, s_i^E >| v_{i_m}, v_{i_n} \in V, g_i^E \in G^E, s_i^E \in S^E, i \in \mathbf{N}^*, i_m \in \mathbf{N}^*, i_n \in \mathbf{N}^*\} \quad (2\text{-}13)$$

定义 2-7　网络交互图（network interactive graph）。网络交互图是网络中任意 2 个顶点间的连通路径构成的网络子图。网络交互图由交互行为及网络传播链组成，具体定义如下。

交互行为指由 2 个相邻连通节点及其边组成的有向子图。对于有向属性图 NG 上的顶点 v 和 w，若存在 $< v, w, g^E, s^E > \in E$，则顶点 v 和 w 间的交互行为记为 $N = < v \to w, t >$，其中，t 是交互行为的时间属性。

网络交互行为集合由有向属性图 NG 上所有交互行为组成，记为：

$$N^G = \{< v_i \to w_i, t_i >| \forall e_i = < v_i, w_i, g_i^E, s_i^E > \in E, i \in \mathbf{N}^*, t_i \in T\} \quad (2\text{-}14)$$

网络传播链是基于网络节点的有序交互行为的集合，在有向属性图 NG 上表现为一条有向路径。设 v 为信息发起点，w 为信息接收点，v 和 w 之间的网络传播链交互行为集合记为：

$$N(v,w) = \{< N_{i_1}, N_{i_2}, \cdots, N_{i_j}, \cdots, N_{i_k} >| i \in \mathbf{N}^*, k \in \mathbf{N}^*, i_j \in \mathbf{N}^*, \forall 1 < j \leqslant k,$$
$$N_{i_j} = < v_{i_j} \to w_{i_j}, t_{i_j} > \in N^G\} \quad (2\text{-}15)$$

其中，$\forall j \in (1, k-1]$，$w_{i_j} = w_{i_{(j+1)}}$，$v_{i_1} = v$，$w_{i_k} = w$。

网络有向属性图 NG 中边是单向或双向的，顶点 v 和 w 之间的网络交互图指顶点间所有传播链组成的有向属性图。因此，网络交互图是单向边和双向边的任意组合，记为 $\mathrm{NG}_N = (V(v,w), E(v,w))$，其中：

$$V(v,w) = \{< n_{i_j}^V, g_{i_j}^V, s_{i_j}^V >| i_j \in \mathbf{N}^*, \forall N_{i_j} = < v_{i_j} \to w_{i_j}, t_{i_j} > \in N^C(v,w), v_{i_j} \in V\} \bigcup \{w\} \quad (2\text{-}16)$$

$$E(v,w) = \{< v_{i_j}, w_{i_j}, g_{i_j}^E, s_{i_j}^E >| i_j \in \mathbf{N}^*, \forall N_{i_j} = < v_{i_j} \to w_{i_j}, t_{i_j} > \in N^C(v,w), e_{i_j} \in E\} \quad (2\text{-}17)$$

定义 2-8　资源传播链（resource chain）。资源传播链用于描述资源传播过程中信息交换的过程。资源在两个资源访问请求实体之间的一次传输被称为一次资源传播过程，记为 $< s \to r, o, t >$，其中，s 表示资源的发起者或转发者，r 表示资源的接收者，o 表示资源，t 表示广义时态。

某一资源的某次传播链是资源交换的有序集合，记为：

$$O_i^C(s_i, r_i, o) = \{< I_{i,1}, I_{i,2}, \cdots, I_{i,k} >| o \in O, I_{i,l} = < s_{i,l} \to r_{i,l}, o, t_{i,l} >, s_{i,l} = r_{i,l+1}, s_{i,1} = s_i, r_{i,k} = r_i,$$

$$s_i \in Q, r_i \in Q, s_{i,l} \in Q, r_{i,l} \in Q, 1 < l \leqslant k-1, t_{i,l} \in T\} \qquad (2\text{-}18)$$

其中，s_i 为发起者，r_i 为接收者。根据上述定义，资源传播链的集合记为 $O^C = \{O_i^C(s, r_i, o) \mid i \in \mathbf{N}^*\}$。

定义 2-9 场景（scene）。信息访问实体 q 启动会话 ses 并获得权限 p 时，所涉及的广义时态、接入点、设备以及网络信息共同构成一个场景，记为 $sc = (t, l, d, ng)$，其中，$t \in T$，$l \in L$，$d \in D$，$ng \in NG$。

定义 2-10 场景约束（scene constraint）。场景约束用于对信息访问实体进行权限控制，即启动会话 s 之后，信息访问实体仅能通过场景 sc 获取相应权限 $p \subseteq P$，其中 P 为权限集。

表 2-1 给出了场景约束描述，其中，SES 表示会话集；assign/deassign 表示分配和解分配关系；N_{active} 表示当前的激活数量；N_{max} 表示所能激活的最大数量；$active_{Q\_total}$ 表示资源访问实体当前激活的所有场景；$active_{P\_total}$ 表示得到某个权限的所有激活场景。

表 2-1 场景约束描述

约束分类	约束		描述
场景可用约束	资源访问实体-场景约束		$(Q, SES, T, L, D, NG, assign_Q/deassign_Q$ sc to $q)$
	场景可用/不可用		$(Q, SES, T, L, D, NG, enable/disable$ sc$)$
	资源访问实体、场景-权限分配		$(Q, SES, T, L, D, NG, assign_P/deassign_P$ p to sc$)$
场景激活约束	激活场景的数量	用户	$(Q, SES, T, L, D, NG, N_{active}, active_{Q\_total})$
		权限	$(Q, SES, T, L, D, NG, N_{active}, active_{P\_total})$
	当前系统中激活场景的总数量	用户	$(Q, SES, T, L, D, NG, N_{max}, active_{Q\_total})$
		权限	$(Q, SES, T, L, D, NG, N_{max}, active_{P\_total})$

定义 2-11 资源访问实体-场景分配（qsc）。资源访问实体-场景分配是为资源访问实体 q 分配场景 sc，qsc 的集合记为 QSC。

定义 2-12 实体场景-权限分配（qscp）。实体场景-权限分配是为实体场景 qsc 分配权限 p，qscp 的集合记为 QSCP。

2.2.2 场景层次结构定义

和角色类似，场景也具有层次结构。通过为场景定义层次结构，可使低场景自动继承高场景的权限，从而简化权限分配过程。由定义 2-9 可知，场景由广义时态、接入点、访问设备以及网络构成，这 4 个组成部分均具有层次结构，定义如下。

定义 2-13　广义时态层次结构。广义时态层次结构 $TH \subseteq T \times T$ 是广义时态集合 T 上的偏序关系。如果 $(t_i, t_j) \in TH$，则称 t_i 是 t_j 的高级时态，t_j 是 t_i 的低级时态。若 $(t_i, t_j) \in TH$，且不存在 t_k 使 $t_i \geq t_k$ 与 $t_k \geq t_j$ 成立，则称 t_i 是 t_j 的直接高级时态。

定义 2-14　接入点层次结构。接入点层次结构 $LH \subseteq L \times L$ 是接入点集合 L 上的偏序关系。如果 $(l_i, l_j) \in LH$，则称 l_i 是 l_j 的高级接入点，l_j 是 l_i 的低级接入点。若 $(l_i, l_j) \in LH$，且不存在 l_k 使得 $l_i \geq l_k$ 与 $l_k \geq l_j$ 成立，则称 l_i 是 l_j 的直接高级接入点。

定义 2-15　访问设备层次结构。访问设备层次结构 $DH \subseteq D \times D$ 是广义设备集合 D 上的偏序关系。如果 $(d_i, d_j) \in DH$，则称 d_i 是 d_j 的高级设备，d_j 是 d_i 的低级设备。若 $(d_i, d_j) \in DH$，且不存在 d_k 使 $d_i \geq d_k$ 与 $d_k \geq d_j$ 成立，则称 d_i 是 d_j 的直接高级设备。

定义 2-16　网络层次结构。网络层次结构 $NGH \subseteq NG \times NG$ 是网络集合 NG 上的偏序关系。如果 $(ng_i, ng_j) \in NGH$，则称 ng_i 是 ng_j 的高级网络，ng_j 是 ng_i 的低级网络。

根据上述定义，对场景的层次结构定义如下。

定义 2-17　场景层次结构。场景层次结构 $SCH \subseteq SC \times SC$ 是场景集合 SC 上的偏序关系。对于任意的 sc_i，$sc_j \in SC$，$(sc_i, sc_j) \in SCH$ 当且仅当 $sc_i \geq sc_j$ 成立，且称 sc_i 是 sc_j 的高级场景，sc_j 是 sc_i 的低级场景。若 $(sc_i, sc_j) \in SCH$，且不存在 sc_k 使 $sc_i \geq sc_k$ 与 $sc_k \geq sc_j$ 成立，则称 sc_i 是 sc_j 的直接高级场景。

2.2.3　访问控制模型定义

根据第 2.2.1 节、第 2.2.2 节中对访问控制要素和场景层次结构的定义，本节对面向网络空间的访问控制模型进行形式化描述。图 2-1 给出了面向网络空间的访问控制模型结构，具体元素定义如下。

定义 2-18　面向网络空间的访问控制模型。

Q、SC、P、SES 分别是访问请求实体、场景、权限、会话，其中，$SC = (T, L, D, NG)$，T、L、D、NG 分别表示广义时态、接入点、访问设备、网络，定义详见第 2.2.1 节。

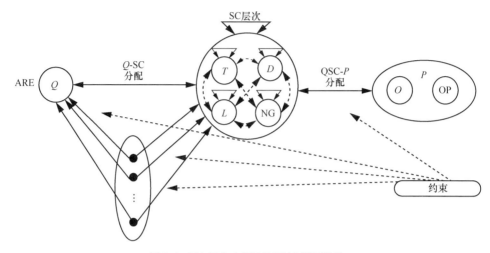

图 2-1　面向网络空间的访问控制模型结构

$QSC \subseteq Q \times SC$，表示多对多的访问请求实体–场景的分配关系。

$QSCP \subseteq QSC \times P$，表示多对多的实体场景–权限的分配关系。

$entity : session \rightarrow Q$，表示将会话 s 映射到单个访问请求实体 $entity(s)$ 的函数。

$scene : S \rightarrow 2^{SC}$，将会话 s 映射到场景集合的函数，其中：

$$scene(s) \subseteq \{sc \mid (\exists sc' \geqslant sc)[(entity(s), sc') \in QSC]\} \tag{2-19}$$

会话 s 具有的权限为：

$$\bigcup_{sc \in scene(s)} \{p \mid (\exists sc' \leqslant sc)[(sc', p) \in QSCP]\} \tag{2-20}$$

| 2.3　访问控制策略自动生成 |

为了确保天地一体化信息网络数据的细粒度受控使用，需要准确构建细粒度访问控制策略。然而天地一体化信息网络具有数据多源异构海量、多副本留存等特点，这使得人工生成策略存在工作量大、易出错等问题。本节主要讨论不完备多标签自动标记、跨域策略映射等策略自动生成方法。

2.3.1　不完备多标签自动标记

生成细粒度访问控制策略的前提之一是对海量数据进行准确标记，然而天地一体化信息网络中的数据呈现异构海量的特点，很难手动标注数据，需要利用监督学习等方式自动标记海量异构数据。然而当前的学习数据集中部分数据项存在标签缺失或不完整的情况（即标签呈现不完备特征），为此提出了数据关联标注方法[9-10]。具体地，考虑实例特征和标签结构特点，利用数据标签向量几何相似度来补全缺失标签，通过加权排序来降低正关系为负关系带来的模型偏差，并利用低秩结构来正则化模型；通过确保数据预测标签几何相似度与数据标签几何相似度的一致性来俘获数据流型结构；通过度量完备标签和不完备标签下的排序损失来区分标签与实例的相关程度，从而实现标签不完备情况下数据自动标记。

2.3.1.1　标签标记流程概述

标签标记包括 4 个子过程：训练集处理、模型建立、模型训练和标签标记。其中在训练集处理过程中，首先根据实际需求和数据语义信息挑选标签并制定标签字典。而后标记者从标签字典中挑选合适的标签来标记收集的数据，从而形成训练集。需要注意的是：由于人工标记难以确保准确性，训练集中的数据可能出现标签缺失、标签冗余和标签噪声现象。数据收集完毕后，对训练集数据进行特征处理，将数据转化为可度量的形式，例如依据图像数据的纹理、色彩和像素信息，将数据转化为特征向量表示；在模型建立过程中，根据训练集特点，选取线性模型、随机森林模型和深度学习模型来预测数据标签，并根据标签关联关系、流型结构和 L_2 范数等对模型进行正则化；在模型优化过程中，根据目标函数的特点，挑选恰当的优化方法来最小化目标函数。典型的优化方法包括梯度下降法、线性搜索法和翻转牛顿法等。最后，标签标记过程将检测数据的向量表示传递给预测模型，以获得数据标签预测结果。

2.3.1.2　目标函数构建

设 $D = \{(x_1, y_1), (x_2, y_2), \cdots, (x_n, y_n)\}$ 为训练集，实例 $\boldsymbol{x}_i = (x_{i1}, x_{i2}, \cdots, x_{id}) \in \mathbf{R}^d$ 是 d 维特征向量，$\boldsymbol{y}_i = (y_{i1}, y_{i2}, \cdots, y_{il}) \in \{-1, 0, 1\}^l$ 是 l 维标签向量。其中，$y_{ij} = 1$ 表示第 i 个实例 x_i 拥有第 j 个标签（即正标签）；$y_{ij} = -1$ 表示第 i 个实例与第 j 个标签无关（即负标签）；$y_{ij} = 0$ 表示第 i 个实例的第 j 个标签缺失。核心目标是寻找恰当矩阵 $\boldsymbol{M} \in \mathbf{R}^{l \times d}$，并采用该矩阵来准确预测新实例 x 的标签 $f(x) = \boldsymbol{M}x$。具体地，如果 $\boldsymbol{M}_i x \geqslant 0$，实例 x 标记了第 i 个标签；否则，实例 x 未标记第 i 个标签。为了叙述方便，在下文中称 $\boldsymbol{Y}$ 为标签矩阵，称 $\boldsymbol{MX}$ 为预测标签矩阵。

利用二次损失来度量预测标签与真实标签的差异，即 $\|\boldsymbol{Y} - \boldsymbol{MX}\|_2^2$（也称为损失函

数），其含义是寻找各点到拟合线距离和最小的线，也就是平方和最小。通过约束拟合矩阵 M 的秩获得如式（2-21）所示目标函数。

$$\min_{M} L(Y, MX) = \|Y - MX\|_2^2$$
$$\text{s.t. rank}(M) < k_0 \tag{2-21}$$

其中，k_0 表示用于约束拟合矩阵的秩，约束条件 $\text{rank}(M) < k_0$ 是非凸优化条件。为降低优化困难，将该约束条件转化为拟合矩阵核范数约束，获得如式（2-22）所示等价形式。

$$\min_{M} L(Y, MX) = \|Y - MX\|_2^2$$
$$\text{s.t. } \|M\|_* < k_1 \tag{2-22}$$

其中，参数 k_1 与参数 k_0 一一对应。

1. 流型正则

本节利用实例分布设计了流型正则用于控制实例的几何结构，使得原标记算法在训练集和检测集上都具有较好效果。设计流型正则的核心挑战是寻找满足如下性质的相似度度量函数，即对于任何两个实例，如果两者的特征向量越相似，则两者的预测标签距离越小，反之亦然。

几何相似度：利用 K-means 聚类方法对每个标签所有正实例的特征向量进行聚类，其中特征向量间的距离采用欧氏距离来度量。具体地，第 i 个标签对应正实例聚成 p 个类 L_i^p，簇中心集为 S_i，每个元素 $s \in S$ 是一个 d 维特征向量。对于任何一个簇中心 s 和簇中心集 S，用最小主角（principal angle）来度量 s 到 S 的距离 $\text{dist}(s, S)$。

$$\text{dist}(s, S) = \max_{t \in S} \frac{s^{\mathrm{T}} t}{\|s\|_2 \|t\|_2} \tag{2-23}$$

其中，s^{T} 是 s 的转置向量。基于该距离定义，定义标签 i 与标签 j 的几何相似度为：

$$\text{gs}(i, j) = \frac{1}{2}\big(\text{gs}(i, j) + \text{gs}(i, j)\big) \tag{2-24}$$

其中，$\text{gs}(i, j) = \frac{1}{|S_i|} \sum_{s \in S_i} \text{dist}(s, S_j)$，$|S_i|$ 是 S_i 的基数，该几何相似度具有对称性，即 $\text{gs}(i, j) = \text{gs}(j, i)$。

标签预测距离：对于任意标签 i 和标签 j，定义对应正实例 $L_i^p \bigcup L_j^p$ 的预测距离为 $\|M_i X^{(i,j)} - M_j X^{(i,j)}\|_2^2$，其中，$M_i$ 是矩阵 M 的第 i 行，$X^{(i,j)}$ 是集合 $L_i^p \bigcup L_j^p$ 的矩阵形

式，即 $X_{(i,j)} = [X_1, \cdots, X_m] \in \mathbf{R}^{m \times n}$ 。 x_k 是 $L_i^p \bigcup L_j^p$ 的第 k 个元素的特征向量，m 是集合 $L_i^p \bigcup L_j^p$ 的基数，$M_i X^{(i,j)}$ 是第 i 个标签在正实例集 $X^{(i,j)}$ 上的标签预测分布。

基于几何相似度与标签预测距离，获得如式（2-25）所示形式的流型正则。

$$\sum_{i=1}^{l} \sum_{j=1}^{l} gs(i,j) \| M_i X^{(i,j)} - M_j X^{(i,j)} \|_2^2 \qquad （2-25）$$

该流型正则最终将作为目标函数的一部分，其中，$gs(i,j)$ 值越大，标签预测分布距离 $\| M_i X^{(i,j)} - M_j X^{(i,j)} \|_2^2$ 越小；$gs(i,j)$ 值越小，标签预测分布距离 $\| M_i X^{(i,j)} - M_j X^{(i,j)} \|_2^2$ 越大。若 $gs(i,j) > gs(i,k)$ ，通常有 $\| M_i X^{(i,j)} - M_j X^{(i,j)} \|_2^2 < \| M_i X^{(i,k)} - M_k X^{(i,k)} \|_2^2$ 成立。

2. 排序正则

排序正则的目标是确保每个实例的正标签排在其负标签的前面，用式（2-26）定义。

$$M_i X > M_j X, \forall X \in (i,j)^{p,n}, 1 \leqslant i,j \leqslant l \qquad （2-26）$$

其中，$(i,j)^{p,n} = \{x |$ 实例 x 的第 i 个标签是正标签（p），第 j 个标签是负标签（n）$\}$。为实现该目标，定义标签排序损失如下。

标签完备下的排序损失：假设训练集 D 中所有实例都被完全标记，即任意实例 x 的任意标签为正标签或负标签，不存在任何缺失。针对该情况，将任意标签 i 和标签 j 的排序损失定义为 $rlc(i,j) = \displaystyle\sum_{x \in (i,j)^{p,n}} h(j,i,x) + \sum_{x \in (i,j)^{n,p}} h(i,j,x)$ ，其中，$(i,j)^{n,p} = \{x |$ 实例 x 的第 i 个标签为负标签，实例 x 的第 j 个标签为正标签$\}$，铰链损失函数 $h(j,i,x)$ 定义为 $\max\{0, 1 + M_j x - M_i x\}$。所有标签对的排序损失之和为实例排序损失，记为 $wrlc(M) = \displaystyle\sum_{1 \leqslant i,j \leqslant l} rlc(i,j)$。

非完备标签下的排序损失：非完备标签是指训练集 D 中至少存在一个标签缺失的实例。针对该情况，训练集 D 中的所有实例可分为 5 个类别：$(i,j)^{p,m}$、$(i,j)^{n,m}$、$(i,j)^{m,p}$、$(i,j)^{m,n}$ 和 $(i,j)^{m,m}$，其中，$(i,j)^{p,m} = \{x |$ 实例 x 的第 i 个标签是正标签，第 j 个标签是缺失标签$\}$，其余 4 种类别的定义依此类推。上述 5 种情况的排序损失函数 $rli(i,j)^{p,m}$、$rli(i,j)^{n,m}$、$rli(i,j)^{m,p}$、$rli(i,j)^{m,n}$ 和 $rli(i,j)^{m,m}$ 分别定义为如下形式。

（1）$rli(i,j)^{p,m} = (1 - \theta_j) \displaystyle\sum_{x \in (i,j)^{p,m}} h(j,i,x)$

（2）$rli(i,j)^{n,m} = \theta_j \displaystyle\sum_{x \in (i,j)^{n,m}} h(i,j,x)$

（3）$\text{rli}(i,j)^{m,p}=(1-\theta_i)\sum\limits_{x\in(i,j)^{m,p}}h(i,j,x)$

（4）$\text{rli}(i,j)^{m,n}=\theta_i\sum\limits_{x\in(i,j)^{m,n}}h(j,i,x)$

（5）$\text{rli}(i,j)^{m,m}=\theta_i(1-\theta_j)\sum\limits_{x\in(i,j)^{m,m}}h(j,i,x)+\theta_j(1-\theta_i)\sum\limits_{x\in(i,j)^{m,m}}h(i,j,x)$

其中，θ_i 和 θ_j 分别是标签 i 和标签 j 的正实例个数与整体实例个数的比值。完整的排序损失函数定义为：

$$\text{wrli}(\boldsymbol{M})=\sum\limits_{i,j}\text{rli}(i,j)^{p,m}+\text{rli}(i,j)^{n,m}+\text{rli}(i,j)^{m,p}+\text{rli}(i,j)^{m,n}+\text{rli}(i,j)^{m,m}\qquad(2\text{-}27)$$

如此，标签排序损失 $\text{RL}(\boldsymbol{M})$ 为标签完备下的排序损失与标签非完备情况下的排序损失和定义为：

$$\text{RL}(\boldsymbol{M})=\text{wrlc}(\boldsymbol{M})+\text{wrli}(\boldsymbol{M})\qquad(2\text{-}28)$$

3．目标函数构建

通过融合流型正则、排序正则，并通过惩罚法转化，将有约束的目标函数（2-22）转化为无约束的目标函数，如式（2-29）所示。

$$\min_{\boldsymbol{M}}O(\boldsymbol{M})=\|\boldsymbol{Y}-\boldsymbol{MX}\|_2^2+\lambda_3\|\boldsymbol{M}\|_*+\lambda_1\sum\limits_{i,j}\text{gs}(i,j)\|\boldsymbol{M}_i\boldsymbol{X}^{(i,j)}-\boldsymbol{M}_j\boldsymbol{X}^{(i,j)}\|_2^2+\lambda_2\text{RL}(\boldsymbol{M})$$
$$(2\text{-}29)$$

其中，λ_1 和 λ_2 用于控制相关部分的权值。

2.3.1.3 目标函数优化

在目标函数（2-29）中，令 $g(\boldsymbol{M})=\lambda_1\sum\limits_{i,j}\text{gs}(i,j)\|\boldsymbol{M}_i\boldsymbol{X}^{(i,j)}-\boldsymbol{M}_j\boldsymbol{X}^{(i,j)}\|_2^2$，则 $g(\boldsymbol{M})$ 和 $\text{RL}(\boldsymbol{M})$ 是非连续不规则函数，其导函数是间断函数，这使得目标函数不具备精确解。针对上述问题，本节借鉴交替方向乘子法（alternating direction method of multipliers，ADMM）算法的可分性，将目标函数中核范数$\|\boldsymbol{M}\|_*$与二次项组合，并与剩余项分割开。对于剩余项，利用线性近似法求解其近似解。上述方法融合了线性近似法与传统 ADMM 算法，称为 LADMM（线性 ADMM 算法），其详细过程如下。

首先，引入辅助变量 $\boldsymbol{M}=\boldsymbol{Z}$ 转化变量 $\boldsymbol{M}$ 的优化问题为变量 $\boldsymbol{M}$ 和 $\boldsymbol{Z}$ 的优化问题，其目标函数为：

$$L(\boldsymbol{M},\boldsymbol{Z})=\|\boldsymbol{Y}-\boldsymbol{MX}\|_2^2+\lambda_3\|\boldsymbol{Z}\|_*+\lambda_1 g(\boldsymbol{M})+\lambda_2\text{RL}(\boldsymbol{M})$$
$$\text{s.t.}\,\boldsymbol{M}=\boldsymbol{Z}\qquad(2\text{-}30)$$

其次，将目标函数（2-30）转化为如式（2-31）所示增广拉格朗日形式。

$$L(\boldsymbol{M}, \boldsymbol{Z}, \boldsymbol{\gamma}) = \|\boldsymbol{Y} - \boldsymbol{MX}\|_2^2 + \lambda_3 \|\boldsymbol{Z}\|_* + \lambda_1 g(\boldsymbol{M}) +$$
$$\lambda_2 \mathrm{RL}(\boldsymbol{M}) + \frac{\beta}{2} \|\boldsymbol{M} - \boldsymbol{Z}\|_2^2 + \mathrm{tr}\left(\boldsymbol{\gamma}^{\mathrm{T}} (\boldsymbol{M} - \boldsymbol{Z})\right) \qquad (2\text{-}31)$$

其中，β 是正的乘子参数，$\gamma \in \mathbf{R}^{d \times l}$ 是正的拉格朗日常数。算法包含 3 部分：更新变量 $\boldsymbol{M}$、更新变量 $\boldsymbol{Z}$ 和更新变量 $\boldsymbol{\gamma}$。

1. 更新 $\boldsymbol{M}$

固定目标函数（2-32）中的变量 $\boldsymbol{Z}$ 和 $\boldsymbol{\gamma}$，将其转化为求解变量 $\boldsymbol{M}$ 的最小化问题：

$$\min_{\boldsymbol{M}} \|\boldsymbol{Y} - \boldsymbol{MX}\|_2^2 + \lambda_1 g(\boldsymbol{M}) + \lambda_2 \mathrm{RL}(\boldsymbol{M}) + \frac{\beta}{2} \|\boldsymbol{M} - \boldsymbol{Z}\|_2^2 + \mathrm{tr}\left(\boldsymbol{\gamma}^{\mathrm{T}} (\boldsymbol{M} - \boldsymbol{Z})\right) \qquad (2\text{-}32)$$

问题（2-32）包含非连续的不规则项 $g(\boldsymbol{M})$ 和 $\mathrm{RL}(\boldsymbol{M})$，其不具备精确解。需要利用二次近似法进行优化，获得任意程度的近似解。具体地，选取初始点 $\boldsymbol{M}_{(0)}$，对两个项 $g(\boldsymbol{M})$ 和 $\mathrm{RL}(\boldsymbol{M})$ 在初始点展开为二次近似形式。由于展开后的函数是良定的，因此可以求其精确解。然后，以精确解为新的展开点重复上述过程直到获得任意近似程度的解。函数 $g(\boldsymbol{M})$ 和 $\mathrm{RL}(\boldsymbol{M})$ 在近似点 $\boldsymbol{M}_{(k)}$ 的近似展开形式为：

$$\mathrm{RL}(\boldsymbol{M}) = \mathrm{RL}(\boldsymbol{M}_{(k)}) + \frac{\partial \mathrm{RL}(\boldsymbol{M}_{(k)})}{\partial \boldsymbol{M}} (\boldsymbol{M} - \boldsymbol{M}_{(k)}) + \frac{1}{2\eta_{(k)}} \|\boldsymbol{M} - \boldsymbol{M}_{(k)}\|_2^2 \qquad (2\text{-}33)$$

其中，$\eta_{(k)}$ 是 k 循环的步长，(k) 是第 k 步循环的索引。$\dfrac{\partial g(\boldsymbol{M}_{(k)})}{\partial \boldsymbol{M}}$ 和 $\dfrac{\partial \mathrm{RL}(\boldsymbol{M}_{(k)})}{\partial \boldsymbol{M}}$ 是 $g(\boldsymbol{M})$ 和 $\mathrm{RL}(\boldsymbol{M})$ 在点 $\boldsymbol{M}_{(k)}$ 的导数。约束项 $\dfrac{1}{2\eta_{(k)}} \|\boldsymbol{M} - \boldsymbol{M}_{(k)}\|_2^2$ 用于确保第 $k+1$ 次循环点 $\boldsymbol{M}_{(k+1)}$ 能在第 k 次循环点 $\boldsymbol{M}_{(k)}$ 附近，避免出现一次近似法的难以收敛问题。

用 $g(\boldsymbol{M})$ 和 $\mathrm{RL}(\boldsymbol{M})$ 的近似形式代替问题（2-32）中 $g(\boldsymbol{M})$ 和 $\mathrm{RL}(\boldsymbol{M})$，获得如式（2-34）所示的目标函数。

$$\min_{\boldsymbol{M}} \|\boldsymbol{Y} - \boldsymbol{MX}\|_2^2 + \lambda_1 \frac{\partial g(\boldsymbol{M}_{(k)})}{\partial \boldsymbol{M}} \boldsymbol{M} + \lambda_2 \frac{\partial \mathrm{RL}(\boldsymbol{M}_{(k)})}{\partial \boldsymbol{M}} \boldsymbol{M} +$$
$$\frac{1}{\eta_{(k)}} \|\boldsymbol{M} - \boldsymbol{M}_{(k)}\|_2^2 + \frac{\beta}{2} \|\boldsymbol{M} - \boldsymbol{Z}\|_2^2 + \mathrm{tr}\left(\boldsymbol{\gamma}_{(k)}^{\mathrm{T}} (\boldsymbol{M} - \boldsymbol{Z})\right) \qquad (2\text{-}34)$$

求函数关于变量 $\boldsymbol{M}$ 的导函数，并设置导函数为 0，得到式（2-35）。

$$2\boldsymbol{MXX}^{\mathrm{T}} + \boldsymbol{Q}_1 \boldsymbol{M} = \boldsymbol{Q}_2 \qquad (2\text{-}35)$$

其中，

$$Q_2 = 2YX^T + \beta Z - \gamma - \lambda_1 \frac{\partial g(M_{(k)})}{\partial M} - \lambda_2 \frac{\partial \mathrm{RL}(M_{(k)})}{\partial M} + \frac{1}{\eta_{(k)}} M_{(k)}$$

$$Q_1 = 2\lambda_3 (C-I)^T(C-I) + \frac{\eta_{(k)}\beta + 2}{\eta_{(k)}} I$$

通过分析发现 Q_1 和 $2XX^T$ 是两个对称矩阵，其对称分解为 $Q_1 = UAU^T$ 和 $2XX^T = VBV^T$。其中，U 和 V 是特征向量，A 和 B 是对角矩阵，对角线元素是 Q_1 和 $2XX^T$ 的特征值。利用对称分解替换等式（2-35）中的 Q_1 和 $2XX^T$，等式变为：

$$MVBV^T + UAU^T M = Q_2 \tag{2-36}$$

对等式（2-36）左右两边分别乘以 U^T 和 V，等式（2-36）化简为式（2-37）。

$$V^T MUA + BV^T MU = V^T Q_2 U \tag{2-37}$$

设 $V^T MU = M$，等式（2-37）化简为：

$$AMB + M = V^T Q_2 U \tag{2-38}$$

在等式（2-38）中，任意片段 $M_{i,j}$ 有等式 $A_{ii} M_{i,j} B_{jj} + M_{i,j} = (V^T Q_2 U)_{i,j}$ 成立，即 $M_{i,j} = \frac{(V^T Q_2 U)_{i,j}}{A_{ii} B_{jj} + 1}$。如此，其解为 $M = UMV^T$。

2. 更新 Z

固定问题（2-31）中变量 M 和 γ，该问题转化为求解变量 Z 的最小化问题：

$$\min_z \frac{\beta}{2} \|M - Z\|_2^2 + \mathrm{tr}\left(\gamma^T (M^T - Z)\right) + \lambda_3 \|Z\|_* \tag{2-39}$$

问题（2-39）可重写为如式（2-40）所示等价形式。

$$\min_z \frac{1}{2} \left\|M + \frac{\gamma}{\beta} - Z\right\|_2^2 + \frac{\lambda_3}{\beta} \|Z\|_* \tag{2-40}$$

问题（2-40）是最小化核范数问题，其解为：

$$Z = D_{\frac{\lambda_3}{\beta}}\left(M + \frac{\gamma}{\beta}\right) \tag{2-41}$$

其中，$D_{\frac{\lambda_3}{\beta}}$ 是删去输入矩阵小于 $\frac{\lambda_3}{\beta}$ 的奇异值以及对应奇异值向量后的矩阵。

3. 更新 γ

固定问题（2-31）中变量 M 和 Z，变量 γ 可通过如式（2-42）形式更新。

$$\gamma \leftarrow \gamma + \beta(M - Z) \tag{2-42}$$

4. 复杂度分析

从式（2-35）可知，更新变量 M 需要计算变量 Q_1 和 Q_2 以及 $2XX^T$ 和 Q_1 的对称分解，其中 $2XX^T$ 和 Q_1 为常数矩阵，其计算和对称分解由预处理步骤处理。在计算 Q_2 的过程中，流型正则部分的导数为 $\sum_{i=1}^{l}\sum_{j=1}^{l}2\mathrm{gs}(i,j)M_iX^{(i,j)}(X^{(i,j)})^T$，求导的时间复杂度为 ld^2。假设数据以均等概率标注和不标注，则排序正则部分的时间复杂度为 l^2n^2d。因此，更新变量 M 的时间复杂度为 $k(ld^2+l^2n^2d+ld)$，其中，k 是迭代次数。更新变量 Z 的时间复杂度为 $\min\{ld^2, l^2d\}$，更新变量 γ 的时间复杂度为 ld。

2.3.2 跨域访问控制策略映射

跨域协作可降低信息传输成本，提高工作效率。然而跨域协作打破了天地一体化信息网络中域间的逻辑隔离边界，可能导致信息不受控流动。为了低成本安全地实现跨域协作，Shafi 等[13]提出了策略映射机制。该机制将各管理域已有的访问控制系统进行逻辑连接，为用户分配完成跨域任务所必需的最小权限，支撑数据受控流动。例如，若域 A 用户需要访问域 B 的某些资源，可根据域 A 用户在本域已有的角色和域 B 中拟访问的资源，将 B 域内相应的角色分配给域 A 用户，使域 A 用户通过域 B 角色访问这些资源，以此实现满足成本约束的数据受控使用。虽然跨域访问控制策略映射提升了域间的互操作性，但也导致了大量的访问控制策略冲突[14-15]。因此，如何平衡域间互操作性和域内自治性成为一个重要问题。

针对该问题，本节提出了基于多目标整数规划的跨域访问控制策略映射机制[11]。在该机制中，将最大化域间互操作性和最小化域内自治性损失作为目标函数，将 7 类典型的跨域冲突作为约束函数，并设计了带约束的 NSGA-III（non dominated sorting genetic algorithm-III）优化求解算法。

2.3.2.1 策略映射与冲突形式描述

为提高域间互操作性，可将不同域的访问控制策略进行映射。图 2-2 给出了域间 RBAC 策略映射的示例，该示例包含两个域（域 A 和域 B）。其中，域 A 包含 5 个角色（即 r_1、r_2、r_3、r_4 和 r_5）和 6 个用户（即 u_1、u_2、u_3、u_4、u_5 和 u_6），域 B 包含 4 个角色（即 r_6、r_7、r_8 和 r_9）和 7 个用户（即 u_7、u_8、u_9、u_{10}、u_{11}、u_{12} 和 u_{13}）。

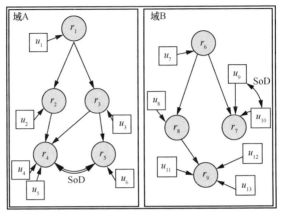

（a）域A和域B的域内"用户–角色"层级关系

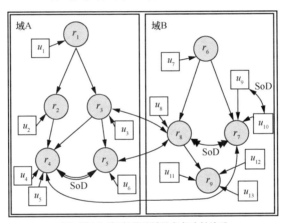

（b）域A和域B间的跨域的角色映射关系

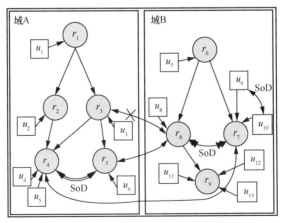

（c）优化后的域A和域B的域间角色映射关系

图 2-2　域间 RBAC 策略映射的示例

如图 2-2 所示，用户和角色用节点表示，用户自身、角色自身以及用户角色之间的关系用边表示，具体包括 6 类：用户角色分配、激活层次关系、继承层次关系、角色间 SoD（separation of duty）约束、用户间 SoD 约束和跨域角色映射，具体如下。

（1）用户角色分配。用户角色分配用边 $u \rightarrow r$ 表示，即为用户 u 分配角色 r。

（2）激活层次关系。激活层次关系（即 A–层次关系）用 $\overset{A}{\rightarrow}$ 表示，其含义是：只有经过激活后，被继承角色才能为继承角色授予权限，如边 $r_3 \overset{A}{\rightarrow} r_4$ 表示 r_3 需要激活后才能继承 r_4 的所有权限。

（3）继承层次关系。继承层次关系（即 I–层次关系）用 $\overset{I}{\longrightarrow}$ 表示，其含义是：无须激活，被继承角色就能为继承角色授予权限，如边 $r_1 \overset{I}{\longrightarrow} r_2$ 表示 r_1 无须激活就可以继承 r_2 的所有权限。

（4）角色间 SoD 约束。角色间 SoD 约束用边 $\curvearrowright$ 表示，如 $r_4 \curvearrowright r_5$ 表示不允许用户在同一会话中同时拥有 r_4 和 r_5。

（5）用户间 SoD 约束。用户间 SoD 约束用边 $\leftrightarrow$ 表示，如 $u_9 \leftrightarrow u_{10}$ 表示不允许用户 u_9 和 u_{10} 在同一会话中访问某一角色 r。

（6）跨域角色映射。域 A 中的角色 r_i 映射到域 B 中的角色 r_j 用 $r_i{:}A \leftrightarrow r_j{:}B$ 表示，若有 $r_3{:}A \leftrightarrow r_8{:}B$，则表示 r_3 在域 B 拥有角色 r_8 的所有权限，r_8 在域 A 拥有角色 r_3 的所有权限。

虽然跨域角色映射使得一个域的授权用户能够访问其他域的资源，提高了互操作性。但也打破了域间的安全边界，可能导致策略冲突。例如，图 2-2（a）中的域 A 和域 B 间不存在任何跨域互操作。当需要进行跨域互操作时，管理员在域 A 和域 B 的部分角色间建立跨域映射连接，即将域 A 中的角色 r_4 和 r_5 分别映射到域 B 的角色 r_7 和角色 r_8，此时域 A 和域 B 形成的全局的映射关系图如图 2-2（b）所示。在建立跨域映射连接前，上级角色 r_6 可以同时激活 r_7 和 r_8，但执行跨域映射后，r_4 和 r_5 之间的角色 SoD 约束使得 r_7 和 r_8 之间产生诱导角色 SoD 冲突，相应地 r_6 不能同时激活 r_7 和 r_8。诱导角色 SoD 冲突用带 SoD 标记的双向双线四箭头表示，如 $r_7 \leftrightarrow r_8$ 表示 r_7 和 r_8 间存在诱导角色 SoD 冲突。

当发生跨域冲突时，为了保障跨域映射的安全性，需要对本地域的策略进行冲突消解。例如，图 2-2（b）中 r_8 和 r_3 间、r_8 和 r_5 间均存在跨域映射连接，但这种连接会导致 u_6 通过 r_8 间接获取 r_3 的权限。一种可行的方式是删除 r_8 和 r_3 间的跨域映射连接，优化后的域 A 和域 B 的域间角色映射关系如图 2-2（c）所示。

从上述例子可知，虽然跨域角色映射增加了域间互操作性，但也可能导致域内的自治性损失。为此，本节将域间互操作性和域内自治性平衡问题建模为多目标整数规划优化问题，目标函数包括最大化域间互操作性函数和最小化域内自治性损失函数，如式（2-43）所示。

$$\max f_{\text{crossdomain}} = \omega_{\text{A}} f(\text{A,B}) + \omega_{\text{B}} f(\text{B,A})$$

$$\min f_{\text{loss}_{\text{A}}} = 1 - \frac{f(\text{A,A})}{N_{\text{A}}}$$

$$\min f_{\text{loss}_{\text{B}}} = 1 - \frac{f(\text{B,B})}{N_{\text{B}}}$$

$$\text{s.t.} \quad f(\text{X,Y}) = \sum_{u_{\text{X}r_{\text{Y}}} \in S_{\text{XY}}} u_{\text{X}r_{\text{Y}}}$$

$$g_i(x) \geqslant 0, \ i = 1, 2, \cdots, p$$

$$h_j(x) = 0, \ j = 1, 2, \cdots, q$$

$$S_t = S_{\text{AA}} \bigcup S_{\text{AB}} \bigcup S_{\text{BA}} \bigcup S_{\text{BB}}$$

$$\forall u_{\text{X}r_{\text{Y}}} \in S_t, \ u_{\text{X}r_{\text{Y}}} = 0 \text{或} 1 \qquad (2\text{-}43)$$

其中，变量 $u_{\text{X}r_{\text{Y}}} \in \{0,1\}$ 表示是否为域 X 中用户 u_{X} 分配了域 Y 中的角色 r_{Y}：$u_{\text{X}r_{\text{Y}}} = 0$ 表示已分配，$u_{\text{X}r_{\text{Y}}} = 1$ 表示未分配；S_{XY} 表示为域 X 中用户所分配的域 Y 角色的集合；$f(\text{X,Y})$ 表示为域 X 中用户所分配的域 Y 角色的数量和，若 X=Y 则表示本地域内的"用户–角色"分配数；函数 $f_{\text{crossdomain}}$ 用来定义域间互操作性；$f_{\text{loss}_{\text{A}}}$ 和 $f_{\text{loss}_{\text{B}}}$ 用来定义域 A 和域 B 的自治性损失。

如图 2-2（c）所示，S_{AB} 表示为域 A 的所有用户分配的域 B 中的角色集合，即 $S_{\text{AB}} = \{u_{1r_8}, u_{1r_9}, u_{2r_7}, u_{3r_8}, u_{3r_9}, u_{4r_7}, u_{5r_7}, u_{6r_8}, u_{6r_9}\}$，$u_{1r_8} \in S_{\text{AB}}$ 表示可以为域 A 中的用户 u_1 分配域 B 中的角色 r_8，$S_{\text{BA}} = \{u_{7r_5}, u_{7r_4}, u_{7r_5}, u_{8r_5}, u_{8r_4}, u_{8r_5}, u_{9r_4}, u_{10r_4}\}$，$u_{7r_5} \in S_{\text{BA}}$ 表示可以为域 B 中的用户 u_7 分配域 A 中的角色 r_5。w_{A} 和 w_{B} 分别表示域 A 和域 B 中"用户–角色"分配的权重，在优化过程中权重越大的域策略被保留的可能性就越高。同理，$u_{1r_1} \in S_{\text{AA}}$ 表示为域 A 中用户 u_1 分配本地域角色 r_1，$u_{7r_6} \in S_{\text{BB}}$ 表示为域 B 中用户 u_7 分配本地域角色 r_6。N_{A} 和 N_{B} 分别是域 A 和域 B 在跨域映射连接之前自治域内部的"用户–角色"分配数，在图 2-2（b）中，$N_{\text{A}} = 13$，$N_{\text{B}} = 11$。跨域映射连接之后，部分域内"用户–角色"产生跨域冲突将导致自治性损失，如 $u_{3r_4} = 0$，由此计算域内自治性损失的比例。

在约束函数方面，$g_i(x)$ 和 $h_j(x)$ 分别表示由跨域冲突（如角色 SoD 冲突等）产

生的 i 个不等式约束和 j 个等式约束，其中 $1 \leqslant i \leqslant p$，$1 \leqslant j \leqslant q$。如图 2-2 所示，$r_4$ 和 r_5 间存在角色 SoD，因此对任意属于域 A 或域 B 的用户 u_i，其约束函数为 $u_{ir_4} + u_{ir_5} \leqslant 1$。

从上述讨论可以看出，规划方程将以下两部分作为多域映射策略的输入：①域 A 和域 B 的域内角色分配关系、层次关系和冲突关系；②管理员定义的域间角色映射关系。规划方程的输出是符合约束函数、全局无冲突的跨域访问控制策略。以图 2-2（b）为例，若域 A 权重为 2，域 B 权重为 3，则 3 个目标函数分别表示为：

$$
\begin{aligned}
f_{\mathrm{crossdomain}} = {} & 2\left(u_{1r_8} + u_{1r_9} + u_{2r_7} + u_{3r_8} + u_{3r_9} + u_{4r_7} + u_{5r_7} + u_{6r_8} + u_{6r_9}\right) + \\
& 3\left(u_{7r_3} + u_{7r_4} + u_{7r_5} + u_{8r_3} + u_{8r_4} + u_{8r_5} + u_{9r_4} + u_{10r_4}\right)
\end{aligned} \tag{2-44}
$$

$$
f_{\mathrm{loss_A}} = 1 - \frac{u_{1r_1} + u_{1r_2} + u_{1r_3} + u_{1r_4} + u_{1r_5} + u_{2r_2} + u_{2r_4} + u_{3r_3} + u_{3r_4} + u_{3r_5} + u_{4r_4} + u_{5r_4} + u_{6r_5}}{13} \tag{2-45}
$$

$$
f_{\mathrm{loss_B}} = 1 - \frac{u_{7r_6} + u_{7r_7} + u_{7r_8} + u_{7r_9} + u_{8r_8} + u_{8r_9} + u_{9r_7} + u_{10r_7} + u_{11r_9} + u_{11r_9} + u_{11r_9}}{11} \tag{2-46}
$$

2.3.2.2　多目标规划问题优化求解

式（2-46）给出了最大化域间互操作性和最小化域内自治性的多目标规划方程，本节对该目标规划方程进行求解。NSGA-III 算法采用基于参考点的非支配排序算法，在求解 2~15 个目标的多目标优化问题时速度快、准确性高，优化过程中不容易陷入局部收敛，计算复杂性显著低于 NSGA-II 算法。相较于一般的遗传算法，NSGA-III 算法需要设置的参数较少、使用方便，初始种群设置无依赖性，染色体使用二进制编码，找到最优解集后对问题解码方便。因此，采用带约束的 NSGA-III 多目标优化算法求解，该算法将域间互操作性、域 A 的自治性损失和域 B 的自治性损失作为优化的目标函数，将跨域策略冲突约束作为算法的约束。算法主要包含以下 8 部分。

（1）染色体生成

在第 2.2.2.1 节中，根据图 2-2（c）的实例得到 $f_{\mathrm{crossdomain}}$，如式（2-47）所示。

$$
\begin{aligned}
f_{\mathrm{crossdomain}} = {} & -2(u_{1r_8} + u_{1r_9} + u_{2r_7} + u_{3r_8} + u_{3r_9} + u_{4r_7} + u_{5r_7} + u_{6r_8} + u_{6r_9}) - \\
& 3(u_{7r_3} + u_{7r_4} + u_{7r_5} + u_{8r_3} + u_{8r_4} + u_{8r_5} + u_{9r_4} + u_{10r_4})
\end{aligned} \tag{2-47}
$$

将式（2-47）中变量 $u_{1r_8}, u_{1r_9}, \cdots, u_{10r_4}$ 全部映射到决策变量 $o_1, o_2, \cdots, o_m$，用带约束的 NSGA-III 的多目标优化算法生成最大化域间互操作目标函数 $f_{\mathrm{crossdomain}}$，表示为

$f_{\text{crossdomain}} = f(o_1, o_2, \cdots, o_m)$。同理可得域 A 和域 B 的最小化域间自治性损失目标函数，分别为 $f_{\text{loss}_A} = f(p_1, p_2, \cdots, p_n)$ 和 $f_{\text{loss}_B} = f(q_1, q_2, \cdots, q_l)$。其中，$o_1, o_2, \cdots, o_m$、$p_1, p_2, \cdots, p_n$ 和 $q_1, q_2, \cdots, q_l$ 分别是 3 个目标函数 $f_{\text{crossdomain}}$、f_{loss_A} 和 f_{loss_B} 的决策变量，决策变量对应"用户–角色"的分配关系，值为 0 或 1。

进行上述操作后，遗传算法种群中任意个体 i 可以表示为 $m+n+l$ 维的决策变量，如式（2-48）所示，其中，$x_{i_j} \in \{0,1\}$。

$$\text{pop}_i = [x_{i_1}, \cdots, x_{i_m}, x_{i_{m+1}}, \cdots, x_{i_{m+n}}, x_{i_{m+n+1}}, \cdots, x_{i_{m+n+l}}] \tag{2-48}$$

每一代更新产生的所有染色体的集合，称为种群，用 P 表示。

（2）种群初始化

在设置算法参数后，需要对种群进行初始化操作。为了改进程序性能，使算法能以最少的迭代次数达到收敛状态，需要生成一个适应度较好的种群。在初始化过程中，生成个体 pop_i 的同时，需要检查该个体是否满足约束集合 C 内所有的条件，若满足则将该个体纳入种群，否则丢弃。生成初始种群 P 后，计算其适应度值。

（3）参考平面生成

参考平面是一个归一化的平面，NSGA-III 中的参考平面用 Das-Dennis[16]的算法生成。该平面辅助寻找广泛分布在帕累托最优前沿或附近的解，以确保解的多样性。

（4）交叉变异

将种群 P 复制为 P'，对 P' 分别进行交叉和变异操作，产生可能更优的个体，即可能更优的跨域策略。

（5）适应度值计算

适应度用于衡量每个染色体所对应的策略的优良，即所对应的跨域互操作性、域 A 自治性损失度和域 B 自治性损失度。如果染色体所对应策略的跨域互操作性越高、域 A 自治性损失度和域 B 的自治性损失度越小，表示该染色体适应度越好。适应度值为一个三维向量，种群 P 中第 i 个个体的适应度值可以表示为 $(\text{fun}_i^{\text{crossdomain}}, \text{fun}_i^{\text{loss}_A}, \text{fun}_i^{\text{loss}_B})$。适应度值范围为 $[0,1]$，高适应度值的个体（策略组合）在迭代过程中以更高概率保留，反之保留概率较低。

与传统的 NSGA-III 不同，在计算 P' 的适应度值时，引入惩罚函数对不满足约束的个体进行对应维度的惩罚。首先根据 3 个目标函数 $f_{\text{crossdomain}}$、f_{loss_A} 和 f_{loss_B} 计算种群 P' 的适应度值，再判断 P' 中每个个体 pop_i 是否满足所有的约束等式和不等式条

件 C。若满足条件，则不修改其适应度值，否则，根据式（2-60）确定该个体不满足约束的二进制位置决策变量位置，并将此位置对应的适应度值置为零。例如，当 pop_i 的 $x_{i_1},\cdots,x_{i_m}$ 和 $x_{i_{m+n+1}},\cdots,x_{i_{m+n+l}}$ 中含有不符合约束决策变量的决策变量时，则将 $\text{fun}_i^{\text{crossdomain}}$ 和 $\text{fun}_i^{\text{loss}_B}$ 均置为零（0 为最低的适应度），以此降低该个体在迭代中保留下来的概率。惩罚函数机制如算法 2-1 所示。

算法 2-1　惩罚函数机制

输入　P,C //P 是由 pop_i 组成的种群集合，C 是 7 种约束的集合

输出　F//由所有个体的 $\text{fun}_i^{\text{crossdomain}}$、$\text{fun}_i^{\text{lossA}}$、$\text{fun}_i^{\text{lossB}}$ 3 个维度的适应度组成的集合

for each $\text{pop}_i \in P$ do

　　if pop_i $[x_{i_1},\cdots,x_{i_m}]$ not satisfied C then

　　　　$\text{fun}_i^{\text{crossdomain}} = 0$

　　end if

　　if pop_i $[x_{i_{m+1}},\cdots,x_{i_{m+n}}]$ not satisfied C then

　　　　$\text{fun}_i^{\text{loss}_A} = 0$

　　end if

　　if pop_i $[x_{i_{m+n+1}},\cdots,x_{i_{m+n+l}}]$ not satisfied C then

　　　　$\text{fun}_i^{\text{loss}_B} = 0$

　　end if

end for

（6）理想点计算

理想点的三维度（3 个目标函数）数值是种群中所有个体的最优值。NSGA-III 中的理想点的作用与 NSGA-II 中拥挤度较为相似，均用于非支配排序，但 NSGA-III 在多目标优化时表现更优。在多目标优化时，需要选取每一代种群在 3 个维度（跨域互操作性、域 A 自治性损失度和域 B 自治性损失度）上最优的值作为理想点，越靠近理想点的染色体被保留的可能性越大。将初始种群 P 中的 N 个个体和种群 P' 中的 N 个个体混合得到混合种群 P_{mix}，计算其理想点坐标为：

$$z^{\min} = \left(f_{\text{crossdomain}}^{\min}, f_{\text{loss}_A}^{\min}, f_{\text{loss}_B}^{\min} \right) \tag{2-49}$$

（7）下一代子代的选择

子代利用非支配排序和个体到理想点的距离，对 P_{mix} 中的 $2N$ 个个体进行分层，选择其中的 N 个个体作为子代 P_{c}。

（8）迭代结束条件判定

计算产生的新种群 P_c 的适应度值，并判断当前的迭代次数，若迭代次数达到最大次数，则结束迭代并进行画图及数值输出；否则，转向（5）。

带约束的 NSGA-III 算法流程如算法 2-2 所示。

算法 2-2　带约束的 NSGA-III 算法

输入　R_n//域 A 和域 B 中所有角色节点的集合

输出　F_t//优化后的全局无冲突访问控制授权策略

Generate a $(m+n+l)-$ dimensional decision variabled$_N$, which is based on the variables in the three objective functions and R_n

Generate cross-domain constraints, form collections C_a

Population - constrained initialization use d_N to generate a betten initial population, named P_N

Generate a consistent reference Plane for NSGA-III, named P_{con} and set times = 0

for $i < G_{max}$ or times ≥ 5 do

　　crossover and mutate P_N, produce the results P'_N

　　Calculating population fitness of P'_N, named F

　　Calculate the average of $f_{crossdomain}$, f_{lossA}, f_{lossB} in F named $\overline{f}_{crossdomain}$, $\overline{f}_{lossA}$, $\overline{f}_{lossB}$

　　Using constraint equations to punish individuals in P'_N, who do not meet the conditions

　　Calculate the ideal point Z_{min}

　　Offspring selection using non - dominated sorting and ideal points, produce the results

　　Calculate fitness of newly generated population of P''_N, named F'

　　Calculate the average of $f_{crossdomain}$, f_{lossA}, f_{lossB} in F' named $\overline{f}'_{crossdomain}$, $\overline{f}'_{lossA}$, $\overline{f}'_{lossB}$

　　Calculate the amount of change in F

$$\alpha = |\overline{f}_{crossdomain} - \overline{f}'_{crossdomain}|$$
$$\beta = |\overline{f}_{lossA} - \overline{f}'_{lossA}|$$
$$\delta = |\overline{f}_{lossB} - \overline{f}'_{lossB}|$$

if $\alpha \leqslant 0.001 \bigcap \beta \leqslant 0.001 \bigcap \delta < 0.001$ then

      times = times +1

end if

end for

Qualified population after evolution $F_r = F'$

| 2.4　CoAC 模型在天地一体化信息网络中的应用 |

天地一体化信息网络具有异构网络互联、拓扑高度动态变化等特征，相应地存在细粒度控制问题。针对上述问题，本节介绍了 CoAC 模型在天地一体化信息网络中的应用[3]，包括在天地一体化信息网络中的控制要素映射、CoAC 实施机制和访问控制管理模型。

2.4.1　控制要素映射

在第 2.1 节中详细地定义了适用于复杂网络环境的 CoAC 模型，为了将 CoAC 模型高效应用到天地一体化信息网络中，需要将 CoAC 的访问控制要素正确映射到天地一体化信息网络。模型映射包含一系列映射函数，在映射函数中原像与像的主要区别在于用于访问控制的实例化属性。根据第 2.1 节中的定义，用访问控制的属性可分为安全属性 sAttr 和通用属性 gAttr 两类。一般地，sAttr 和 gAttr 用向量表示，向量中的每一个分量表示一种属性。例如，加密方式是 sAttr 的分量，传输带宽是 gAttr 的分量。

CoAC 模型到天地一体化信息网络的整体映射由 8 个映射函数组成，具体定义如下。

映射 2-1　访问请求实体映射。天地一体化信息网络中，访问请求实体 q 包括用户 u 和访问代理 a，记为 $q = <u, a>$，并使用 Q 表示所有的请求实体集。其中，用户 u 包括空基用户、海基用户和陆基用户；访问代理 a 表示部署在地面信关站、卫星和终端中的访问代理，可以是一个装置或进程。

映射 2-2　接入点映射。接入点是资源访问请求实体首次接入天地一体化信息网络时，路由网络首跳点所在的空间位置或网络标识。

天地一体化信息网络接入点的通用属性 gAttr 主要包括接入速率 aRate、接入类型 aType、接入策略 aPoli、接入协议 aProt、通信频段 aPect、支持的用户数量 aUNum、接入总带宽 aWidth 等，可记为：

$$AP.gAttr =< aRate, aType, aPoli, aProt, aPect, aUNum, aWidth, \cdots > \quad (2\text{-}50)$$

其中，接入类型 aType 集合包括光接入、微波接入和有线接入等；接入策略 aPoli 集合包括控制信道接入和业务信道接入；接入协议 aProt 集合包括 FDMA、TDMA、CDMA 和 OFDMA 等；通信频段 aPect 集合包括 L 频段和 S 频段等。

天地一体化信息网络接入点的安全属性与 CoAC 模型中接入点的安全属性相同，包括加密类型 aEnc、安全传输协议 aProt 等，可记为：

$$AP.sAttr =< aEnc, aProt, \cdots > \quad (2\text{-}51)$$

映射 2-3 资源映射。资源指天地一体化信息网络中访问请求实体访问的对象，如密码资源、侦查监视卫星和对地监测卫星所获得的数据等。资源 res 可用二元组<RID, rcnt>表示，其中，RID 表示资源 res 的唯一标识，rcnt 表示资源 res 的内容。

资源的通用属性包括资源拥有者 rOwner、资源类型 rType、资源访问策略 rAccessPoli、资源大小 rSize、资源是否在国土可见范围 rVisi、存储地点 rLoc，可记为：

$$RES.gAttr =< rOwner, rType, rAccessPoli, rSize, rVisi, rLoc, \cdots > \quad (2\text{-}52)$$

其中，资源类型 rType 包括两类：管理类数据 rManData 和应用类数据 rAppData。管理类数据 rManData 包括测控数据、位置数据、状态数据、申请数据、广播数据和网管数据等；按照流动方向，应用类数据 rAppData 可划分为前向数据和反向数据；按照内容，应用类数据 rAppData 可划分为文本、图片、语音和视频等。

资源的安全属性包括安全等级 rSecLev、被允许操作 rAllowedOper、加密方式 rEncType 等，可记为：

$$RES.sAttr =< rSecLev, rAllowedOper, rEncType, \cdots > \quad (2\text{-}53)$$

映射 2-4 访问设备映射。访问设备指天地一体化信息网络中访问请求实体访问资源时所使用的设备，主要包括高速航天器终端、天基骨干网地面终端、Ka 大容量宽带便携/固定终端、高轨卫星移动手持/车载终端、低轨星座手持/车载终端、Ku（FDMA）便携/固定终端、Ku（TDMA）便携/固定终端等。设备 dev 可用三元组 <di, dev.gAttr, dev.sAttr>表示，其中，di 表示设备 ID，dev.gAttr 表示设备的通用属性，dev.sAttr 表示设备的安全属性。

设备 dev 的通用属性 gAttr 包括设备空间位置 dLoc、设备移动速度 dVel、设备移动方向 dDir、通信频段 dSpectrum、通信带宽 dWidth、接入优先级 aPrio 等，可记为：

$$\text{DEV.gAttr=<dLoc, dVel, dDir, dSpectrum, dWidth, aPrio,} \cdots > \quad (2\text{-}54)$$

设备安全属性包括加密机制 dEncType、安全等级 dSecLevel 等，可记为：

$$\text{DEV.sAttr=<dEncType, dSecLevel,} \cdots > \quad (2\text{-}55)$$

映射 2-5　网络–天基骨干网络映射。天基骨干节点位于地球同步轨道，是数据中继、路由交换、信息存储、处理融合的载体。天基骨干网络（SBN, space backbone network）是由若干天基骨干节点（SBNO, space backbone node），通过激光通信或微波通信连接而成的网络。天基骨干网络可表示为无向连通图 $G_{SBN} = (V_{SBN}, E_{SBN})$，其中 $V_{SBN} = \{sbno_1, \cdots, sbno_M\}$ 为图的顶点集，表示天基骨干节点集，$sbno_i$ 表示第 i 个天基骨干节点，$1 \leqslant i \leqslant M$ 且 $M \geqslant 3$；$E_{SBN} = \{<sbno_i, sbno_{i+1}>|1 \leqslant i \leqslant M,$ $sbno_{M+1} = sbno_1\}$ 为边集，表示天基骨干节点间的传输链路。在无向连通图 G_{SBN} 中，任何顶点只与其前后两个顶点相连，含义是同步轨道上的天基骨干节点只与其前后的骨干节点通信。为了简洁，用 esbn 表示天基骨干网络的边。

天基骨干节点通用属性包括控制者 sbnController、信关站是否可见 sbnVisi、传输协议 sbnProt、计算能力 sbnCompAbility、存储能力 sbnStoreCapa、功能 sbnFunc、空闲信道数量 sbnFreeChanNum 等，可记为：

$$\text{SBN.gAttr=<sbnController, sbnVisi, sbnProt, sbnCompAbility, sbnStoreCapa,}$$
$$\text{sbnFunc, sbnFreeChanNum,} \cdots > \quad (2\text{-}56)$$

其中，控制者 sbnController 表示骨干节点受谁控制，包括受低轨卫星控制或受地面控制；传输协议 sbnProt 包括 STP（satellite transport protocol）等；功能 sbnFunc 包括数据中继、路由交换、信息存储、处理融合等。

天基骨干节点安全属性包括加密方式 sbnEnc、所支持的安全传输协议 sbnSecProt 等，可记为：

$$\text{SBN.sAttr=<sbnEnc, sbnSecProt,} \cdots > \quad (2\text{-}57)$$

天基骨干网络的边 esbn 的通用属性 gAttr 包括通道类型 eType、通信带宽 eWidth、服务质量 eQos、物理链路层协议 ePhyProt、路由协议 eRoutProt、网络层协议 eNetProt、传输层协议 eTranProt 和通信频段 eFreq 等，可记为：

$$EBSN.gAttr=<eType, eWidth, eQos, ePhyProt,$$
$$eRoutProt, eNetProt, eTranProt, eFreq, \cdots > \qquad (2\text{-}58)$$

其中，通道类型 eType 包括通信信道 CommChan 和控制信道 ControlChan；物理链路层协议 ePhyProt 集合包括 Laor 和 Dra 等；网络层协议 eNetProt 集合包括 IP 和 DTN 等；路由层协议 eRoutProt 集合包括 HQRP（hierarchical quality of service routing protocol）和 LAOR（location-assisted on demand routing）协议等；传输层协议 eTranProt 包括 TCP 和 UDP 等；通信频段 eFreq 包括 L 频段和 S 频段等。

天基骨干网传输的安全属性包括安全等级 eSecLevel、加密类型 eEncType、所支持的安全传输协议 eSecProt 等，可记为：

$$EBSN.sAttr=\{<eSecLevel, eEncType, eSecProt, \cdots>\} \qquad (2\text{-}59)$$

映射 2-6 网络–天基接入网络映射。天基接入网络（SAN，space access network）由布设在低轨的若干接入节点通过激光通信或微波通信连接而成。天基接入网络用无向图 $G_{SAN}=(V_{SAN},E_{SAN})$ 表示。其中，$V_{SAN}=\{san_1^1,\cdots,san_1^{Q_1},san_2^1,\cdots,san_2^{Q_2},\cdots,san_N^1,\cdots,$ $san_N^{Q_N}\}$ 为顶点集，表示天基接入网络的接入节点集，Q_i 表示第 i 个低轨轨道卫星数量，N 表示低轨数量；E_{SAN} 为边集，表示天基接入网络间的传输链路。

天基接入网络顶点和边的属性类型与天基骨干网络顶点和边的属性类型相同，故不再赘述。

映射 2-7 网络–地基节点（网）映射。地基骨干节点包括信关站和信息港，主要完成网络控制、资源管理、协议转换、信息处理、融合共享等功能，并实现与其他地面系统的互联互通。地基节点（网）（GNN，ground node network）由多个地面互联的地基骨干节点（GBN，ground backbone node）、Ku 宽带卫星信关站（KUG，Ku bandwidth satellite gateway）、Ka 大容量宽带卫星信关站（KAG，Ka satellite gateway）和 S 卫星信关站（SS，S satellite gateway），通过地面高速骨干网络等方式连接而成。

地基节点（网）可用无向图 $G_{GNN}=(V_{GNN},E_{GNN})$ 表示，其中 $V_{GNN}=V_{GBN}\bigcup V_{KUG}\bigcup V_{KAG}\bigcup V_{SS}$ 为图的顶点集，V_{GBN}、V_{KUG}、V_{KAG}、V_{SS} 分别表示地基骨干节点、Ku 宽带卫星信关站、Ka 大容量宽带卫星信关站、S 卫星信关站的对应节点；E_{GNN} 为 V_{GNN} 所构成的完全图的边集，即 $E_{GNN}=\{<V_{GBN},V_{KUG}>,<V_{GBN},V_{KAG}>,\ <V_{GBN},V_{SS}>,$ $<V_{KUG},V_{KAG}>,<V_{KUG},V_{SS}>,<V_{KAG},V_{SS}>\}$，其中，$<V_{GBN},V_{KUG}>\subseteq\{<gbn,\ kug>|gbn\in$ $V_{GBN},kug\in V_{KUG}\}$ 表示地基骨干节点和 Ku 宽带卫星信关站相连，由此类推可得 $<V_{GBN},V_{KAG}>$ 等的含义。

地基节点（网）顶点和边的属性类型与天基骨干网络顶点和边的属性类型相同，故不再赘述。

映射 2-8　网络映射。天地一体化信息网络是信息传播的载体，是所有信息传播通道的集合。宏观上，整个天地一体化信息网络可用无向图 $G_{\text{SGIN}} = (V_{\text{SGIN}}, E_{\text{SGIN}})$ 表示，其中 V_{SGIN} 代表顶点集，E_{SGIN} 代表边集。

天地一体化信息网络的顶点包括天基骨干子网 V_{SBN}、天基接入子网 V_{SAN} 和地基节点子网 V_{GNN}；边包括天基骨干子网 E_{SBN}、天基接入子网 E_{SAN} 和地基节点子网 E_{GNN}，即：

$$V_{\text{SGIN}} = V_{\text{SBN}} \bigcup V_{\text{SAN}} \bigcup V_{\text{GNN}} \tag{2-60}$$

$$E_{\text{SGIN}} = E_{\text{SBN}} \bigcup E_{\text{SAN}} \bigcup E_{\text{GNN}} \bigcup \{ <\text{sbno}_i, \text{san}_j^k> | 1 \leqslant i \leqslant M,\ 1 \leqslant j \leqslant Q_k, 1 \leqslant k \leqslant N,$$

天基骨干节点 sbno_i 和天基接入节点 san_j^k 可连$\} \bigcup \{ <\text{sbno}_i, \text{gnn}> |\ \text{gnn} \in V_{\text{GNN}},$

天基骨干节点 sbno_i 与地基节点 gnn 可见$\} \bigcup$

$$\{ <\text{san}_j^k, \text{gnn}> | \text{gnn} \in V_{\text{GNN}}, 1 \leqslant j \leqslant Q_k,\ 1 \leqslant k \leqslant N,\ \text{san}_j^k 信关站和 gnn 相连 \} \tag{2-61}$$

天地一体化信息网络中顶点属性为图 G_{SBN}、图 G_{SAN} 和图 G_{GNN} 中所有顶点属性的并集，边属性为图 G_{SBN}、图 G_{SAN} 和图 G_{GNN} 中所有边属性的并集。

2.4.2　CoAC 实施机制

如何高效地分配和撤销访问权限是访问控制的一个核心问题，为了解决此问题，通过场景来分配和撤销权限。在进行权限分配时，需要预先设定何种场景对何种客体能执行何种操作，即先进行"场景-权限"分配；再为用户分配该场景，即进行"用户-场景"分配。当用户对客体执行某种操作时，权限决策点基于"用户-场景"和"场景-权限"，判定用户是否具有对客体执行该操作的权限。

图 2-3 详细给出了天地一体化信息网络访问控制机制，为了准确实施该机制，定义该机制的核心函数如下。

（1）属性选择函数：AttrSelect（DEV.gAttr，CNN.gAttr，RES.gAttr，DEV.sAttr，CNN.sAttr，RES.sAttr）→ gAttr∪sAttr

属性选择函数用来确定哪些属性可用作权限分配。由于设备、资源和复杂网络环境均拥有大量的安全属性和通用属性，因此为了提高策略决策时的效率，需要依据不同的访问控制需求，选择其中部分安全属性或通用属性作为决策依据。

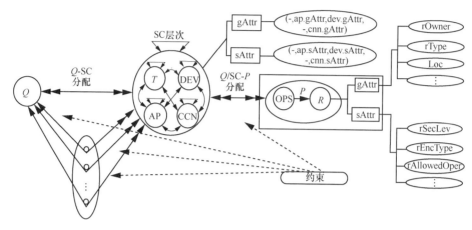

图 2-3　天地一体化信息网络访问控制机制

（2）属性检查函数：AttrCheck（DEV.gAttr，CNN.gAttr，RES.gAttr，DEV.sAttr，CNN.sAttr，RES.sAttr, Attr_value）→{True, False}

属性检查函数用来判断设备/网络/资源的安全属性和通用属性的属性值是否满足特定约束。在属性检查函数中，Attr_value 表示所有属性值的集合。

（3）"访问请求实体–场景"检查函数：q-sceneCheck(q)→scene

"访问请求实体–场景"检查函数用于检查访问请求实体所在的场景。

（4）场景–权限分配函数：scene-permissionAssign(scene, perm) → {True, False}

场景–权限分配函数用于为场景分配所需权限，返回结果为 True 表示权限分配成功，否则，分配失败。

（5）场景–权限撤销函数：scene-permissionRevoke(scene, perm) → {True,False}

场景–权限撤销函数用于撤销分配给场景的指定权限。

2.4.3　访问控制管理模型

在天地一体化信息网络中设备动态接入，异构网络彼此连接，海量信息频繁跨网流动，这使得访问控制权限管理机制异常复杂。虽然目前学术界已经提出了面向 RBAC 的管理模型[17]，但是这些管理模型仅考虑了角色和时间要素，未考虑授权场景，因此不适用于对 CoAC 模型的权限管理，需要设计一套适用于 CoAC 模型的管理模型和管理函数，确保天地一体化信息网络中访问权限高效管理。

2.4.3.1   管理场景定义

在复杂网络环境中，管理者通过网络服务系统和运维管理系统，在给定的时间段内，利用特定的设备和网络对访问请求实体分配、撤销和更新特定资源的访问权限，即管理者通过特定的场景实现对访问控制的管理，为了简洁，称此场景为管理场景（ADSC，administration scene）。

定义 2-19   管理场景。管理场景用四元组（admiT, admiAP, admiDEV, admiCNN）表示，即管理者在 admiT（时间）利用 admiDEV（设备）在 admiAP 这个访问点通过 admiCNN 对管理对象进行管理。

管理流程如下：超级管理员为管理者分配、撤销管理场景，并维护管理场景的权限；管理者通过管理场景更新、删除和修改，选取设备、网络、资源的通用属性和安全属性。另外，管理者需要维护场景和会话对应的权限，以及检测场景的权限是否存在冲突；在访问请求实体申请对资源的某一访问权限时认证其身份，并在认证通过后为其分配会话，激活会话对应的场景进而激活该权限对应的场景。管理模型检测访问请求实体的访问场景是否满足该权限对应的场景，如果满足则具有权限，反之不具有权限。图 2-4 详细给出了访问控制管理模型。

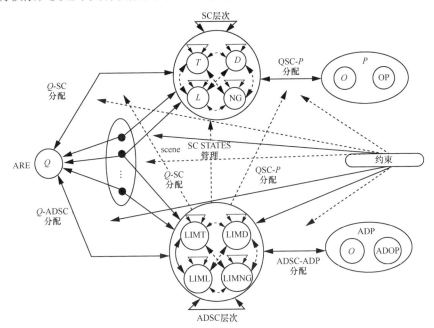

图 2-4   访问控制管理模型

根据管理流程，管理对象包括：（1）访问请求实体身份、场景中的相关元素、资源及其属性、访问权限；（2）访问请求实体的场景分配、当前访问请求实体的会话分配、当前会话中的场景分配、"场景-权限"映射。

2.4.3.2 管理函数定义

准确地管理访问控制过程需要定义管理函数。将管理函数划分为 6 类：请求实体-场景管理、场景-权限管理、场景管理、会话管理、属性管理、认证管理。下面给出了这些函数的相关定义，用 Z 符号形式地定义管理模型中的管理函数。

在请求实体-场景管理中，相应的管理函数为 ass_QADSC、rev_QADSC，其功能分别是为管理者分配管理场景、撤销管理者具有的管理场景，请求实体-场景管理类描述见表 2-2。

在场景-权限管理中，管理函数为 ass_ADSCP、rev_ADSCP、mod_ADSCP、perInherit，其功能分别是为管理场景分配权限、撤销管理场景的权限、修改管理场景的权限、保证高场景继承低场景的权限，场景-权限管理类描述见表 2-3。

表 2-2　请求实体-场景管理类描述

函数名	描述
ass_QADSC	为管理者分配管理场景，若分配成功，返回 True，否则返回 False aas_QADSC(adsc?, q?: NAME; result!: BOOLEAN) ◁ If (q?,adsc?) ∉ QADSC Then QADSC'=QADSC∪{(q?,adsc?)},result!=True Else result!=False ▷
rev_QADSC	撤销管理者具有的管理场景，若撤销成功，返回 True，否则返回 False rev_QADSC(adsc?, q?: NAME; result!: BOOLEAN) ◁ If (q?, adsc?) ∈ QADSC Then QADSC'=QADSC\{(q?, adsc?)},result!=True Else result!=False ▷

表 2-3　场景-权限管理类描述

函数名	描述
ass_ADSCP	为管理者分配管理者所在场景的权限，若分配成功，返回 True，否则返回 False ass_ADSCP(adsc?, p?: NAME; result!: BOOLEAN) ◁ If (adsc?, p?) ∉ ADSCP Then ADSCP'=ADSCP∪{(adsc?, p?)}, result!=True Else result!=False ▷

续表

函数名	描述
rev_ADSCP	撤销管理者所在场景的权限，若撤销成功，返回 True，否则返回 False rev_ADSCP(adsc?, p?: NAME; result!: BOOLEAN) ◁ If (adsc?, p?) ∈ ADSCP and ADSCassignTo((ADSC, p?)) ≼ currentADSC Then ADSCP'=ADSCP\{(adsc?, p?)}, result!=True Else result!=False ▷
mod_ADSCP	修改管理者所在场景的权限，若修改成功，返回 True，否则返回 False mod_ADSCP(adsc?, pb?, pa?: NAME; result!: BOOLEAN) ◁ If (adsc?, pb?) ∈ ADSCP and ADSCassignTo((ADSC, pb?)) ≼ currentADSC Then ADSCP'={(adsc?, pa?)}∪SCP\{(adsc?, pb?)}, result!=True Else result!=False ▷
perInherit	权限继承：高场景自动继承低场景的权限 perInherit(scene?: NAME) ◁ If ∀sc ∈ SC, sc ≼ scene? Then sc.p ⊆ scene?.p ▷

注：函数 ADSCassignTo((ADSC,p))表示为场景 ADSC 赋予权限 p 的管理员所在的场景，currentADSC 表示执行当前操作的管理者所在的场景。

在场景管理中，管理函数为 modT、modAp、modDev、modCnn、det_Conflict、che_Scene。modT、modAp、modDev、modCnn 的功能分别是修改时间、接入点、设备、网络因素，det_Conflict 的功能是检测是否存在与该场景冲突的场景，che_Scene 的功能是场景检查，场景管理类描述见表 2-4。

表 2-4　场景管理类描述

函数名	描述
modT	修改场景的时间因素 modT(sc?, oldtime?, newtime?: NAME) ◁ If sc.oldtime ∈ TSTATES and sc.newtime ∉ TSTATES Then TSTATES' = TSTATES∪{newtime?} scene'=(newtime?, ap, dev, cnn) SSC'=SSC\{<s, scene>|s ∈ session(sc?)}∪{<s, scene'>|s ∈ session(sc?)} QSC'=QSC\{<q, scene>|q ∈ entity(s) ∧ s ∈ session(sc?)}∪{<q, scene' >| q ∈ entity(s) ∧ s ∈ session(sc?)} SCP'=SCP\{<scene, p>|p ∈ permission(sc?)}∪{ <scene', p>|p ∈ permission(sc?)} SCENES'=SCENES\{scene}∪{scene'} ▷

续表

函数名	描述
modAp	修改场景的接入点因素 modAp(sc?, oldap?, newap?: NAME) ◁ If sc.oldap ∈ APSTATES and sc.newap ∉ APSTATES Then APSTATES'= APSTATES∪{newap?} scene'=(time, newap?, dev, cnn) SSC'=SSC\\{<s, scene>|s ∈ session(sc?)}∪{<s, scene'>|s ∈ session(sc?)} QSC'=QSC\\{<q, scene>|q ∈ entity(s) ∧ s ∈ session(sc?)}∪{<q, scene' >| q ∈ entity(s) ∧ s ∈ session(sc?)} SCP'=SCP\\{<scene, p>|p ∈ permission(sc?)}∪{ <scene', p>|p ∈ permission(sc?)} SCENES'=SCENES\\{scene}∪{scene'} ▷
modDev	修改场景的设备因素 modDev(sc?, olddev?, newdev?: NAME) ◁ If sc.olddev ∈ DEVSTATES and sc.newdev ∉ DEVSTATES Then DEVSTATES'= DEVSTATES∪{newdev?} scene'=(time, ap, newdev?, cnn) SSC'=SSC\\{<s, scene>|s ∈ session(sc?)}∪{<s, scene'>|s ∈ session(sc?)} QSC'=QSC\\{<q, scene>|q ∈ entity(s) ∧ s ∈ session(sc?)}∪{<q, scene' >| q ∈ entity(s) ∧ s ∈ session(sc?)} SCP'=SCP\\{<scene, p>|p ∈ permission(sc?)}∪{ <scene', p>|p ∈ permission(sc?)} SCENES'=SCENES\\{scene}∪{scene'} ▷
modCnn	修改场景的网络因素 modCnn(sc?, oldcnn?, newcnn?: NAME) ◁ If sc.oldcnn ∈ CNNSTATES and sc.newcnn ∉ CNNSTATES Then CNNSTATES'=CNNSTATES∪{newcnn?} scene'=(time, ap, dev, newcnn?) SSC'=SSC\\{<s, scene>|s ∈ session(sc?)}∪{<s, scene'>|s ∈ session(sc?)} QSC'=QSC\\{<q, scene>|q ∈ entity(s) ∧ s ∈ session(sc?)}∪{<q, scene' >| q ∈ entity(s) ∧ s ∈ session(sc?)} SCP'=SCP\\{<scene, p>|p ∈ permission(sc?)}∪ { <scene', p>|p ∈ permission(sc?)} SCENES'=SCENES\\{scene}∪{scene'} ▷

续表

函数名	描述
det_Conflict	检测是否存在与给定场景冲突的场景，若有则返回 True 以及与之相冲突的场景，否则返回 False det_conflict(scene?: NAME; resultsc!: P NAME; resultdc!: BOOLEAN) ◁ If ∀sc ∈ SC,sc ≼ scene? and sc.p ⊄ scene?.p Then resultsc!=resultsc!∪{sc} If resultsc! ≠ ϕ Then resultdc!=True Else resultdc!=False ▷
che_Scene	检查场景 che_Scene((t, ap, dev, cnn)?: NAME; outresult!: BOOLEAN) ◁ If CheckT(t?) and CheckDev(dev?, valuegAttr, valuesAttr) and CheckAp(ap?, valuegAttr, valuesAttr) and CheckCNN(cnn?, valuegAttr, valuesAttr) Then outresult!=True Else outresult!=False ▷

在会话管理中，管理函数为 ass_QSe、ass_SeSc，其功能分别是为访问请求实体分配会话、为会话分配场景，会话管理类描述见表 2-5。

表 2-5　会话管理类描述

函数名	描述
ass_QSe	为访问请求实体分配会话 ass_QSe(s?: NAME; q?: QUERY) ◁ If (q?,s?) ∉ QSE Then QSE'= QSE∪(q?, s?) ▷
ass_SeSc	为会话分配场景 ass_SeSc(s?, sc?: NAME) ◁ If (s?, sc?) ∉ SESC Then SESC'=SESC∪{(s,sc)} ▷

在认证管理中，管理函数为 gAttrSel、sAttrSel，其功能分别是选择通用属性、安全属性作为控制要素，属性管理类描述见表 2-6。

表 2-6　属性管理类描述

函数名	描述
gAttrSel	通用属性选择函数，用来确定哪些通用属性可用作控制要素 gAttrSel：（DEV, gATTR）→gATTR /*如：gAttrAss　（mobile phone, \<dLoc, dVel, dDir, dSpectrum, dWidth, aPrio>） =\<dLoc, -, -, -, -, aPrio>表示只选择移动手机的两个属性（所在的位置和接入优先级）作为控制要素*/ gAttrSelect：（RES, gATTR）→gATTR gAttrSelect：（CNN, gATTR）→gATTR
sAttrSel	安全属性选择函数，用来确定哪些安全属性可用作控制要素 sAttrSel：（DEV, sATTR）→sATTR sAttrSel：（RES, sATTR）→sATTR sAttrSel：（CNN, sATTR）→　sATTR

在认证管理中，管理函数为 checkT、checkDev、checkAp、checkCNN，其功能分别是检查时间、设备、接入点、网络因素是否在允许的范围内，认证管理类描述见表 2-7。

表 2-7　认证管理类描述

函数名	描述
checkT	检查当前时间是否在允许范围内 checkT(t?: NAME; outresult!: BOOLEAN) ◁ If t? ∈ TSTATES Then outresult!=True Else outresult!=False ▷
checkDev	检查所使用的设备是否在允许范围内 checkDev(dev?, valuegAttr?, valuesAttr?: NAME; outresult!: BOOLEAN) ◁ If (valuegAttr ∈ allowedValue$_{gAttr}$(gAttrSelect(dev?, gAttr))) and (valuesAttr ∈ allowedValue$_{sAttr}$(sAttrSelect(dev?, sAttr))) Then outresult!=True Else outresult!=False ▷

续表

函数名	描述
checkAp	检查所使用的接入点是否在允许范围内 checkAp(ap?, valuegAttr?, valuesAttr?): NAME; outresult!: BOOLEAN) ◁ If (valuegAttr ∈ allowedValue$_{gAttr}$(gAttrSelect(ap?, gAttr))) and (valuesAttr ∈ allowedValue$_{sAttr}$(sAttrSelect(ap?, sAttr))) Then outresult!=True Else outresult!=False ▷
checkCNN	检查所使用的接入网络是否在允许范围内 checkCNN(cnn?, valuegAttr?, valuesAttr?): NAME; outresult!: BOOLEAN) ◁ If (valuegAttr ∈ allowedValue$_{gAttr}$(gAttrSelect(cnn?, gAttr))) and (valuesAttr ∈ allowedValue$_{sAttr}$(sAttrSelect(cnn?, sAttr))) Then outresult!=True Else outresult!=False ▷

| 2.5　本章小结 |

　　访问控制模型是安全访问和信息安全服务控制理论的核心，大规模卫星星座、大尺度高动态异构网络的实时高效访问控制是天地一体化信息网络的安全保障基础。本章定义了泛在网络环境下访问控制要素、场景层次结构，重点介绍了不完备多标签自动标记、域间互操作性和域内自治性平衡的跨域访问控制策略映射，并给出了在天地一体化信息网络中 CoAC 模型的实施机制和访问控制管理模型。未来需在 CoAC 模型指导下进一步细化天地一体化信息网络的分区分域、互通域，并结合天地一体化信息网络拓扑结构，详细刻画它们间的高动态映射关系。

| 参考文献 |

[1] 李凤华, 熊金波. 复杂网络环境下访问控制技术[M]. 北京: 人民邮电出版社, 2015.

[2] FERRAIOLO D F, SANDHU R, GAVRILA S, et al. Proposed NIST standard for role-based access control[J]. ACM Transactions on Information and System Security, 2001, 4(3): 224-274.

[3] PARK J, SANDHU R. The UCON$_{ABC}$ usage control model[J]. ACM Transactions on Information and System Security (TISSEC), 2004, 7(1): 128-174.

[4] BHATT S, SANDHU R. ABAC-CC: attribute-based access control and communication control for Internet of things[C]//SACMAT'20: The 25th ACM Symposium on Access Control Models and Technologies. [S.l.:s.n.], 2020.

[5] BUI T, STOLLER S D, LI J. Mining relationship-based access control policies[C]// Proceedings of the 22nd ACM on Symposium on Access Control Models and Technologies. New York, NY, USA: Association for Computing Machinery, 2017: 239-246.

[6] 李凤华, 王巍, 马建峰, 等. 基于行为的访问控制模型及其行为管理[J]. 电子学报, 2008(10): 1881-1890.

[7] 李凤华, 王彦超, 殷丽华, 等. 面向网络空间的访问控制模型[J]. 通信学报, 2016(5): 9-20.

[8] LI F H, LI Z F, HAN W L, et al. Cyberspace-oriented access control: a cyberspace characteristics-based model and its policies[J]. IEEE Internet of Things Journal, 2019, 6(2): 1471-1483.

[9] 陈天柱, 李凤华, 郭云川, 等. 基于实例结构的不完备多标签学习[J]. 通信学报, 2021, 42(11): 12.

[10] CHEN T Z, LI F F, ZHUANG F Z, et al. The linear geometry structure of label matrix for multi-label learning[C]//International Conference on Database and Expert Systems Applications. 2020: 229-244.

[11] 诸天逸, 李凤华, 金伟, 等. 互操作性与自治性平衡的跨域访问控制策略映射[J]. 通信学报, 2020, 41(9): 29-48.

[12] 李凤华, 陈天柱, 王震, 等. 复杂网络环境下跨网访问控制机制[J]. 通信学报, 2018(2): 1-10.

[13] SHAFI Q, BASI T, JOSH I, et al. Secure interoperation in a multidomain environment employing RBAC policies[J]. IEEE Transactions on Knowledge & Data Engineering, 2005.

[14] YANG B Y, HU H S. Secure conflicts avoidance in multidomain environments: a distributed approach[J]. IEEE Transactions on Systems, Man, and Cybernetics: Systems, 2021, 51(9): 5478-5489.

[15] GUO Y C, SUN X Y, YU M J, et al. Resolving policy conflicts for cross-domain access control: a double auction approach[C]//Computational Science - ICCS 2021, 2021.

[16] DAS I, DENNIS J E. Normal-boundary intersection: a new method for generating the Pareto surface in nonlinear multicriteria optimization problems[J]. SIAM Journal on Optimization, SIAM, 1998, 8(3): 631-657.

[17] DEKKER M A C, CRAMPTON J, ETALLE S. RBAC administration in distributed systems[C]//Proceedings of the 13th ACM Symposium on Access Control Models and Technologies. New York, NY, USA: Association for Computing Machinery, 2008: 93-102.

第 3 章

组网认证与接入鉴权

天地一体化组网需要支撑"异构技术体制、全球随遇接入、通信无缝切换、链路可信保持",组网认证需要支持星间和星地组网,接入鉴权需要支持窄带终端和宽带终端的接入认证,是确保天地一体化信息网络安全的核心需求。天地一体化信息网络时空跨度大、终端/节点高速运动、链路间歇连通,要求网络具备业务连续保障能力,需要解决面向星际链路快速切换的可信保持、卫星终端的差异化服务细粒度接入鉴权、资源受限环境下自适应星间安全互联认证等方面的技术挑战。针对上述需求,本章重点介绍了注册机制、星间/星地组网认证机制、终端接入认证机制、无缝切换认证机制、群组设备认证机制等方面的关键技术与解决方案。

| 3.1 引言 |

天地一体化信息网络的业务数据在开放的无线信道上传输，信道可能被非法接入，传输的业务数据可能被非授权的用户窃听、篡改、重放等。因此终端接入天地一体化信息网络必须通过身份认证，空口数据也必须处于安全信道的保护之下。本节主要考虑以下 4 个方面的安全：空间段动态组网安全、用户终端接入安全、切换安全和通信传输安全。

（1）空间段动态组网安全

中地球轨道（MEO，middle earth orbit）卫星网络拓扑动态变化，桥接互联地球静止轨道（GEO，geostationary orbit）卫星网络和倾斜地球同步轨道（IGSO，inclined geosynchronous orbit）卫星网络所形成的互联网络拓扑也动态变化。对于接入高轨网络并成为空间互联网重要路由节点的 MEO 卫星节点，一方面,网络必须确保 MEO 节点身份的合法性，避免非法或敌方节点混入网络；另一方面，MEO 节点也必须确保当前网络的安全性，避免接入未知的不安全网络。此外，卫星与地面信关站之间链路也需要安全保护。实现天地一体化信息网络实体的双向身份认证以及安全的密钥协商是保障组网安全的关键技术。

（2）用户终端接入安全

非法用户一旦接入天地一体化信息网络，可能会通过一些恶意或错误操作破坏卫星通信资源。因此要设计安全的接入认证机制保护天地一体化信息网络资源，确保网络资源不被非法使用和访问，实现终端接入控制和接入后的星地安全通信。同时，所提出的接入认证机制应考虑星地传输时延长、星载资源受限等约束条件，严格控制传输与计算处理开销。

（3）切换安全

天地一体化信息网络时空跨度大、终端/节点高速运动、链路间歇连通、星间切换频繁，要求网络具备业务连续保障能力。为此，需要设计安全切换协议，确保终端服务的连续性。安全切换机制应该能够支持星间协同安全切换、星地协同安全切换两种模式。

（4）通信传输安全

卫星采用广播方式，使用无线传输媒介传递信息，导致天地一体化信息网络没有可信域。信道上存在被动窃听的威胁，这种威胁不会对网络系统中的任何信息进行篡改，也不会影响网络的操作与状态，但是可能造成严重的信息失密。更严重的是，在被动窃听的基础上，存在着进一步的安全威胁。攻击者将被动窃听和重放结合起来，可冒充有特权的实体进行消息篡改等主动攻击。比如，非授权地改变信息的目的地址或者信息的实际内容，使信息发送到其他地方或者使接收者得到虚假的信息；冒充网络操作和控制中心配置空中卫星，控制卫星的运行，甚至可以在卫星上放置特洛伊木马程序，利用被控制的卫星窃取信息、删除信息、插入错误信息或修改信息等。另外，攻击者可以在物理层和 MAC 层阻塞无线信道来干扰通信，使天地一体化信息网络通信的可用性、完整性、机密性、安全认证受到威胁。因此需要针对天地一体化信息网络的窃听、仿冒、重放、篡改、伪造等典型攻击，设计星间和星地数据安全传输机制，确保传输数据的机密性、完整性和认证性，并且应该严格控制安全机制在计算和带宽等方面的开销。

为了确保空口传输的安全，需要满足以下安全需求。

（1）相互认证：参与通信的双方必须验证彼此的合法性，以避免中间人攻击、假冒攻击等。

（2）保密性：协议需要保证攻击者截获通信数据后，不能从中获知会话的有效信息。即使攻击者实施中间人攻击，也只能获取和交换无效信息和密文消息，无法凭借计算得出用户与天地一体化信息网络之间的会话密钥并解密获得明文消息。

（3）抗重放攻击：协议需要保证用户的每个认证请求只能被成功认证一次，防止恶意用户或攻击者重放认证请求非法接入天地一体化信息网络。

（4）抗假冒攻击：协议需要保证攻击者无法假冒通信的任何一方去和另一方进行通信。

（5）抗中间人攻击：协议需要保证攻击者对通信双方实施中间人攻击时，只能转发两者之间传递的数据，而不可获知消息的内容。

同时，考虑到卫星节点资源受限的特点，方案也要保证快速、高效，尽量减少卫星上的通信开销和计算复杂度等。

为实现以上安全需求，本章将详细介绍针对不同实体、不同场景下的安全认证机制。在此之前，简单介绍一下方案所依赖的密钥管理思想。

面向当前天地一体化信息网络存储、计算、电源能力受限等特点，需要选择计算和存储轻量化的密码体制来设计密钥管理机制。相比于公钥密码体制，对称密码体制具有如下优点：①对称密码体制简单高效；②网络规模相对较小，可避开对称密码密钥管理的弱点；③攻击者很难直接物理接触卫星通信实体，而另一方面卫星通信实体之间预共享密钥相对容易，因此从安全、简单和高效的视角看，基于预共享密钥来实现密钥管理是合理选择；④在天地一体化信息网络中，完整性验证和签名等也不需要公开可验证，基于对称密钥的消息认证码 MAC 算法可胜任数据的完整性验证和数据来源认证；⑤量子计算技术的发展使传统的基于公钥密码学的方案（如 RSA、ECC 等）已不能满足安全性需求，而 NIST 指出基于对称密码体制的加密算法以及 Hash 算法在提高安全等级的情况下（如提高至 256bit）仍可抵抗量子计算攻击。因此天地一体化信息网络仍主要考虑基于对称密码体制的密钥管理机制。

本章接下来主要介绍注册机制、星间/星地组网认证机制、终端接入认证机制、无缝切换认证机制以及群组设备认证机制。

| 3.2   注册机制 |

天地一体化信息网络中不同场景需要不同的认证机制，各类终端和实体在认证之前需要得到合法的身份，因此合理的注册机制是认证的基础。我们设计了终端注册、实体注册、群成员注册等方法，为天地一体化信息网络中各类终端和实体的入网提供有效的身份和秘密参数，进一步为后续的组网认证与接入鉴权提供必要支撑。

3.2.1 终端注册机制

随着天地一体化信息网络和终端技术的不断发展,多种不同类型的终端均可以使用天地一体化信息网络服务。针对不同终端的特性,需设计相应的终端身份注册机制,为随后的认证机制提供合法的身份和密钥等关键信息。本节介绍了针对普通/特殊终端、4G/5G 终端、Ka 终端、断续连通终端、随遇接入终端的注册机制。

3.2.1.1 普通/特殊终端注册机制

终端在实体身份管理系统注册后,将获得一个与实体身份管理系统共享的主密钥(长度根据安全需求选择,一般应大于或等于 128bit)和一个唯一的身份信息 ID(即全球唯一标识符 IMSI),其中,主密钥需严密保护,必要时终端应部署可信环境以抵抗多种边信道攻击;ID 应标明终端的注册地等相关信息。普通/特殊终端注册流程如图 3-1 所示。

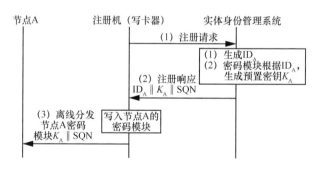

图 3-1 普通/特殊终端注册流程

(1)注册机向实体身份管理系统发送注册请求。

(2)实体身份管理系统收到注册请求消息后,生成终端的身份标识 ID_A ,并且根据 ID_A 生成预置的密钥 K_A 。最后,实体身份管理系统将 $ID_A \| K_A \| SQN$ 包含在注册响应消息中发送给注册机,其中 SQN 是终端侧的序列号,用于后续终端接入认证过程中抵抗重放攻击。

(3)注册机收到后写入终端密码模块并且离线分发终端密钥模块 $K_A \| SQN$ 给终端 A。

3.2.1.2　4G/5G 终端注册机制

4G/5G 终端注册机或写卡器与实体身份管理系统交互完成注册流程，4G/5G 终端注册流程[1-2]如图 3-2 所示。

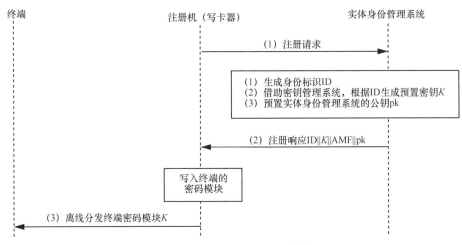

图 3-2　4G/5G 终端注册流程[1-2]

（1）注册机向实体身份管理系统发送注册请求。

（2）实体身份管理系统为每个终端生成身份标识 ID，同时为终端生成预置密钥 K 以及认证管理域标识 AMF，并通过安全信道将 ID || K || AMF || pk 作为响应发送至注册机，其中，pk 是实体身份管理系统的公钥，用于后续终端接入认证过程中加密保护终端的身份标识。

（3）注册机离线将 ID || K || AMF || pk 写入终端的密码模块，完成终端注册流程。

3.2.1.3　Ka 终端注册机制

Ka 终端在实体身份管理系统注册后得到认证时所需的身份和密钥信息。Ka 终端注册流程如图 3-3 所示，步骤如下。

（1）Ka 终端向实体身份管理系统发送注册请求。

（2）实体身份管理系统收到注册请求消息后，生成 Ka 终端的永久身份标识 ID 和公私钥，同时为 Ka 终端生成证书，证书内容包含 Ka 终端 ID、Ka 终端公钥信息、实体身份管理系统公钥 pk 等。

图 3-3　Ka 终端注册流程

（3）实体身份管理系统将证书包含在注册响应中发送至 Ka 终端。

3.2.1.4　断续连通终端注册机制

断续连通场景下的终端需要与实体身份管理系统交互，获得后续认证所需的密钥以及密钥参数。断续连通终端注册流程如图 3-4 所示，步骤如下。

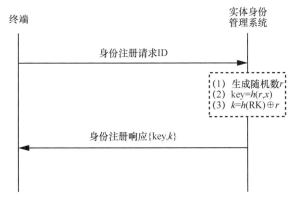

图 3-4　断续连通终端注册流程

（1）地面实体身份管理系统生成两个随机数分别作为其长期私钥 x 以及随机数保护密钥 RK。

（2）用户终端通过安全信道向地面管理中心实体身份管理系统发送包含身份标识 ID 的用户注册请求。

（3）实体身份管理系统收到请求后，首先生成一个随机数 r，计算 key=$h(r,x)$，随后，地面控制中心根据随机数保护密钥 RK 生成 $k = h(\text{RK}) \oplus r$，并将 {key, k} 通过安全信道发送给移动用户终端。

3.2.1.5 随遇接入终端注册机制

用户终端在归属域实体身份管理系统注册成为 LEO 卫星网络的合法用户。实体身份管理系统通过共享密钥 K 为用户终端生成一个认证标签 Token，用于后续用户终端安全的接入 LEO 卫星网络。随遇接入终端注册流程如图 3-5 所示，步骤如下。

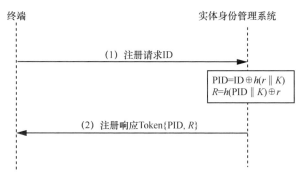

图 3-5　随遇接入终端注册流程

（1）用户终端通过安全信道向实体身份管理系统提供自己的身份标识 ID。

（2）实体身份管理系统收到用户终端的身份标识 ID 和注册请求后，首先生成一个随机数 r 并任取一个随机数作为密钥 K。然后基于生成的随机数 r、密钥 K 和用户身份标识 ID 为用户生成接入 LEO 卫星网络的 Token$\{$PID, $R\}$：$\mathrm{PID} = \mathrm{ID} \oplus h(r \parallel K)$，$R = h(\mathrm{PID} \parallel K) \oplus r$，其中，PID 是用户的伪身份标识；$R$ 用于后续的认证过程。计算完成后，实体身份管理系统将 Token$\{$PID, $R\}$ 通过安全信道发送给用户终端。

（3）用户终端收到注册响应消息后保存 $\{$PID, $R\}$。

3.2.2　实体注册机制

天地一体化信息网络中的天基/地基管控、天/空/地/临近空间节点异构互联组网时，需要提前进行实体注册，从而获取后续组网认证所需的安全参数。本节介绍了基于对称密钥的实体注册机制和基于格密码的实体注册机制。

3.2.2.1 基于对称密钥的实体注册机制

基于对称密钥的实体（卫星、地面信关站等）注册机制与终端注册机制类似，实体注册流程如图 3-6 所示。

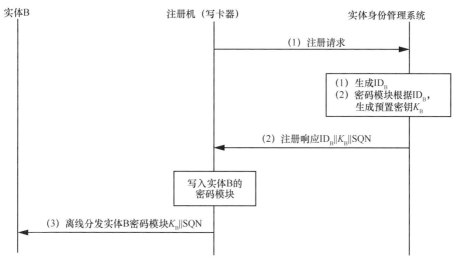

图 3-6　实体注册流程

（1）注册机向实体身份管理系统发送注册请求。

（2）实体身份管理系统收到注册请求消息后，生成实体 B 的身份标识 ID_B，并且根据 ID_B 生成预置密钥 K_B。最后，实体身份管理系统将 $ID_B \| K_B \| SQN$ 包含在注册响应消息中发送给注册机。

（3）注册机收到后写入实体 B 的密码模块并且离线分发实体密码模块 $K_B \| SQN$ 给实体 B。

3.2.2.2　基于格密码的实体注册机制

本节基于格密码，提出了一种基于格密码的实体注册机制[3]，主要考虑的是针对部分采用格密码技术接入天地一体化信息网络的相关认证实体，例如陆地–卫星终端 TST、卫星、信关站 GS、物联网设备 IoTD 或移动终端 ME，需要提前完成基于格密码的实体注册流程，具体如下。

在进行注册阶段前，实体身份管理系统首先选择几个相应的正整数 n、q、m、β、σ 以及 r，并且选择 5 个安全的哈希函数 H_1、H_2、H_3、H_4 以及 H_5。随后，实体身份管理系统调用算法 $\mathrm{TrampSamp}(1^n, q, m)$ 输出 $A_N \in Z_q^{m \times n}$ 和 $T_N \in Z_q^{m \times n}$ 分别作为它的公钥和私钥，$A_N T_N \equiv 0 \bmod q$。最后，实体身份管理系统公开参数 $(n, q, m, \beta, \sigma, r, k, A_N)$。表 3-1 介绍了用到的相关符号定义。

表 3-1　符号定义

符号	定义
n	一个系统安全参数
q	一个奇素数，$q \geqslant \beta \cdot \omega(\sqrt{n \lg n})$
m	一个 $\mathrm{poly}(n)$ 有界正整数 $m = 8n \lg q$
β	一个 SIS/ISIS 参数 $\rho = \mathrm{poly}(n)$
σ	一个高斯参数
r	一个小整数，如 $r=1$
k	对称密钥的长度
ID_j	节点 j 的身份标识
TID_j	T 节点 j 的临时标识，$\mathrm{TID}_j \in \boldsymbol{Z}_q^n$
$\boldsymbol{A}_N$	实体身份管理系统的公钥，$\boldsymbol{A}_N \in \boldsymbol{Z}_q^{n \times m}$
$\boldsymbol{T}_N$	实体身份管理系统的私钥，$\boldsymbol{T}_N \in \boldsymbol{Z}_q^{m \times m}$
$\boldsymbol{A}_G$	信关站的公钥，$\boldsymbol{A}_G = (\boldsymbol{A}_N \| \mathrm{TID}_G)$
$\boldsymbol{T}_G$	信关站的私钥，$\boldsymbol{T}_G = \boldsymbol{Z}_q^{(m+1) \times (m+1)}$
$\boldsymbol{A}_S$	卫星的公钥，$\boldsymbol{A}_S = (\boldsymbol{A}_N \| \mathrm{TID}_S)$
$\boldsymbol{T}_S$	卫星的私钥，$\boldsymbol{T}_S \in \boldsymbol{Z}_q^{(m+1) \times (m+1)}$
$\boldsymbol{A}_T$	TST 的公钥，$\boldsymbol{A}_T = (\boldsymbol{A}_N \| \mathrm{TID}_T)$
$\boldsymbol{T}_T$	TST 的私钥，$\boldsymbol{T}_T \in \boldsymbol{Z}_q^{(m+1) \times (m+1)}$
$\boldsymbol{A}_i$	群组设备的公钥，$\boldsymbol{A}_i = (\boldsymbol{A}_N \| \mathrm{TID}_i)$
$\boldsymbol{T}_i$	群组设备的私钥，$\boldsymbol{T}_i \in \boldsymbol{Z}_q^{(m+1) \times (m+1)}$
$H_1()$	$\boldsymbol{Z}_2^{(m+1) \times r} \rightarrow \boldsymbol{Z}_q^n$
$H_2()$	$\boldsymbol{Z}_2^{(m+1) \times r} \rightarrow \boldsymbol{Z}_q^{(m+1) \times (m+1)}$
$H_3()$	$\boldsymbol{Z}_2^{r \times (m+1)} \rightarrow (0,1)^k$
$H_4()$	$\boldsymbol{Z}_q^{n \times (m+2)} \rightarrow (0,1)^k$
$H_5()$	$\boldsymbol{Z}_q^{(m+L)} \rightarrow \boldsymbol{Z}_q^n$
L	IoT 群组成员的个数

各节点 j，例如 TST、卫星、GS、IoTD 或者 ME，通过安全信道向实体身份管理系统提供其身份标识以发起注册请求，而实体身份管理系统通过安全信道发送节点 j 的对应私钥来响应注册请求。基于格的实体注册流程如图 3-7 所示，步骤如下。

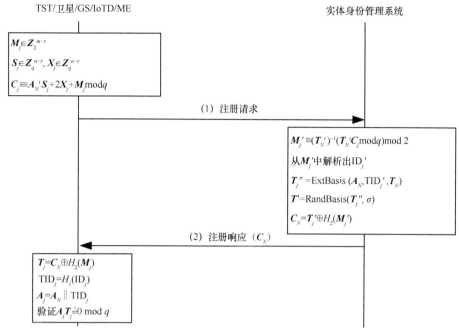

图 3-7　基于格的实体注册流程

（1）节点 j 随机选择一个矩阵 $\boldsymbol{S}_j \in \boldsymbol{Z}_q^{n \times r}$ 和一个小系数噪声矩阵 $\boldsymbol{X}_j \in \boldsymbol{Z}_q^{n \times r}$，其中二进制矩阵 $\boldsymbol{M}_j \in \boldsymbol{Z}_2^{m \times r}$ 表示节点 j 的隐私信息，例如，节点 j 的身份标识。然后，节点 j 采用同余式 $\boldsymbol{C}_j \equiv \boldsymbol{A}_N^t \boldsymbol{S}_j + 2\boldsymbol{X}_j + \boldsymbol{M}_j \bmod q$ 加密 $\boldsymbol{M}_j$。最后，节点 j 发送一个注册请求消息 $\boldsymbol{C}_j$ 给实体身份管理系统。

（2）实体身份管理系统收到注册请求消息后，首先按照同余式 $\boldsymbol{M}_j' \equiv (\boldsymbol{T}_N')^{-1}(\boldsymbol{T}_N^t \boldsymbol{C}_j \bmod q) \bmod 2$ 解密获得 $\boldsymbol{M}_j'$，从 $\boldsymbol{M}_j'$ 中解析出 ID_j'，然后检查 ID_j' 的有效性，其中，$(\boldsymbol{T}_N')^{-1}$ 在实体身份管理系统中只需计算一次。如果 ID_j' 是有效的，实体身份管理系统计算节点 j 的临时标识 $\mathrm{TID}_j' = H_1(\mathrm{ID}_j')$，并且调用算法 $\mathrm{ExtBasis}(\boldsymbol{A}_N, \mathrm{TID}_j', \boldsymbol{T}_N)$ 和算法 $\mathrm{RandBasis}(\boldsymbol{T}_j'', \sigma)$ 输出 $\boldsymbol{\Lambda}_q^{\perp}(\boldsymbol{A}_N \parallel \mathrm{TID}_j')$ 的一个随机化基 $\boldsymbol{T}_j'$。为了将基 $\boldsymbol{T}_j'$ 安全地发送给节点 j，实体身份管理系统执行等式 $\boldsymbol{C}_N = \boldsymbol{T}_j' \oplus H_2(\boldsymbol{M}_j')$。最后，实体身份管理系统发送一个注册响应消息 $\boldsymbol{C}_N$ 给节点 j。

（3）节点 j 收到注册响应消息后，首先按照等式 $\boldsymbol{T}_j = \boldsymbol{C}_N \oplus H_2(\boldsymbol{M}_j)$ 和 $\mathrm{TID}_j = H_1(\mathrm{ID}_j)$ 得到 $\boldsymbol{T}_j$ 及其临时标识 TID_j。随后，节点 j 计算 $\boldsymbol{A}_j = \boldsymbol{A}_N \parallel \mathrm{TID}_j$ 并且验证 $\boldsymbol{A}_j \boldsymbol{T}_j \overset{?}{=} 0 \bmod q$。如果验证通过，节点 j 分别选择 $\boldsymbol{A}_j$ 作为其公钥，$\boldsymbol{T}_j$ 作为其私钥，否

则，节点 j 重新发起注册过程。

3.2.3 群成员注册机制

执行完终端注册过程后，处于同一区域的终端或者隶属于同一管理者的终端可构成一个固定群组，完成群成员的注册过程。群成员注册流程如图 3-8 所示，步骤如下。

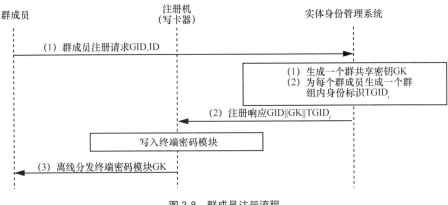

图 3-8 群成员注册流程

（1）群成员向实体身份管理系统发送注册请求，包含群组身份标识 GID 和群成员身份标识 ID 。

（2）实体身份管理系统收到群成员注册请求后生成一个群共享密钥 GK ，且为每个群成员生成一个群组内临时标识 $TGID_i$ ，然后发送包含 GID‖GK‖$TGID_i$ 的注册响应消息给注册机。

（3）注册机收到注册响应后将其写入终端的密码模块，离线分发终端密码模块 GK 给群成员。

|3.3 星间/星地组网认证机制 |

现有卫星网络为多层网络结构，不同网络架构具有不同的应用场景和安全需求，需要设计适合于多种场景的组网认证机制，包含星地组网认证、同层卫星间组网认证和层间卫星组网认证。然而现有认证方案采用复杂的密码运算，无法为资源受限的天地一体化信息网络环境提供灵活高质量的服务。针对上述问题，本节介绍了基于地面控制的组网认证[4]、无地面控制的高低轨卫星网络组网认证[5-7]等关键技术，实现了天地一体化信息网络实体的快速身份鉴别与安全可信组网控制。

3.3.1 基于地面控制的组网认证机制

本节主要介绍了基于地面控制的组网认证机制[4]。根据组网实体类型的不同，又分为两种组网认证机制：基于地面控制的多类型实体间组网认证以及基于地面控制的低轨卫星节点间组网认证，其中，基于地面控制的多类型实体间组网认证机制是实现各种卫星、信关站及重要终端等多类型实体的组网认证，而基于地面控制的低轨卫星节点间组网认证机制主要实现低轨卫星节点间的组网认证。

3.3.1.1 基于地面控制的多类型实体间组网认证机制

实体间（卫星、信关站、重要终端等）相对运动或者地理、存储资源受限等因素导致实体间无法进行直接安全连接，需要依赖于地面控制中心作为第三方，协助实体间进行身份认证和密钥协商。我们提出了一种轻量级的基于地面控制的星地协同组网认证协议，以满足多类型实体间的组网认证需求。通过地面控制中心向不同实体预置共享密钥，不同实体间可依据此共享密钥完成相互认证与密钥协商。安全性分析表明方案具有相互认证、密钥协商、抵抗重放、仿冒和中间人攻击等安全属性。

当所有实体（卫星、信关站、重要终端等）执行完实体注册过程后分别预置一个与实体身份管理系统共享的密钥 K_X。由于实体 A 与实体 B 之间没有预置的共享密钥，因此实体 A 与实体 B 首先分别向实体身份管理系统发送实体共享密钥协商请求信息，实体身份管理系统根据密钥衍生函数导出实体 A 与实体 B 之间的共享密钥，并通过预共享密钥加密后分别发送给实体 A 与实体 B。随后，实体 A 与实体 B 利用实体共享密钥执行认证过程。此过程分为两个阶段：协商实体共享密钥阶段和组网认证阶段。

协商实体共享密钥流程如图 3-9 所示，具体步骤如下。

（1）实体 A 与实体 B 分别向实体身份管理系统发送协商实体共享密钥请求。

（2）实体身份管理系统收到之后，根据接收到的实体 A 和实体 B 的身份标识

ID_A、ID_B 搜索到各自的预置共享密钥 K_A 和 K_B。生成一个随机数 RAND，然后计算出 $K_{AB} = H(RAND, ID_A, ID_B)$，其中，$H$ 代表 Hash 函数。随后，实体身份管理系统将 K_{AB} 加密后分别发送给实体 A 和实体 B。

（3）实体 A 收到 K_{AB} 后，存储 K_{AB} 作为和实体 B 的共享密钥。

（4）实体 B 收到 K_{AB} 后，存储 K_{AB} 作为和实体 A 的共享密钥。

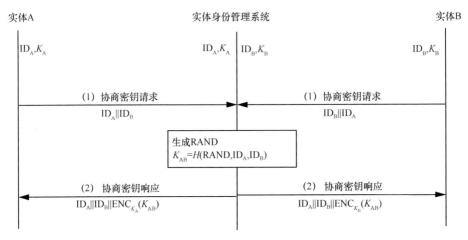

图 3-9　协商实体共享密钥流程

实体 A 与实体 B 获取到对方的实体共享密钥 K_{AB} 后，执行组网认证并协商出会话密钥 sk，组网认证流程如图 3-10 所示，具体步骤如下。

（1）实体 A，例如卫星、信关站、重要终端等选择一个随机数 r_A，利用与实体 B 的共享密钥 K_{AB} 加密随机数 r_A，并且将加密后的数据以及实体 A 和实体 B 的身份标识 ID_A、ID_B 包含在组网请求消息中发送给实体 B。

（2）实体 B 收到组网请求消息后，通过与实体 A 的共享密钥 K_{AB} 解密获得随机数 r_A，并选择一个随机数 r_B，将 $ID_A \parallel r_A \parallel r_B$ 同样采用共享密钥 K_{AB} 加密后包含在组网响应消息中发送给实体 A。

（3）实体 A 收到组网响应消息后，解密获得 r_B，计算哈希值 $sk = H(r_A \parallel r_B)$，并且利用 sk 计算出加密密钥 $CK = ENC_{sk}(0)$ 和完整性密钥 $IK = ENC_{sk}(1)$。最后，实体 A 将 $r_B \parallel r_A$ 采用共享密钥 K_{AB} 加密后发送给实体 B。

（4）实体 B 收到后，解密验证消息的内容，如果验证成功，则同样计算加密密钥 CK 和完整性密钥 IK。

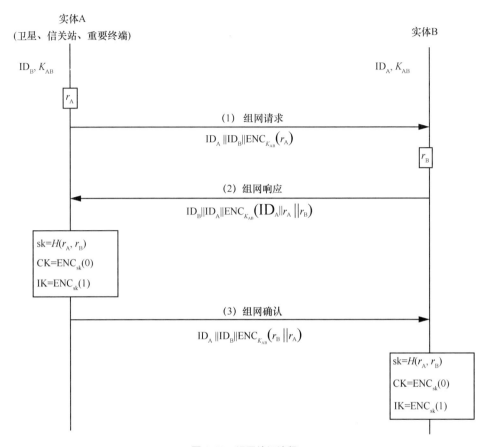

图 3-10　组网认证流程

组网认证完成之后，实体 A 与实体 B 之间共享会话密钥 sk，可用于确保后续实体 A 与实体 B 之间通信数据的安全性。

本机制的安全性分析如下。

（1）相互认证

实体 A 与实体 B 分别与实体身份管理系统共享预置共享密钥 K_A、K_B，实体 A 与实体 B 分别从实体身份管理系统安全获取加密后的实体共享密钥 K_{AB}，攻击者无法获取得到 K_{AB}。在组网认证过程中，实体 A 将随机数 r_A 通过实体共享密钥 K_{AB} 加密后发送给实体 B，只有拥有实体共享密钥的节点才可以解密获取到 r_A，进一步产生有效的组网响应消息，因此实体 A 可以认证实体 B。同样，实体 B 生成一个随机数 r_B 发送给实体 A，只有拥有实体共享密钥的实体才可以解密获得 r_B，进而产生有效的组网确认消息，因此实体 B 可以认证实体 A。综上所述，组网过程可以完成相互认证。

（2）密钥协商

实体 A 和实体 B 通过对方发送的加密后的随机数 r_A 和 r_B 计算得到 sk，进而根据 sk 计算出加密密钥 CK 和完整性密钥 IK，攻击者由于没有实体共享密钥 K_{AB}，因此无法解密获得两个随机数，进而无法得到 CK 和 IK。因此实体 A 和实体 B 可以安全地协商出会话密钥。

（3）抵抗重放攻击

由于随机数 r_A 和 r_B 的使用，组网认证过程可以抵抗重放攻击。

（4）抵抗仿冒攻击和中间人攻击

由于在组网认证过程中，实体 A 和实体 B 利用实体共享密钥 K_{AB} 加密随机数，攻击者无法获取实体共享密钥 K_{AB}，也无法产生有效的密文数据，进而不能假冒实体 A 或者实体 B。由于攻击者无法假冒实体 A 或者实体 B 的任何一方，所以攻击者无法执行仿冒攻击和中间人攻击。

3.3.1.2　基于地面控制的低轨卫星节点间组网认证机制

对于常见的低轨卫星网络，受轨道设置及地球曲率影响，只有处于目视范围内的组网卫星间才能建立有效通信链路；同时，由于相向运行，邻近轨道的低轨卫星之间的通信链路无法长时间维持，只能通过频繁的星间链路切换来保证整个卫星网络的互联互通。针对低轨卫星网络邻近轨道相邻卫星之间的星间组网认证问题，提出了一种安全、高效的星间身份认证与密钥协商方案（L2L-AKA，LEO to LEO authenticated key agreement）。该方案基于对称密码体制设计，进行组网时，只有卫星间的首次身份认证需要可信第三方的参与，具有较强的自主性和灵活性。由于天地一体化信息网络的时钟具有高度同步性，只要使用相同的预测算法，组网卫星之间均可以实现对认证时刻的精准预测。因此通过预计算部分认证参数，在轨卫星能够有效减少切换认证阶段的即时计算开销，从而提升星间组网的认证效率。当已经完成三方认证并相互注册了认证信息的 LEO 卫星之间再次进行身份认证时，只需要执行轻量化的两方认证协议。安全性分析表明方案具有相互认证、密钥协商、抵抗重放、仿冒和中间人攻击等安全属性。该机制包括首次认证阶段和两方认证阶段。首次认证流程如图 3-11 所示，步骤如下。

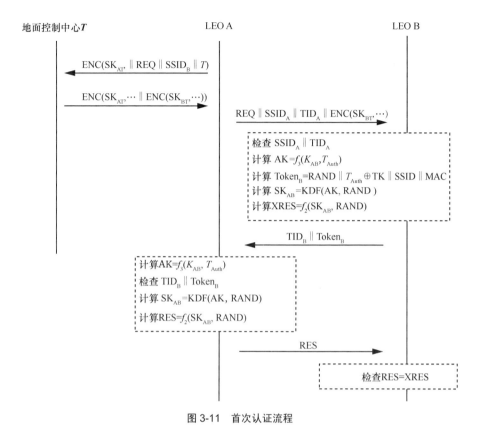

图 3-11　首次认证流程

（1）在可视范围内探测到未知卫星 B 后，卫星 A 首先对该卫星的身份标识 SSID 进行识别。根据得到的 $SSID_B$，如果该卫星是一个有效通信服务节点但是并没有在自身维护的认证信息表找到对应认证信息，卫星 A 需要向地面控制中心发送一个经过加密的认证请求 $ENC(SK_{AT}, REQ\|SSID_B\|T)$。

（2）收到认证请求后，地面控制中心首先根据解密得到的 $SSID_B$ 查找该卫星对应的 ID_B。接着，基于当前时间 T_{TID} 计算卫星 A 和卫星 B 在本次星间身份认证应使用的临时身份 TID_A 和 TID_B。随后，获取当前时间 T_T，并分别使用与卫星 A 和卫星 B 对应的会话密钥加密返回数据，得到 $ENC(SK_{AT}, TID_A\|ID_B\|TID_B\|T_T\|ENC(SK_{BT}, SSID_A\|TID_A\|ID_A\|TID_B\|T_T))$。最后，将该加密数据返回给卫星 A。

（3）收到返回数据后，卫星 A 对该数据进行解密，得到 TID_A、RID_B、TID_B、T_T 这 4 个认证参数。如果返回数据中的时间戳 T_T 满足新鲜性要求，立即通过公共频道尝试与卫星 B 通信。与目标卫星成功建立通信连接后，生成一个新的认证请求

$\text{REQ}\|\text{SSID}_A\|\text{TID}_A\|\text{ENC}(\text{SK}_{BT}\text{SSID}_A\|\text{TID}_A\|\text{ID}_A\|\text{TID}_B\|T_T)$，完成合并后将该请求发送给卫星 B。

（4）收到来自陌生卫星的认证请求后，卫星 B 首先需要对该请求的合法性进行鉴别，具体如下。

①卫星 B 对认证请求中的密文信息进行解密，得到 SSID_A、TID_A、RID_A、TID_B、T_T 共 5 个认证参数。如果该请求中的时间戳 T_T 满足新鲜性要求且该请求中的明文身份信息 SSID_A 和 TID_A 与对方卫星所用的 SSID_A 以及地面控制中心在密文中提供的 TID_A 相同，继续执行后续步骤；否则结束认证，释放连接。

②卫星 B 通过星载时钟获取当前的认证时刻 T_{Auth}。基于获取的 T_{Auth} 和预置的 K_{AB}，卫星 B 计算本次认证应使用的 $\text{AK} = f_3(K_{AB}, T_{\text{Auth}})$。

③卫星 B 生成随机数 RAND，计算时间戳保护序列 $\text{TK} = f_4(K_{AB}, \text{RAND})$、消息验证码 $\text{MAC} = f_1(\text{AK}, \text{RAND}, T_{\text{Auth}}, \text{SSID}_B)$。

④卫星 B 将认证参数合并成认证令牌 $\text{Token}_B = \text{RAND}\|T_{\text{Auth}} \oplus \text{TK}\|\text{SSID}_B\|\text{MAC}$，卫星 B 计算会话密钥 $\text{SK} = \text{KDF}(\text{AK}, \text{RAND})$ 和预期认证响应 $\text{XRES} = f_2(\text{SK}, \text{RAND})$。计算完毕后，卫星 B 存储 SK 和 XRES，并将 $\text{TID}_B\|\text{Token}_B$ 返回给 A。

（5）收到返回信息后，卫星 A 根据所得 Token_B 对卫星 B 的身份进行验证，具体如下。

①卫星 A 判断所得信息中的 TID_B 与地面控制中心提供的 TID_B 是否相同。如果相同，继续执行后续步骤；否则结束认证，释放连接。

②卫星 A 采用相同的方式生成 TK，使用 TK 恢复出 Token_B 的 T_{Auth} 后，判断该时间戳是否满足新鲜性要求，如果满足，继续执行后续步骤；否则结束认证，释放连接。

③卫星 A 计算消息验证码，如果得到的 XMAC 与 Token_B 中的 MAC 相等，完成对卫星 B 的认证；否则结束认证，释放连接。

④认证成功后，卫星 A 依据生成的 AK 和 Token_B 中的 RAND 计算 SK_{AB} 与 RES，并将 RES 返回给卫星 B。

（6）收到 RES 后，卫星 B 比较卫星 A 返回的 RES 和存储的 XRES 是否相等，如果相等，完成认证；否则结束认证，释放连接。

认证完成后，双方即可使用 SK_{AB} 进行安全通信。

同时，为了提升组网卫星在随后切换认证过程中的认证效率，减少星间链路的切换时延，认证双方需要在对方的认证信息表中注册认证信息，并交换包括 ID 、SSID 、轨道参数等在内的多种与认证预计算相关的认证参数，准备预认证所需材料，预认证过程思路如下。

（1）预计算临时身份 TID 。①使用轨道计算器并结合地面控制中心提供的卫星轨道快照表等工具，LEO 卫星预计算下次与目标卫星进行组网认证时的各时刻，得到 T_{TID} 、 T_{Auth} 时间参数；②基于获取的 T_{Auth} 和预置的 K ，卫星对 AK 进行更新；③卫星通过由预测函数得到的 T_{TID} 和存储的身份信息 RID ，分别生成下次认证时自身和对方应使用的 TID $= f_{\text{TID}}(\text{AK}, T_{\text{TID}}, \text{RID})$ 。由于该 TID 无须再次解密，此处 f_{TID} 可以使用单向函数。

（2）预计算认证令牌 Token 。①卫星生成一个可以进行密钥协商的合规随机数 r ，并计算 $\text{RAND} = a^r \bmod P$ （ a 和 P 是 DH 密钥交换所需系统参数，由地面控制中心在系统初始化阶段写入卫星）；②卫星计算 RAND 、 T_{Auth} 、 SSID 对应的 MAC 值；③将上述参数合并成认证 Token 。此处仅以基于大整数分解困难问题构造的 DH 密钥交换算法作为实例进行介绍。实际使用时，本方法可以根据具体的密码系统和 DH 密钥协商算法进行调整，只要保证 Token 中的 RAND 具有密钥协商功能即可。

预计算完成后，卫星存储 TID 、 Token 、 r 等认证参数。下次认证时，卫星只需要通过查表比较和少量计算即可完成身份认证。

已经完成三方认证并相互注册了认证信息的邻近轨道 LEO 卫星之间再次进行身份认证时，只需要执行轻量化的两方认证协议。两方认证流程如图 3-12 所示。

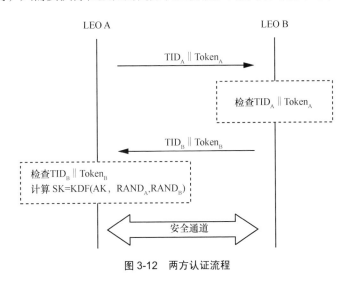

图 3-12　两方认证流程

（1）卫星 A 向卫星 B 发出认证请求。首先，卫星 A 对自身轨道参数进行校验。如果未出现轨道摄动则根据轨道计算器给出的认证时间表寻找卫星 B。与卫星 B 建立通信连接后，卫星 A 将预计算得到的认证参数 $TID_A \| Token_A$ 一并发送给卫星 B；如果无法建立有效通信连接，放弃本次认证，请求地面控制中心介入。

（2）收到认证请求后，卫星 B 对该请求的合法性进行判断。如果卫星 A 在该请求中使用的临时身份与数据库中预计算得到的 TID_A 相同，继续对认证令牌进行校验；否则结束认证，释放连接。如果对 $Token_A$ 的验证通过，卫星 B 返回预计算得到的参数 $TID_B \| Token_B$。

（3）收到返回数据后，卫星 A 采用相同的方法对其校验，如果验证通过，完成认证。接下来，卫星之间即可使用会话密钥 $SK = KDF(AK, RAND_A, RAND_B)$ 进行安全通信，该会话密钥由两个 Token 中的 RAND 通过密钥交换的方式生成。

本机制的安全性分析如下。

（1）相互认证

方案可实现双向认证。首次认证由认证发起者通过收到的 Token 验证对方身份的合法性，并通过返回的 RES 向对方证明自身身份的合法性；再次认证阶段由认证双方通过收到的 Token 检验对方身份的合法性。不论是 Token 还是 RES，其正确计算都直接或间接依赖于 AK。由于 AK 会随着时间不断更新，过期的 AK 即使被攻击者获取也不会对之后的认证产生影响。同时，更新 AK 所需要的 K 不论是生成还是分发都具有极高的安全性，可以认为不存在泄露风险。

（2）密钥协商

本机制能够实现星间会话密钥协商。为保证通信安全，卫星间的每次身份认证都需要重新协商会话密钥 SK。进行三方认证时，SK 由 RAND 和 AK 共同生成；进行两方认证时，SK 由认证双方通过 DH 密钥协商的方式生成。由于 SK 的生成相互独立，攻击者即使通过会话破解的方式得到了部分有效的 SK，也无法利用这些 SK 衍生出全部 SK，从而保证了星间会话密钥的前、后安全性。

（3）抵抗重放攻击

本机制能够对重放消息进行有效识别。为防止攻击者通过重放认证信令的方式对星间组网认证实施干扰，本方法在认证参数的生成中均加入了时间戳。认证时，卫星可以根据时间戳，对每一条认证信令的新鲜性进行验证。由于天地一体化信息网络的时钟高度同步，实际部署时还可以将消息新鲜性的判断阈值结合具体网络特点进行精确设置。本机制基于时间戳的抗重放机制既实现了对消息新鲜性的有效检验，又避免了采用序列号、挑战响应等方式带来的额外计算开销。

（4）抵抗仿冒攻击和中间人攻击

由于在组网过程中，MAC 和 RES 的正确生成直接或间接依赖于 AK，而 AK 的正确生成直接依赖于 K，攻击者没有实体共享密钥 K，无法产生有效的密文数据，进而不能假冒卫星。由于攻击者无法假冒卫星的任何一方，因此攻击者无法执行仿冒攻击和中间人攻击。

3.3.2　高低轨卫星网络组网认证机制

高低轨卫星网络的层间组网认证主要考虑地球静止轨道（GEO，geostationary orbit）卫星和低地球轨道（LEO，low earth orbit）卫星两类节点。其中，GEO 使用地球同步轨道，运行时相对地面静止，多颗 GEO 卫星能够组成一个结构稳定的控制网络；LEO 卫星使用极地轨道，由于采用近地轨道，运行周期较短。在该网络中，由于单颗 GEO 卫星的覆盖范围有限，为实现稳定的层间网络通信、保证 TCC 控制指令的实时转发，LEO 卫星需要在 GEO 卫星网络的不同接入点间进行快速认证。本节主要介绍了高低轨卫星网络间的组网认证协议，包括 G2L-AKA 星间认证[5-6]、基于群密钥的星间组网认证[7]、层间和星间融合认证机制[7]。G2L-AKA 星间认证机制基于时间戳和对称密码体制来实现星间匿名组网认证；基于群密钥的星间组网认证机制采用群密钥共享思路设计组网认证方案，可有效减少加密、解密次数；层间和星间融合认证机制利用高轨卫星完成与低轨卫星的相互认证与密钥协商，减轻地面控制中心的压力。

3.3.2.1　G2L-AKA 星间组网认证机制

由于天地一体化信息网络具有时钟高度统一、星上资源受限、星间链路开放、星地时延较大等特点，一旦卫星身份信息暴露在开放的链路中，可能导致多种类型的攻击，包括位置追踪、仿冒攻击、DDoS 攻击等，因此天地一体化信息网络中卫星身份匿名性保护是设计星间组网认证方案的一个关键问题。基于上述考虑，我们采用时间戳和对称密码机制设计了一种卫星身份隐私保护的高低轨卫星组网认证与密钥协商方案（G2L-AKA）[5-6]。安全性分析表明方案具有相互认证、密钥协商、抵抗重放、仿冒和中间人攻击等安全属性。G2L-AKA 星间组网认证流程如图 3-13 所示。

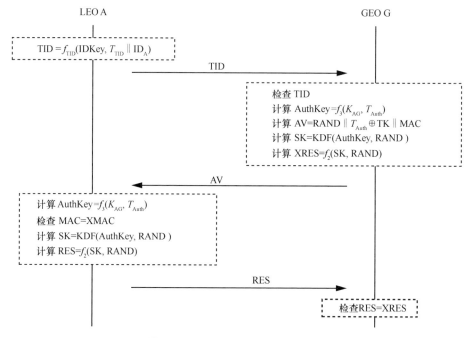

图 3-13　G2L-AKA 星间组网认证流程

（1）LEO A 对其真实身份 ID_A 进行匿名处理。

首先，LEO A 通过星载时钟获取时间戳 T_{TID}，然后，基于获取的 T_{TID} 和预置的 IDKey，LEO A 计算本次认证应使用的临时身份 $TID=f_{TID}(IDKey, T_{TID} \| ID_A)$。

计算完成后，LEO A 将 TID 连同认证请求发送给 GEO G。

（2）收到认证请求后，GEO G 首先对该请求的合法性进行验证。

①GEO G 使用预置的 IDKey 对 TID 解密。如果得到的 T_{TID} 满足 $T_{TID}-T_0 < \Delta T_{TID}$，且 ID_A 命名合法，则完成验证，继续执行后续步骤；否则终止认证，释放连接。

对认证请求的验证通过后，GEO G 继续如下操作。

②GEO G 通过星载时钟获取当前的认证时刻 T_{Auth}。基于获取的 T_{Auth} 和预置的 K_{AG}，GEO G 计算本次认证应使用的 $AuthKey = f_3(K_{AG}, T_{Auth})$。

③GEO G 生成一个随机数 RAND。基于生成的 RAND 和 AuthKey，GEO G 计算时间戳保护序列 $TK = f_4(K_{AG}, RAND)$。

④GEO G 基于 T_{Auth}、生成的 RAND、计算所得 AuthKey 计算该 AV 对应的消息验证码 $MAC = f_1(AuthKey, T_{Auth}, RAND)$。

随后，GEO G 将上述过程所得认证参数按照对应顺序合并成 $AV = \text{RAND} \| T_{\text{Auth}} \oplus \text{TK} \| \text{MAC}$。

⑤ GEO G 计算会话密钥 SK=KDF(AuthKey,RAND) 和预期认证响应 $\text{XRES} = f_2(\text{SK}, \text{RAND})$。

计算完毕后，GEO G 存储 SK 和 XRES，并将 AV 返回给 LEO A。

（3）收到 GEO G 返回的 AV 后，LEO A 需要对该令牌的合法性进行验证，具体如下。

①基于 K_{AG} 和 AV 中提取的 RAND，LEO A 计算 TK 并恢复出 AV 中的 T_{Auth}，判断 $T_{\text{Auth}} - T_0 < \Delta T_{\text{Auth}}$ 是否成立。如果得到的 T_{Auth} 满足新鲜性要求，继续执行后续认证流程；否则结束认证，释放连接。

②基于预置的 K_{AG}，LEO A 使用同样的方式生成 AuthKey。

③基于生成的 AuthKey 和 AV 中提取的 RAND、T_{Auth}，LEO A 采用相同的算法计算消息验证码 XMAC。如果在本地计算得到的 XMAC 与 AV 中的 MAC 相等，完成对 GEO G 的身份认证；否则结束认证，释放连接。

认证完成后，LEO A 继续计算该 AV 对应的 SK 和 RES，并将计算得到的 RES 返回给 GEO G。

（4）在规定时间内收到返回的 RES 后，GEO G 比较该 RES 与存储的 XRES 是否相等，如果相等，完成对 LEO A 的认证；否则，结束认证，释放连接。

本机制的安全性分析如下。

（1）相互认证

本机制能够实现 GEO 和 LEO 之间的双向认证。具体认证时，LEO 通过 AV 中的 MAC 值对 GEO 的身份进行验证；GEO 通过 LEO 返回的 RES 对 LEO 的身份进行验证。对于 MAC 和 RES，其正确计算均需要用到 AuthKey。如果不具有有效的 AuthKey，GEO 无法生成正确的 MAC 值；同理，LEO 也无法返回有效的 RES。对于 AuthKey，该密钥由 K_{AG} 基于时间戳生成并且会随网络时间变化而不断更新。因此攻击者即使通过破解得到了部分 AuthKey，也无法利用这些过期的 AuthKey 生成所需认证参数。而对于 K_{AG}，该密钥由实体身份管理系统在卫星发射前写入卫星，不会在会话中传递，可以认为不存在泄露风险。

（2）密钥协商

LEO 和 GEO 通过 K_{AG} 得到 AuthKey，进而由 AuthKey 计算得到 SK。攻击者由

于没有实体共享密钥 K_{AG}，因此无法生成 AuthKey，进而无法得到 SK。因此 LEO 和 GEO 可以安全地协商出密钥。

（3）抵抗重放攻击

由于时间戳 T_{TID} 和 T_{Auth} 的使用，组网认证过程可以抵抗重放攻击。

（4）抵抗仿冒攻击和中间人攻击

在组网认证过程中，MAC 和 RES 的正确生成都间接依赖于 K_{AG}，攻击者没有实体共享密钥 K_{AG}，无法产生有效的密文数据，进而不能假冒 LEO 或 GEO。攻击者无法假冒 LEO 或者 GEO 的任何一方，所以攻击者无法执行仿冒攻击和中间人攻击。

3.3.2.2 基于群密钥的星间组网认证机制

在卫星群组中，消息在经过每一颗卫星时都要使用相应的对称密钥进行一次解密和加密。这样虽然保证了星间组网的安全性，但是会降低消息的传输速率，且多次加密、解密过程容易遭受拒绝服务攻击。因此可以考虑在卫星群中预置群组密钥，同一个轨道的卫星群划分为一个群组，持有同一个群密钥。每个群组协商完群密钥之后，将群密钥安全发送给控制卫星或者地面控制中心统一管理。这样不仅可以减少加密、解密次数，保证传输消息的高效性，还可以防止拒绝服务攻击。通信时，加密消息可以在群组内直接转发。本节介绍了一种基于群密钥的星间组网认证方案[7]，安全性分析表明方案具有相互认证、密钥协商、抵抗重放、仿冒和中间人攻击等安全属性。如图 3-14 所示，基于群密钥的星间组网认证流程如下。

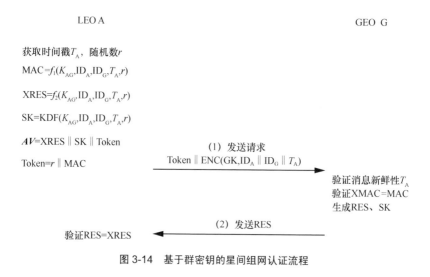

图 3-14　基于群密钥的星间组网认证流程

（1）LEO A 生成随机数 r，获取时间戳 T_A，根据协商的共享密钥生成消息验证码 $\mathrm{MAC} = f_1(K_{AG}, \mathrm{ID}_A, \mathrm{ID}_G, T_A, r)$、预期响应 $\mathrm{XRES} = f_2(K_{AG}, \mathrm{ID}_A, \mathrm{ID}_G, T_A, r)$、会话密钥 $\mathrm{SK} = \mathrm{KDF}(K_{AG}, \mathrm{ID}_A, \mathrm{ID}_G, T_A, r)$，存储认证向量 $AV = \mathrm{XRES} \| \mathrm{SK} \| \mathrm{Token}$，其中，$\mathrm{Token} = r \| \mathrm{MAC}$。

最后，添加时间戳 T_A，向 GEO G 发送请求信息 $\mathrm{Token} \| \mathrm{ENC}(\mathrm{GK}, \mathrm{ID}_A \| \mathrm{ID}_G \| T_A)$。

（2）GEO G 解密收到的请求信息，获取身份信息和时间戳，检测 ID_A 是否符合命名规则以及 T_A 的有效性，即 $T_A - T_0 \leqslant \Delta T_A$，其中，$T_0$ 表示收到消息的时间，ΔT_A 表示星间传输时延。

GEO G 根据 ID_A 导出共享密钥 K_{AG}。未查找到相关信息，则判定为非法卫星节点，认证终止。导出密钥 K_{AG} 并从收到的消息中提取 r'、T_A' 后，计算 $\mathrm{XMAC} = f_1(K_{AG}, \mathrm{ID}_A, \mathrm{ID}_G, T_A', r')$。验证 XMAC 是否等于 MAC，若相等，则按照前述生成 XRES 和 SK 的方法分别计算响应值 RES 和会话密钥 SK。随后，GEO G 将 RES 发送给 LEO A。

（3）LEO A 验证 $\mathrm{RES} = \mathrm{XRES}$，完成 LEO A 与 GEO G 的相互认证和会话密钥协商。

本机制的安全性分析如下。

（1）相互认证

本机制能够实现 LEO A 和 GEO G 之间的双向认证。具体认证时，GEO G 通过 Token 中的 MAC 值对 LEO A 的身份进行验证；LEO A 通过 GEO G 返回的 RES 对 G 的身份进行验证。对于 MAC 和 RES，其正确计算均需要用到 K_{AG}。如果不具有有效的 K_{AG}，LEO A 无法生成正确 MAC 值；同理，GEO G 也无法返回有效 RES。而对于 K_{AG}，该密钥由实体身份管理系统在卫星发射前写入卫星，不会在会话中传递，可以认为不存在泄露风险。

（2）密钥协商

LEO A 和 GEO G 通过 K_{AG} 得到 SK。攻击者由于没有实体共享密钥 K_{AG}，因此无法生成 SK。因此 LEO A 和 GEO G 可以安全地协商出密钥。

（3）抵抗重放攻击

由于时间戳 T_A 的使用，组网认证过程可以抵抗重放攻击。

（4）抵抗仿冒攻击和中间人攻击

由于在组网过程中，MAC 和 RES 的正确生成依赖于 K_{AG}，攻击者没有实体共

享密钥 K_{AG}，无法产生有效的密文数据，进而不能假冒 LEO A 或 GEO G。由于攻击者无法假冒 LEO A 或 GEO G 的任何一方，所以攻击者无法执行仿冒攻击和中间人攻击。

3.3.2.3 层间和星间融合组网认证机制

高低轨卫星网络中一般部署高轨卫星作为天基骨干网络、低轨卫星作为天基接入网络，可以通过高轨卫星管理和控制低轨卫星网络减轻地面控制中心的压力。基于上述思想，我们设计了如下基于高低轨卫星网络的层间认证协议[7]。

地面控制中心通过星地链路传递层间认证所需信息，包括低轨卫星的身份 ID、长期共享密钥 K 以及群组密钥 GK，并将对应的身份信息和长期共享密钥存储在高轨卫星中。随后，高轨卫星辅助低轨卫星执行层间和同轨道低轨卫星认证过程，此过程大体分为如下两个过程。① LEO L_1 需要先与 GEO G 完成层间认证；② 由 GEO G 分发星间认证材料给已完成层间认证的 LEO L_2，随后 L_1 和 L_2 利用认证材料完成同轨道低轨卫星间认证。安全性分析表明该层间和星间融合认证方案具有相互认证、密钥协商、抵抗重放、仿冒和中间人攻击等安全属性。基于时间戳的高低轨组网认证流程如图 3-15 所示。

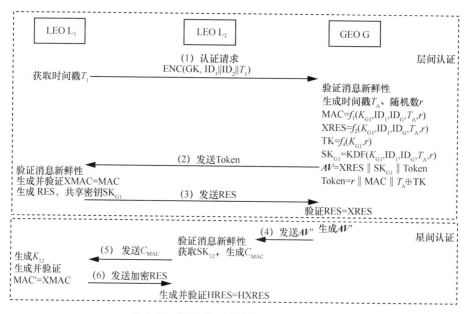

图 3-15　基于时间戳的高低轨组网认证流程

（1）LEO L_1 获取时间戳 T_1，向 GEO G 发送认证请求 ENC(GK, $ID_1 \| ID_2 \| T_1$)。

（2）GEO G 收到认证请求后，验证消息新鲜性，生成认证材料。

GEO G 解密认证请求，判断 ID_1、ID_2 是否有效，T_1 是否满足 $T_1 - T_0 \leqslant \Delta T_1$。若满足，则继续认证；否则，终止认证，释放连接。

GEO G 根据 ID_1 导出协商的实体密钥 K_{G1}，生成随机数 r、获取时间戳 T_A，生成消息验证码 MAC $= f_1(K_{G1}, ID_1, ID_G, T_A, r)$、预期响应值 XRES $= f_2(K_{G1}, ID_1, ID_G, T_A, r)$。然后计算时间戳保护序列 TK $= f_4(K_{G1}, r)$，会话密钥 $SK_{G1} = $ KDF(K_{G1}, ID_1, ID_G, T_A, r)，合并成认证向量 $AV = $ XRES$\|SK_{G1}\|$Token，其中，Token $= r\|$MAC$\|T_A \oplus $TK。GEO G 将 Token 发送给 LEO L_1。

（3）LEO L_1 利用 K_{G1} 和 Token 中提取的 r，按照同样的方法计算 TK，提取 T_A。判断 T_A 是否满足 $T_A - T_0 \leqslant \Delta T_A$，不满足则认证失败，认证结束；否则计算消息验证码 XMAC $= f_1(K_{G1}, ID_1, ID_G, T_A, r)$。如果 XMAC $\neq$ MAC，则认证失败；否则 LEO L_1 计算认证响应 RES $= f_2(K_{G1}, ID_1, ID_G, T_A, r)$。按照同样的方式生成高、低轨卫星会话密钥 SK_{G1}。LEO L_1 将 RES 发送给 GEO G。

（4）GEO G 验证 RES $=$ XRES，至此，GEO G 和 LEO L_1 层间认证和密钥协商完成。

在 GEO G 与 LEO L_2 完成层间认证后，GEO G 根据协商的会话密钥 SK_{G2}、获取的时间戳 T_2，生成 LEO L_2 预期的认证响应 HXRES$=f_2(SK_{G2}, $XRES)、LEO 间会话密钥 $SK_{12} = $ KDF(SK_{G1}, ID_1, ID_2)，然后 GEO G 给 LEO L_2 发送 $AV' = $ ENC(SK_{G2}, $SK_{12}\|$HXRES$\| T_2 \|$MAC)。

（5）LEO L_2 利用 SK_{G2} 解密得到 T_2，判断是否满足 $T_2 - T_0 \leqslant \Delta T_2$。如果满足，LEO L_2 根据解密得到的 SK_{12}，生成 $C_{MAC} = $ ENC(SK_{12}, MAC)，并将 C_{MAC} 发送给 LEO L_1。

（6）LEO L_1 收到 C_{MAC} 后，生成星间会话密钥 SK_{12}。利用生成的 SK_{12} 解密 C_{MAC}，如果解密得到的 MAC' $=$ XMAC，则完成对 LEO L_2 的认证，并认为 L_1、L_2 拥有共同的会话密钥 SK_{12}。随后，计算并发送 ENC(SK_{12}, RES) 给 LEO L_2。

（7）LEO L_2 解密得到 RES，计算 HRES $= f_2(SK_{G2}, $RES)。如果 HRES$=$HXRES，认证成功。

本机制的安全性分析如下。

（1）相互认证

本机制能够实现 L_1 和 G 之间的双向认证。具体认证时，L_1 通过 Token 中的 MAC

值对 G 的身份进行验证；G 通过 L_1 返回的 RES 对 L_1 的身份进行验证。对于 MAC 和 RES，其正确计算均需要用到 K_{G1}。如果不具备有效的 K_{G1}，G 无法生成正确的 MAC 值；同理，L_1 也无法返回有效 RES。而对于 K_{G1}，该密钥由实体身份管理系统在发射阶段写入卫星，可以认为不存在泄露风险。

本机制能够实现 L_1 和 L_2 之间的双向认证。具体认证时，L_1 通过 C_{MAC} 中的 MAC 值对 L_2 的身份进行验证；L_2 利用 L_1 返回的 RES 计算 HRES 对 L_1 的身份进行验证。对于 C_{MAC} 和 HRES，其正确计算均需要用到 SK_{12}。而对于 SK_{12}，L_1 通过 SK_{G1} 本地生成，L_2 密钥由实体身份管理系统在发射前写入卫星，可以认为不存在泄露风险。

（2）密钥协商

L_1 和 G 通过 K_{G1} 得到 SK_{G1}。攻击者由于没有实体共享密钥 K_{G1}，无法生成 SK_{G1}，因此 L_1 和 G 可以安全地协商出密钥。

L_1 和 L_2 的会话密钥 SK_{12} 由 SK_{G1} 得到，SK_{G1} 由 K_{G1} 得到。攻击者由于没有实体共享密钥 K_{G1}，无法生成 SK_{G1}，进而无法得到 SK_{12}，因此 L_1 和 L_2 可以安全地协商出密钥。

（3）抵抗重放攻击

由于时间戳 T_1、T_A 和 T_2 的使用，组网认证过程可以抵抗重放攻击。

（4）抵抗仿冒攻击和中间人攻击

由于在组网过程中，MAC 和 RES 的正确生成依赖于实体共享密钥 K_{G1}，攻击者没有 K_{G1}，无法产生有效的密文数据，进而不能假冒卫星 L_1 或 G。由于攻击者无法假冒卫星 L_1 或 G 的任何一方，所以攻击者无法执行仿冒攻击和中间人攻击。对于卫星 L_2，C_{MAC} 的生成依赖于 SK_{12}，而 SK_{12} 的获取需要会话密钥 SK_{G2}，因此攻击者无法假冒卫星 L_2、无法执行仿冒攻击和中间人攻击。

3.4 终端接入认证机制

各类卫星终端和天地一体化信息网络节点的处理能力非对称，全网链路信道特性各异，导致不同网络和系统的终端接入鉴权机制多元化，简单搬移现有地面系统接入认证机制无法满足复杂场景下大规模多类型终端统一接入认证的需求，比如单一的认证机制无法保障星地/星间多场景融合接入认证安全,现有 4G/5G 卫星融合场景下的接入认证机制不能提供匿名性和完美的前后向安全性，且没有专门针对 Ka

终端的接入认证机制。针对上述问题，本节介绍了星间/星地协同终端接入认证、4G/5G 普通终端改进接入认证[8-9]、Ka 终端接入认证[8-9]、断续连通场景下终端接入认证[10-11]、面向低轨卫星网络的用户终端随遇接入认证[12]等关键技术，满足多样化场景下的终端接入认证需求，保障海量差异化终端安全接入天地一体化信息网络及服务。

3.4.1　星间/星地协同终端接入认证机制

用户终端通过执行接入认证机制安全接入卫星网络。针对多样化、多种类终端的不同特点，设计不一样的接入认证机制，以最大效率保障终端接入安全。当星间有链路时，可以利用卫星之间的交互能力执行接入认证过程；当星间没有链路时，则需要接入认证系统、实体身份管理系统等地面节点的参与下，完成接入认证过程。因此用户终端安全接入天地一体化信息网络包含两种机制，一种是星地协同终端接入认证机制，另一种是星间协同终端接入认证机制。安全性分析表明该方案能提供相互认证、密钥协商、抵抗重放、仿冒和中间人攻击等安全属性。

3.4.1.1　星地协同终端接入认证机制

当卫星之间没有星间链路时，用户终端依靠卫星交互能力与地面网络连接，星地协同终端接入认证架构如图 3-16 所示。该星地协同场景实际参与者包含终端、卫星（IGSO 卫星、GEO 卫星、MEO 卫星等）、信关站、接入认证系统（4G 中为归属用户服务器（HSS，home location register），5G 中为鉴权服务功能实体（AUSF，authentication server function）及实体身份管理系统（4G 中为认证中心（AuC，authentication center），5G 中为数据管理功能实体（UDM，unified data management）），其中，接入认证系统和实体身份管理系统同属一个服务器。考虑到卫星处理能力较弱、星载资源受限等特点，接入认证协议需要实现轻量化。未来天地一体化信息网络中，4G、5G 也将被纳入天地一体化信息网络的接入方式中。由于4G、5G 的用户接入认证协议均采用对称密钥体系，具有良好的性能优势，因此可以考虑通过对当前 4G、5G 网络的用户接入认证协议进行分析和改进[1-2]，设计适合于天地一体化信息网络的星地协同终端接入认证机制，实现良好的兼容性和高效的利用率。

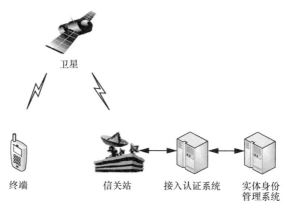

图 3-16　星地协同终端接入认证架构

具体地，在终端接入天地一体化信息网络的过程中，卫星根据终端发送的唯一身份标识来查找数据库中是否有该终端的相关认证向量数据。如果存在，则卫星直接与终端执行相互认证与密钥协商过程；如果没有，卫星将终端的身份标识信息发送给地面实体身份管理系统。实体身份管理系统为终端生成相应的认证鉴权向量并且发送给卫星，进而卫星采用认证鉴权向量与终端进行相互认证与密钥协商。

星地协同终端接入认证机制流程如图 3-17 所示，具体步骤如下。

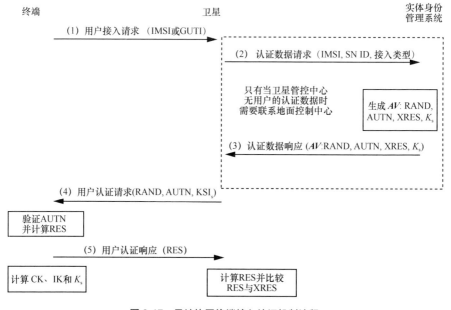

图 3-17　星地协同终端接入认证机制流程

（1）终端向卫星发送自己的用户身份信息 IMSI 与服务网络身份信息 SN ID 等，请求接入天地一体化信息网络。

（2）卫星首先根据收到的 IMSI 查找数据库中是否有该终端的相关认证向量数据。如果存在，则直接跳转至步骤（4）；如果不存在，则根据收到的 SN ID，联系对应实体身份管理系统，并向实体身份管理系统发送认证数据请求，该请求信息包括 IMSI 与本卫星服务网络的身份信息 SN ID。

（3）收到认证请求后，实体身份管理系统在自己的数据库中查找 IMSI 与 SN ID，并验证这 2 个实体的合法性。如果是合法的，则生成认证向量 AV，并将 AV 发回给天地一体化信息网络。实体身份管理系统认证向量生成过程如图 3-18 所示（$f_1 \sim f_5$ 代表 5 个消息认证码函数）。然而，实体身份管理系统生成的加密密钥 CK 和完整性密钥 IK 并不直接发送给天地一体化信息网络，而是利用 CK、IK、SN ID 和 KDF（密钥生成函数）生成一个新的 K_s=KDF(SN ID,CK‖IK)。新的 AV 构成为 AV=RAND‖XRES‖K_s‖AUTN。图 3-18 中，SQN 为序列号，用于区分认证向量；AMF 为认证管理域，用于指明用户终端所在的认证安全域范围等相关信息；AK 是匿名密钥，用于隐藏 SQN，防止重放、伪造等攻击；f_0 为一个随机数生成函数，由实体身份管理系统秘密选择。

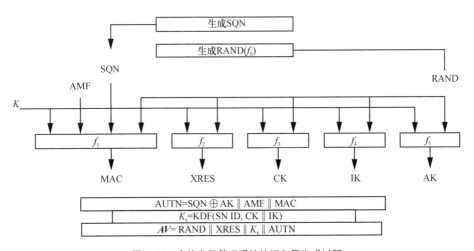

图 3-18　实体身份管理系统认证向量生成过程

（4）卫星收到应答后，存储 AV，提取出 RAND、AUTN、K_s，同时为 K_s 分配一个 3bit 的密钥标识 KSI_s。发送认证请求 RAND‖AUTN‖KSI_s 到终端。

（5）终端收到认证请求后，通过图 3-19 所示的终端认证向量计算过程提取 AUTN 中的 MAC，计算 XMAC，比较 XMAC 和 MAC 是否相等，同时检验序列号 SQN 是否在正确的范围内。如果认证通过，则计算 RES 与 K_s，并将 RES 传输给卫星。

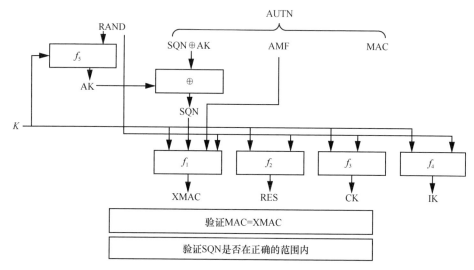

图 3-19　终端认证向量计算过程

（6）卫星将收到的 RES 与 XRES 比较，如果一致，则通过认证。

在双向认证完成后，卫星与终端将 K_s 作为基础密钥，根据密钥衍生算法推演出随后用于空口信令和数据保护的加密密钥与完整性保护密钥，并利用得到的密钥进行保密通信。

本机制的安全性分析如下。

（1）相互认证

由于终端与实体身份管理系统秘密共享一个 K，只有合法的卫星才能得到实体身份管理系统发送的有效 MAC，因此终端通过比较自己生成的 XMAC 与收到的 MAC 来实现对卫星的认证。终端对卫星认证成功后则确认 RAND 没有被篡改，因此使用 K 与 RAND 计算 RES 发给卫星。若卫星验证收到的 RES 与从实体身份管理系统获取的 XRES 相同，则确认终端为合法终端。

（2）密钥协商

实体身份管理系统和终端通过随机数 RAND 和 CK||IK 计算出 K_s，由于 CK||IK 由实体身份管理系统和终端秘密共享，因此在 RAND 一致的情况下可以计算出共同

的会话密钥 K_s。

（3）抵抗重放攻击

递增的序列号 SQN 参与 MAC 计算，可以避免篡改及重放攻击。

（4）抵抗仿冒攻击和中间人攻击

终端通过计算 XMAC，并与 AUTN 中的 MAC 比较是否相等实现对卫星的认证。计算 XMAC 时需要 K、RAND、SQN、AMF。AUTN 是卫星从实体身份管理系统获取的。AUTN 包括 MAC，而实体身份管理系统和终端通过秘密共享的 K 和选取的 RAND 计算出 MAC。当 RAND 被篡改时，攻击者由于缺少 K 无法计算出正确 MAC，从而无法伪装成合法的卫星完成认证。同样攻击者由于缺少 K 无法计算出 RES，从而无法伪装成合法终端来欺骗卫星。

3.4.1.2 星间协同终端接入认证机制

星间协同接入认证机制与星地协同接入认证机制类似。星间协同终端接入认证架构如图 3-20 所示，此场景下，终端用户已经在地面注册，且实体身份管理系统已经授权卫星进行初始接入认证，即混合卫星网络中的某一个卫星已经获得了用户认证向量。当终端需要接入天地一体化信息网络时，接入卫星如果有该终端的认证鉴权向量，则可直接采用认证向量与终端完成双向认证与密钥协商；如果接入卫星没有该终端的认证向量，则转发用户终端的身份信息至其他卫星去请求用户终端对应的认证鉴权向量。当存有该终端认证向量的卫星收到请求后将认证向量反馈给接入卫星后，接入卫星采用认证向量与终端完成双向认证与密钥协商过程（若接入卫星仍未获得相应的认证向量，则执行上述的星地协同终端接入认证机制）。这个过程中需要考虑哪些卫星可以存储以及已经存储了用户的认证向量，如果所有卫星均存储认证向量则可能造成存储资源的浪费，同时如果一组认证向量已经被使用，如何确保所有存储认证鉴权向量的卫星实现同步也是一个关键问题。

具体思路如下所示，星间协同终端接入认证机制流程如图 3-21 所示。

（1）终端向卫星 1 发送自己的用户身份信息 IMSI 或 GUTI，请求接入天地一体化信息网络。

（2）卫星 1 收到终端发来的认证请求后，首先根据用户终端的身份信息查询自身是否存有终端的认证向量，如果没有的话，卫星 1 转发用户终端的身份信息至其他的卫星去请求用户终端对应的认证向量。

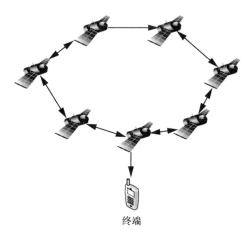

图 3-20　星间协同终端接入认证架构

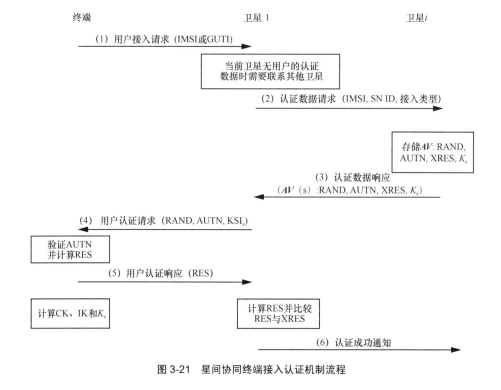

图 3-21　星间协同终端接入认证机制流程

（3）当存有该终端认证向量的卫星 i 收到请求后将认证向量反馈给卫星 1，而其他卫星收到请求后不做任何处理。

（4）卫星 1 利用所收到的认证向量完成与用户终端的认证过程。

认证成功后，卫星 1 将发送认证成功信息给卫星 i 通知其使用该组认证向量已认证成功。

本机制的安全性分析如下。

（1）相互认证

终端通过对 AUTN 的比较实现对卫星的认证、卫星通过对 XRES 的比较实现对终端的认证。由于终端与实体身份管理系统秘密共享一个 K，因此终端可以利用收到的 RAND 计算出 XMAC。若 XMAC=MAC，那么 K 的秘密性确保了 AUTN 中 MAC 的合法性，从而实现终端对卫星的认证。终端对卫星认证成功后则确认 RAND 没有被篡改，因此使用 K 与 RAND 计算 RES 发给卫星。若卫星验证收到的 RES 与从实体身份管理系统获取的 XRES 相同，则确认终端为合法终端。

（2）密钥协商

实体身份管理系统和终端通过随机数 RAND 和 CK||IK 计算出 K_s，由于 CK||IK 由实体身份管理系统和终端秘密共享，因此在 RAND 一致的情况下可以计算出新会话密钥 K_s。

（3）抵抗重放攻击

递增的序列号 SQN 参与 MAC 计算，可以避免重放攻击。

（4）抵抗仿冒攻击和中间人攻击

终端对卫星的认证通过计算 XMAC 并与 AUTN 中的 MAC 比较是否相等实现。XMAC 的计算需要 K、RAND、SQN、AMF。由于 AUTN 是卫星从实体身份管理系统中获取的，同时 AUTN 中包括 MAC，而实体身份管理系统和终端通过秘密共享的 K 和选取的 RAND 计算出 MAC。当 RAND 被篡改时，攻击者由于缺少 K 而无法计算出正确 MAC，从而无法伪装成合法卫星。同样攻击者由于缺少 K 无法计算出 RES，从而无法伪装成合法终端。

3.4.1.3　SQN 同步流程机制

为减少由 SQN 不同步导致终端鉴权失败的次数，针对卫星是否存储信息的特点设计了两套 SQN 同步流程机制，分别为直传模式和卫星缓存模式。

1. 直传模式

通过卫星发起，校验终端的 SQN 是否不同步，若不同步，则通过实体身份管理系统来同步 SQN。序号重同步流程（直传模式）如图 3-22 所示，具体步骤如下。

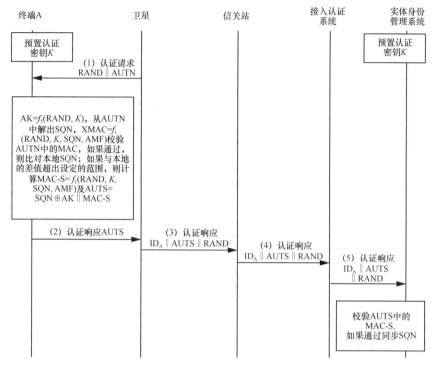

图 3-22　序号重同步流程（直传模式）

（1）卫星向终端 A 发送认证请求 $\text{RAND}\|\text{AUTN}$ 。

（2）终端 A 收到后，首先计算得出 $AK = f_5(\text{RAND}\|K)$ ，并且利用 AK 从 AUTN 中解析出 SQN 。随后，终端 A 根据解析得到的 SQN 计算得出 $\text{XMAC} = f_1(\text{RAND},K,\text{SQN},\text{AMF})$ ，并与 AUTN 中的 MAC 比较。如果通过，则终端 A 将解析得到的 SQN 与本地存储的 SQN 对比。如果差值超出设定的范围，则计算 $\text{MAC-S} = f_1(\text{RAND},K,\text{SQN},\text{AMF})$ ，以及 $\text{AUTS}=\text{SQN} \oplus \text{AK} \| \text{MAC-S}$ 。最后，终端 A 将 AUTS 发送给卫星。

（3）卫星将认证响应消息附上随机数 RAND 后通过 SDL 承载方式转发给信关站。

（4）信关站通过 IP 承载方式转发给接入认证系统。

（5）接入认证系统也同样通过 IP 承载方式转发给实体身份管理系统。

（6）实体身份管理系统收到后，校验 AUTS 中的 MAC-S ，如果通过，则同步 SQN 。

2. 卫星缓存模式

当卫星端可以缓存部分数据时，为减少与地面的交互次数，可采用卫星缓存模式，序号重同步流程（卫星缓存模式）如图 3-23 所示，具体步骤如下。

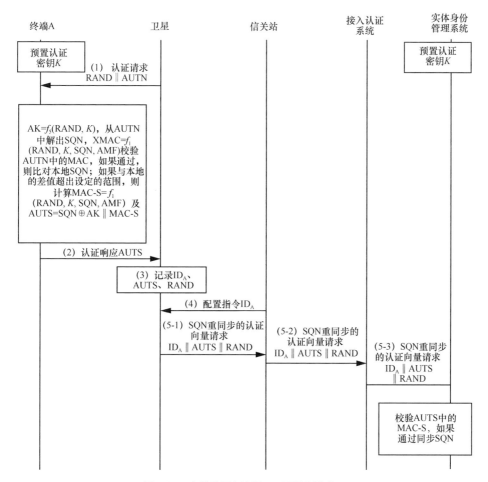

图 3-23　序号重同步流程（卫星缓存模式）

（1）卫星向终端 A 发送认证请求 RAND‖AUTN 。

（2）终端 A 收到后，首先计算得出 $AK = f_5(RAND, K)$ ，并且根据 AK 从 AUTN 中解析出 SQN 。随后，终端 A 根据解析得到的 SQN 计算得出 $XMAC = f_1(RAND, K, SQN, AMF)$ ，并与 AUTN 中的 MAC 比较。如果通过，则终端 A 将解析得到的 SQN 与本地存储的 SQN 对比，如果差值超出设定的范围，则计算

$\text{MAC-S} = f_1(\text{RAND}, K, \text{SQN}, \text{AMF})$，以及 $\text{AUTS} = \text{SQN} \oplus \text{AK} \parallel \text{MAC-S}$。最后，终端 A 将 AUTS 发送给卫星。

（3）卫星在本地记录 AUTS、ID_A 以及 RAND。

（4）信关站发送配置指令消息，其中，配置指令消息中包含需要配置终端的 ID 标识 ID_A。

（5-1）卫星收到后，将之前记录的 AUTS、ID_A 以及 RAND 发送给信关站。

（5-2）信关站通过 IP 承载方式将消息转发给接入认证系统。

（5-3）接入认证系统也同样通过 IP 承载方式转发给实体身份管理系统。

（6）实体身份管理系统收到后，校验 AUTS 中的 MAC-S，如果通过，则同步 SQN。

3. SQN 同步流程安全性分析

（1）相互认证

SQN 同步流程中，终端 A 可以通过验证 XMAC 的有效性认证卫星侧设备，同时，实体身份管理系统可以通过终端 A 产生的 AUTS 中的 MAC-S 验证终端 A 的有效性，因此本方案可以实现相互认证。

（2）抵抗重放攻击

由于随机数 RAND 的存在，此方案可以抵抗重放攻击。

（3）抵抗仿冒攻击和中间人攻击

如上所述，在同步过程中，终端 A 与实体身份管理系统需要执行相互认证，验证彼此产生的 XMAC/MAC 值。攻击者没有预置共享密钥 K，因此无法产生有效的 XMAC/MAC 值，无法假冒终端 A 或者实体身份管理系统中的任何一方。由于攻击者无法伪造终端 A 或者实体身份管理系统中的任何一方，攻击者无法执行仿冒攻击和中间人攻击。

3.4.1.4 网管预置 AV 流程机制

针对某些特殊终端，通过提前预置相关认证向量到卫星上，减少通信过程中卫星与地面频繁交互而产生的过大的通信时延，以及减少星地间恶劣环境对链路破坏带来的影响，因此设计了网管预置 *AV* 流程，如图 3-24 所示，具体步骤如下。

（1）信关站向卫星发送配置指令。

（2-1）卫星将需要提前预置 *AV* 向量的终端身份标识 ID 安全发送给信关站。

（2-2）信关站转发认证向量预置请求消息给接入认证系统。

（2-3）接入认证系统转发认证向量预置请求消息给实体身份管理系统。

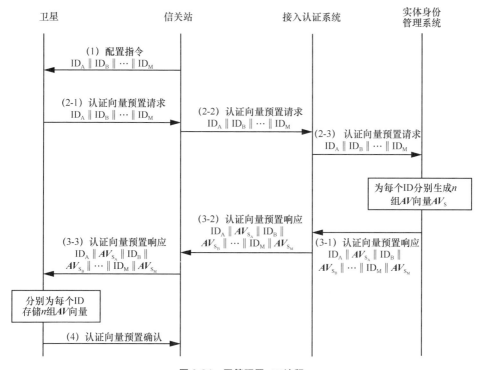

图 3-24　网管预置 AV 流程

（3-1）实体身份管理系统收到认证向量预置请求消息后，首先判断每个 ID 的有效性。如果是合法的，则针对每个 ID 寻找相应的长期共享密钥 K，并且生成 n 组认证向量 AV_S，其中，同组认证向量的 RAND 相同，不同组的 RAND 不同。生成过程与上述类似。最后，实体身份管理系统将每个 ID 对应的 AV_S 包含在认证向量预置响应消息中发送给接入认证系统。

（3-2）接入认证系统转发认证向量预置响应消息给信关站。

（3-3）信关站转发认证向量预置响应消息给卫星。

（4）卫星存储所有的认证向量，并且向信关站发送认证向量预置确认消息。

3.4.2　4G/5G 普通终端改进接入认证机制

现有普通终端接入地面 4G/5G 核心网络大多采用 4G/5G 网络认证协议,如 EPS-AKA、5G-AKA，为保障未来终端采用统一接入认证机制接入地面 4G/5G 网络和天地一体化信息网络，采用 4G/5G 网络认证协议来设计终端接入天地一体化信息网络认证机制具有重要意义。但是，相比于地面网络，天地一体化信息网络空口链路高度开放、网络拓扑复杂多变，更易遭受窃听攻击、假冒攻击等，且已有的 4G/5G 认证协议存在一些安全漏洞，例如未实现密钥的完全前向、后向安全以及前、后密钥分离，无法保证终端安全、高效地接入天地一体化信息网络。因此为进一步提高普通用户终端通过 4G/5G 方式接入天地一体化信息网络时的安全性，我们提出了一种改进的 4G/5G 普通终端接入认证方案[8-9]，为普通终端接入时提供更强的安全保护。安全性分析表明该方案能提供相互认证、密钥协商、完全前向、后向安全、匿名性、不可链接性、抵挡重放、假冒和中间人攻击等安全属性。改进的 4G/5G 普通终端接入认证流程如图 3-25 所示。

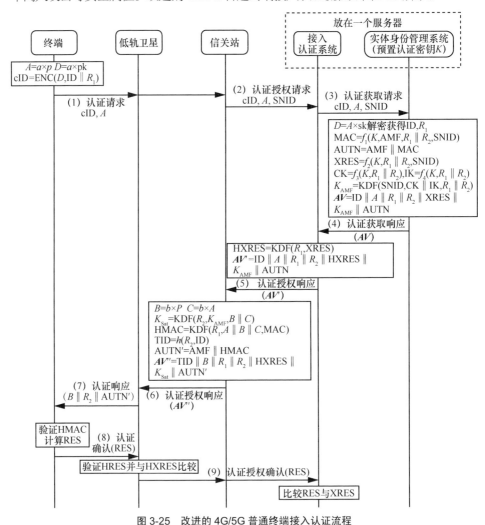

图 3-25 改进的 4G/5G 普通终端接入认证流程

（1）终端选择一个随机数 $a \in \mathbf{Z}_q$，计算 $A = a \times P$ 以及 $D = a \times \mathrm{pk}$，随后终端采用 D 执行对称加密算法 SM4 加密其身份标识 ID 以及新生成的随机数 R_1 得到 $\mathrm{cID} = \mathrm{ENC}(D, \mathrm{ID} \| R_1)$，终端将 cID 以及 A 发送给卫星。

（2）卫星将收到的数据包转发至信关站。

（3）信关站将又 cID、A 以及其访问域身份标识 SNID 发送至接入认证系统。

（4）接入认证系统转发消息至实体身份管理系统。

（5）实体身份管理系统收到认证请求消息后，计算 $D = A \times \mathrm{sk}$，利用 D 解密获得终端的永久身份标识 ID 以及随机数 R_1；随后，实体身份管理系统判断 ID 的合法性并查找终端相应的主密钥 K，同时选择随机数 R_2，计算 $\mathrm{MAC} = f_1(K, \mathrm{AMF}, R_1 \| R_2, \mathrm{SNID})$、$\mathrm{XRES} = f_2(K, R_1 \| R_2, \mathrm{SNID})$、$\mathrm{CK} = f_3(K, R_1 \| R_2)$、$\mathrm{IK} = f_4(K, R_1 \| R_2)$，实体身份管理系统利用 CK、IK、SNID 以及密钥导出函数 KDF 生成 $K_{\mathrm{AMF}} = \mathrm{KDF}(\mathrm{CK} \| \mathrm{IK}, \mathrm{SNID}, R_1 \| R_2)$；实体身份管理系统将认证向量 $AV = \mathrm{ID} \| A \| R_1 \| R_2 \| \mathrm{XRES} \| K_{\mathrm{AMF}} \| \mathrm{AUTN}$ 发送至接入认证系统，其中，$\mathrm{AUTN} = \mathrm{AMF} \| \mathrm{MAC}$。

（6）接入认证系统收到向量 AV 后，计算 $\mathrm{KDF}(R_1, \mathrm{XRES})$，取高 128 位作为 HXRES，$AV' = \mathrm{ID} \| A \| R_1 \| R_2 \| \mathrm{HXRES} \| K_{\mathrm{AMF}} \| \mathrm{AUTN}$，然后将 AV' 转发至信关站。

（7）收到 AV' 后，信关站选择一个随机数 $b \in \mathbf{Z}_q$，计算 $B = b \times P$ 和 $C = b \times A$，然后，信关站计算密钥 $K_{\mathrm{Sat}} = \mathrm{KDF}(R_2, K_{\mathrm{AMF}}, B \| C)$，$\mathrm{KDF}(R_1, A \| B \| C, \mathrm{MAC})$ 取高 128 位为 HMAC，终端的临时身份 TID 取 $h(R_2, \mathrm{ID})$ 高 128 位，以及新的 $\mathrm{AUTN}' = \mathrm{AMF} \| \mathrm{HMAC}$，同时生成 $AV'' = \mathrm{TID} \| B \| R_1 \| R_2 \| \mathrm{HXRES} \| K_{\mathrm{Sat}} \| \mathrm{AUTN}'$，并且将 AV'' 发送至卫星。

（8）卫星收到应答后，存储 AV''，发送认证响应 $B \| R_2 \| \mathrm{AUTN}'$ 到终端。

（9）终端收到认证响应后，计算 $C = B \times a$，$\mathrm{XMAC} = f_1(K, \mathrm{AMF}, R_1 \| R_2, \mathrm{SNID})$、$\mathrm{RES} = f_2(K, R_1 \| R_2, \mathrm{SNID})$、$\mathrm{CK} = f_3(K, R_1 \| R_2)$、$\mathrm{IK} = f_4(K, R_1 \| R_2)$，终端提取 AUTN' 中的 HMAC，计算 $\mathrm{HXMAC} = \mathrm{KDF}(R_1, A \| B \| C, \mathrm{XMAC})$，比较 HXMAC 和 HMAC 是否相等，如果相等，则计算 $K_{\mathrm{AMF}} = \mathrm{KDF}(\mathrm{CK} \| \mathrm{IK}, \mathrm{SNID}, R_1 \| R_2)$、$K_{\mathrm{Sat}} = \mathrm{KDF}(K_{\mathrm{AMF}}, R_2, B \| C)$，终端临时标识 $\mathrm{TID} = h(R_2, \mathrm{ID})$，取高 128 位作为 TID，并将 RES 传输给卫星。

（10）卫星收到消息后，首先计算 $\mathrm{HRES} = \mathrm{KDF}(R_1, \mathrm{RES})$ 取高 128 位作为 HRES，并且将 HRES 与从 AV'' 中提取出的 HXRES 比较，如果一致，则通过认证，卫星继

续将 RES 转发至接入认证系统。

（11）接入认证系统收到消息后，验证 RES 是否与从 AV 中提取出的 XRES 相同，如果相同，则验证通过，该终端成功接入网络。认证完成后，卫星采用终端的临时标识 TID 识别终端，且卫星与终端将 K_{Sat} 作为基础密钥，根据密钥衍生算法推演出随后用于空口信令和数据保护的加密密钥与完整性保护密钥，并利用得到的密钥进行保密通信。

本机制的安全性分析如下。

（1）相互认证

由于终端与实体身份管理系统秘密共享一个 K，只有合法的卫星才能得到实体身份管理系统发送的有效 HMAC，因此终端通过比较自己生成的 HXMAC 与收到的 HMAC 来实现对卫星的认证。终端对卫星认证成功后则确认 RAND 没有被篡改，因此使用 K 与 RAND 计算 HRES 发给卫星。若卫星验证收到的 HRES 与从实体身份管理系统获取的 HXRES 相同，则确认终端为合法终端。

（2）密钥协商与完全前向、后向安全

在终端接入认证过程中，终端与卫星的基础密钥 K_{Sat} 的协商依赖于双方发送的随机数、地基节点与终端的密钥 K_{AMF} 以及终端与地基节点基于椭圆曲线上的 ECDH 算法协商出的值 C。椭圆曲线上的困难问题 ECDHP 使得攻击者即使获取到了终端的长期共享密钥 K 也无法获取之前或者之后的基础密钥 K_{Sat}，因此可以实现完全前向、后向安全。

（3）匿名性

在终端接入认证过程中，终端的真实身份标识均被加密后传输，攻击者无法获取终端的真实身份标识。在认证完成后，采用临时标识 TID 识别终端且 TID 使用完立即更新。因此可以保证终端身份的匿名性。

（4）不可链接性

在终端接入认证过程中，由于随机数的使用，每次接入认证请求会话均不相同，攻击者无法将不同会话中的消息链接到同一个用户，因此可以实现不可链接性。

（5）抵抗重放攻击

由于在终端接入认证过程中，每个会话都使用了随机数，且各自的认证信息与双方的随机数均绑定，因此可以避免重放攻击。

（6）抵抗假冒攻击和中间人攻击

由于实体之间成功地实现了相互认证，敌手无法假冒任何一方与另外一方通信，因此可以抵抗假冒攻击。另外，由于敌手无法执行假冒攻击，进而敌手也无法假冒中间人伪造消息与终端或者卫星通信。因此本方案可以抵抗中间人攻击。

3.4.3　Ka 终端接入认证机制

在天地一体化信息网络中，Ka 终端一般部署在极其重要的场合，对数据机密性要求很高。由于其使用更高的频段，空口支持更大数据的传送。针对这种空口特性，我们采用基于公钥基础设施（PKI）的认证体系设计了 Ka 终端接入认证机制[8-9]。安全性分析表明方案能提供相互认证、密钥协商、完全前向、后向安全、匿名性、不可链接性、抵挡重放、假冒和中间人攻击等安全属性。Ka 终端接入认证机制流程如图 3-26 所示。

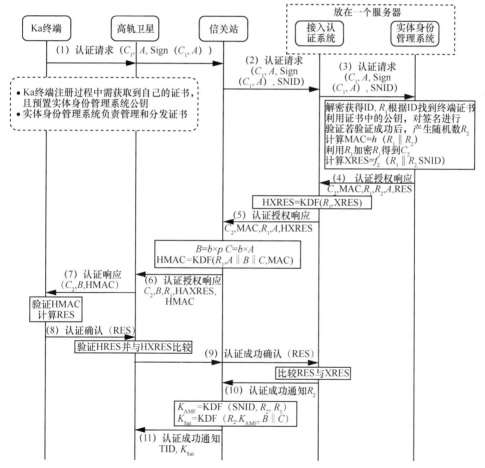

图 3-26　Ka 终端接入认证机制流程

（1）Ka 终端首先选择一个随机数 $a \in \mathbf{Z}_q$，计算 $A = a \times P$，然后将自己的身份信息 ID 和新生成的随机数 R_1 采用实体身份管理系统的公钥 pk 加密得到密文 C_1，并利用自己的私钥对密文 C_1 和 A 进行签名得到 $\mathrm{Sign}(C_1, A)$。最后，Ka 终端将密文 C_1、A 和签名 $\mathrm{Sign}(C_1, A)$ 作为认证请求发送给高轨卫星节点。

（2）高轨卫星通过信关站转发认证请求及 SNID 至接入认证系统，接入认证系统转发至实体身份管理系统。

（3）实体身份管理系统利用自己的私钥解密得到 ID 和随机数 R_1，随后，根据 ID 找到终端证书，并且利用证书中的公钥对签名进行验证，验证成功后，实体身份管理系统生成一个随机数 R_2，计算 $\mathrm{MAC} = h(R_1 \| R_2)$，利用 R_1 加密 R_2 得到 C_2，并且计算 $\mathrm{XRES} = f_2(\mathrm{SNID}, R_1 \| R_2)$，最后，实体身份管理系统将 $C_2 \| \mathrm{MAC} \| R_1 \| R_2 \| A \| \mathrm{XRES}$ 发送给接入认证系统。

（4）接入认证系统计算 $\mathrm{HXRES} = \mathrm{KDF}(R_1, \mathrm{XRES})$，将 $C_2 \| \mathrm{MAC} \| R_1 \| A \| \mathrm{HXRES}$ 发送给信关站。

（5）信关站选择一个随机数 $b \in \mathbf{Z}_q$，计算 $B = b \times P$ 和 $C = b \times A$，然后计算 $\mathrm{HMAC} = \mathrm{KDF}(R_1, A \| B \| C, \mathrm{MAC})$，将 $C_2 \| B \| R_1 \| \mathrm{HXRES} \| \mathrm{HMAC}$ 发送给高轨卫星。

（6）高轨卫星将 $C_2 \| B \| \mathrm{HMAC}$ 发送给 Ka 终端。

（7）Ka 终端利用 R_1 解密 C_2 获得 R_2，计算 $C = a \times B$，验证 HMAC 的有效性。若验证成功，则 Ka 终端向高轨卫星发送认证成功消息 $\mathrm{RES} = f_2(\mathrm{SNID}, R_1 \| R_2)$。

（8）高轨卫星计算 $\mathrm{HRES} = \mathrm{KDF}(R_1, \mathrm{RES})$，比较 HXRES 与 HRES，比较成功后，高轨卫星将 RES 发送给信关站，信关站转发给接入认证系统。

（9）接入认证系统收到认证成功消息后，验证 $\mathrm{RES} = f_2(\mathrm{SNID}, R_1 \| R_2)$，验证成功后，接入认证系统将 R_2 通过安全通道发送给信关站。

（10）信关站计算密钥 $K_{\mathrm{AMF}} = \mathrm{KDF}(\mathrm{SNID}, R_2, R_1)$、$K_{\mathrm{Sat}} = \mathrm{KDF}(R_2, K_{\mathrm{AMF}}, B \| C)$，终端临时标识 $\mathrm{TID} = h(R_2, \mathrm{ID})$，随后，信关站将发送 TID、$K_{\mathrm{Sat}}$ 至高轨卫星。与此同时，Ka 终端也利用 R_2 派生出 $K_{\mathrm{AMF}} = \mathrm{KDF}(\mathrm{SNID}, R_2, R_1)$、$K_{\mathrm{Sat}} = \mathrm{KDF}(R_2, K_{\mathrm{AMF}}, B \| C)$。最后，Ka 终端与高轨卫星根据约定的算法基于 K_{Sat} 推演出随后用于空口信令和数据保护的加密密钥与完整性保护密钥，并利用得到的密钥进行保密通信。

本机制安全性分析如下。

（1）相互认证

本机制中所述实体之间进行的认证，均实现了双向认证。在 Ka 终端接入认证过程中，Ka 终端与网络侧实体可通过验证签名和验证码的方式完成相互认证。

（2）密钥协商与完全前向、后向安全

在 Ka 终端接入认证过程中，终端与卫星的基础密钥 K_{Sat} 的协商依赖于双方发送的随机数、地基节点与终端的密钥 K_{AMF} 以及终端与地基节点基于椭圆曲线上的 ECDH 算法协商出的值 C。由于椭圆曲线上的困难问题 ECDHP，攻击者即使获取到了地基节点与终端的密钥 K_{AMF} 也无法获取之前或者之后的基础密钥 K_{Sat}，因此可以实现完全前向、后向安全。

（3）匿名性

在终端接入认证过程中，终端的真实身份标识均被加密后传输，攻击者无法获取终端的真实身份标识。在认证完成后，采用临时标识 TID 识别终端且 TID 使用完立即更新。因此可以保证终端身份的匿名性。

（4）不可链接性

在终端接入认证过程中，由于随机数的使用，每次接入认证请求会话均不相同，攻击者无法将不同会话中的消息链接到同一个用户，因此可以实现不可链接性。

（5）抵抗重放攻击

在终端接入认证过程中，每个会话都使用了随机数，且各自的认证信息与双方的随机数均绑定，因此可以避免重放攻击。

（6）抵抗假冒、中间人攻击

实体之间成功地实现了相互认证，敌手无法假冒任何一方与另外一方进行通信，因此可以抵抗假冒攻击。另外，敌手无法执行假冒攻击，进而敌手也无法假冒中间人伪造消息与终端或者卫星通信，因此本方案可以抵抗中间人攻击。

3.4.4　断续连通场景下终端接入认证机制

由于天地一体化信息网络链路不稳定等特性，终端执行初始接入认证过程接入天地一体化信息网络时，可能存在用户与天地一体化信息网络链路发生中断等问题。若断链后终端再次进行重复的初次接入认证，无疑会浪费通信资源，而采用重认证方式快速恢复通信则可以有效降低认证开销，避免消耗无用资源。因此，我们设计了终端初次接入认证协议以及接入成功后断续连通场景下的重认证协议[10-11]。安全性分析表明本方案能提供相互认证、用户终端身份匿名性、抵抗重放、DoS、服务器欺骗、伪装用户攻击等安全属性。

3.4.4.1 初始接入认证过程

用户通过执行接入认证过程接入天地一体化信息网络，用户初次接入天地一体化信息网络时，需要进行初始接入认证过程，在此过程中，用户使用注册信息与卫星完成双向认证和密钥协商过程，卫星存储会话密钥信息和临时身份信息，以便节省通信断开后恢复通信时重复做初次认证的时间，断续连通场景下的终端初始接入认证机制流程如图 3-27 所示，具体步骤如下。

（1）用户终端首次接入认证天地一体化信息网络时，经过合法注册后存有 key=$h(r,x)$，终端生成一个随机数 p，计算 TID=ID$\oplus h($key$,t,p)$，计算 $P = p \oplus h($key$,t)$，计算消息认证码 MAC$_1 = h($ID$,p,k,t)$，t 为当前时间戳，哈希运算只取前 128 位为有效位，然后将用户接入认证请求消息 $\{$TID$,k,P,$MAC$_1,t\}$ 发给低轨卫星。

（2）低轨卫星收到消息后，在消息上附加其 LEO ID 后，将信息发送给信关站。

（3）信关站将信息 $\{$TID$,k,P,$MAC$_1,t\}$ 转发给接入认证系统。

（4）接入认证系统将信息转发给实体身份管理系统。

（5）实体身份管理系统收到消息后，首先检测 $t - t_0$ 是否在允许区间内（其中，t_0 为接入认证系统收到消息时的时间戳），若在允许时间范围内则接入认证系统调用异或算法计算出随机数 $r' = h($RK$) \oplus k$，key$' = h(r',x)$，计算 $p' = p \oplus h(h(r',x),t)$，然后由随机数 r' 和 p' 解出终端的真实身份标识 ID$' =$ TID$\oplus h(h(r',x),t,p')$。计算并验证 MAC$_{1'} = h($ID$',p',k,t)$ 是否与收到的 MAC$_1$ 相等，若相等，则生成随机数 q，计算 key$^* = h(q,x)$，生成新的 $k^* = h($RK$) \oplus q$，生成时间戳 t_2，计算 $Q = ($key$^*) \oplus h(h(r',x),t_2) \| k^*$，将 $\{$ID$,p',Q,t_2\}$ 发送给接入认证系统。

（6）接入认证系统计算消息鉴别码 MAC$_2 = h($ID$,p',k^*,t_2)$，然后将 $\{Q,$MAC$_2,t_2\}$ 发送给信关站。

（7）信关站转发 $\{Q,$MAC$_2,t_2\}$ 给低轨卫星。

（8）低轨卫星收到信息后，直接将消息转发给终端。

（9）终端收到消息后，首先检查 $t_2 - t_3$ 是否在允许区间内（其中，t_3 为终端收到消息时的时间戳），如果时间差不在允许区间内则结束会话，如果在允许区间内则进行下面的过程，即终端利用异或算法计算解出 key$^* = h($key$,t_2) \oplus Q$，计算

$MAC_2' = h(ID, p', k^*, t_2)$，并且验证$MAC_2'$是否与接收到的$MAC_2$一致，若不一致则结束会话，若一致则计算会话密钥$sk = h(ID, p, k^*)$和$RES = h(sk, p, k^*)$，并将 RES 发送给低轨卫星。此外，终端存储$key^*, k^*$用于可能的再次认证。

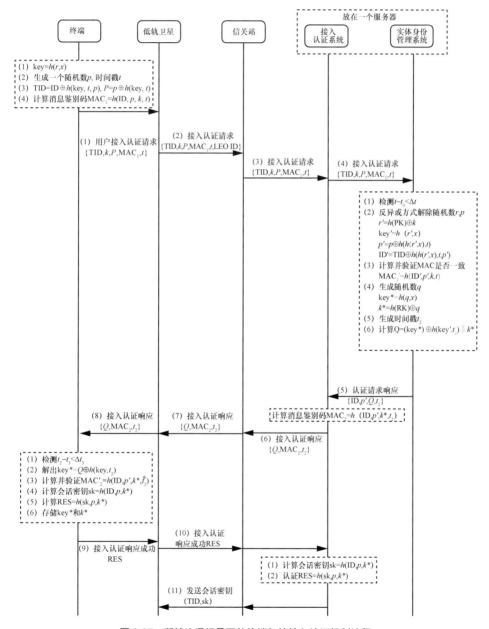

图 3-27　断续连通场景下的终端初始接入认证机制流程

（10）低轨卫星收到信息后，直接将消息通过信关站转发给接入认证系统。

（11）接入认证系统收到消息后，计算 $sk = h(\text{ID}, p, k^*)$，验证 $\text{RES} = h(sk, p, k^*)$。若验证失败，结束会话，若验证成功，则将 (TID, sk) 通过安全通道发送给卫星。此时，sk 作为卫星与终端通信的会话密钥。

3.4.4.2 重认证过程

当终端由于某种不可抗因素与卫星断开连接时，可以执行此阶段，不需要地面设施的参与就可以再次接入天地一体化信息网络，断续连通场景下的终端重认证机制流程如图 3-28 所示。具体步骤如下。

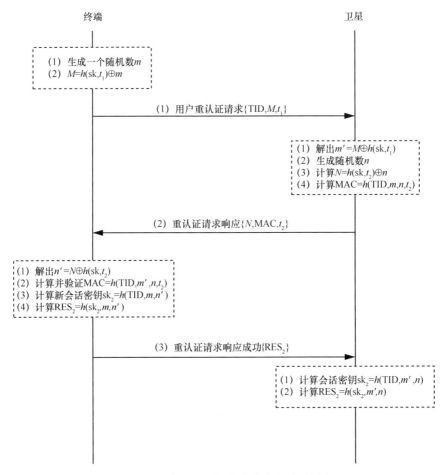

图 3-28 断续连通场景下的终端重认证机制流程

（1）终端生成随机数 m，计算 $M=h(\text{sk},t_1)\oplus m$。向卫星发送连接恢复请求消息（TID、$M$、$t_1$），其中，$t_1$ 为当前时间戳。

（2）卫星收到消息后，首先检查 t_1 的有效性，然后解出 $m'=M\oplus h(\text{sk},t_1)$。随后，卫星生成随机数 n，计算 $N=h(\text{sk},t_2)\oplus n$、$\text{MAC}=h(\text{TID},m',n,t_2)$，将 N、MAC 以及当前时间戳 t_2 发给终端。

（3）终端收到消息后，检查 t_2 的有效性，若在有效期内，则解出 $n'=N\oplus h(\text{sk},t_2)$，并验证 MAC 是否正确。若验证失败结束会话；若验证成功，计算新的会话密钥 $\text{sk}_2=h(\text{TID},m,n')$，计算 $\text{RES}_2=h(\text{sk}_2,m,n')$，并将 RES_2 发给卫星。

（4）卫星收到消息后计算 sk_2，验证 $\text{RES}_2=h(\text{sk}_2,m',n)$。若验证失败结束会话。此时，$\text{sk}_2$ 作为卫星与终端通信的新的会话密钥。

本机制的安全性分析如下。

（1）相互认证

在执行初始认证的时候，终端通过验证消息鉴别码 MAC_2' 鉴别网络侧的合法性，同时网络侧通过认证 MAC_1 和 RES 鉴别终端的合法性。因此本机制可以实现相互认证。

（2）终端身份匿名性

终端在每次接入认证过程中都会产生临时身份标识 $\text{TID}=\text{ID}\oplus h(\text{key},t,p)$，其中 t 是时间戳，p 是新生成的随机数。因此每次认证过程中的 TID 各不相同，攻击者也无法从 TID 中得知用户的真实身份 ID。因此本机制具备终端身份的匿名性。

（3）抵抗重放攻击

终端发送的消息 $\{\text{TID},k,P,\text{MAC}_1,t\}$ 和接入认证系统发送的消息 $\{Q,\text{MAC}_2,t_2\}$ 中都含有时间戳，可以保证消息的新鲜性。同时，消息鉴别码中也包括时间戳和随机数，攻击者无法篡改。因此本机制可以抵抗攻击者的重放攻击。

（4）抵抗 DoS 攻击

在所提出的方案中，实体身份管理系统无须存储用户验证表等复杂的信息，只需要通过异或者计算消息鉴别码，即可验证终端的身份，消耗计算资源和存储资源很小。因此本机制可以抵抗攻击者的 DoS 攻击。

（5）防止服务器欺骗攻击

若攻击者伪装成合法的网络侧实体，需要向终端发送伪造的 $\{Q,\text{MAC}_2,t_2\}$，而

MAC_2 是基于终端加密发送的随机数 p 和接入认证系统生成的随机数 q 产生的，攻击者无法获取。因此本机制可以防止服务器欺骗攻击。

（6）防止伪装用户攻击

若攻击者伪装成合法的用户终端，需要向网络侧发送 $\{TID, k, P, MAC_1, t\}$，而攻击者不知道用户身份标识 UID，无法生成正确的 MAC_1。因此本机制可以防止伪装用户攻击。

3.4.5 面向低轨卫星网络的用户终端随遇接入认证机制

与传统的地基网络不同的是，低轨卫星网络具有信道开放、网络拓扑结构动态变化、用户终端海量等特点，当海量的终端接入低轨卫星网络时，可能导致安全、服务质量（QoS，quality of service）不佳以及地面网络控制中心负载过大的问题。本节介绍了一种基于 Token 的随遇接入认证协议[12]，包括初始接入认证和连接恢复重认证。在初始接入认证过程中，基于注册过程获得的 Token 完成与网络侧实体的相互认证与密钥协商。初次接入认证成功之后，若通信出现异常，会话连接可能被中断，则可执行重认证过程恢复通信。安全性分析表明方案能提供相互认证、用户终端身份匿名性、抵抗伪装用户、服务器欺骗、重放和 DoS 攻击等安全属性。

3.4.5.1 初始接入认证过程

用户终端通过执行基于序列号和随机数的接入认证过程接入 LEO 网络。在该阶段中，接入认证系统对终端的身份验证通过后，预计算多组认证向量 AV_S 可用于在连接恢复和星间切换阶段中用户终端与 LEO 卫星直接完成认证。面向低轨卫星网络的用户终端随遇接入认证机制流程如图 3-29 所示，具体步骤如下。

（1）用户终端首先输入身份 ID_U 得到秘密值 $H = ID_U \oplus PID = h(r \parallel K_J)$。然后生成一个随机数 r_U，并将此随机数 r_U 和秘密值 H 异或得到 $R_U = H \oplus r_U$。随后终端获取当前的时间戳 T_U 并计算消息认证码 $MAC_{U\_G} = h(ID_U \parallel r_U \parallel T_U)$。采用的哈希函数算法为 SHA-256，取前 128 位为有效位。计算完成后，用户终端将消息附上其实体身份管理系统的身份标识 ID_{UDM}，将 $\{PID, R, R_U, T_U, MAC_{U\_G}, ID_{UDM}\}$ 发送给覆盖当前区域的卫星。

（2）卫星收到终端的初始接入消息后，将消息附上自己的身份标识 ID_{LEO} 发送给信关站。

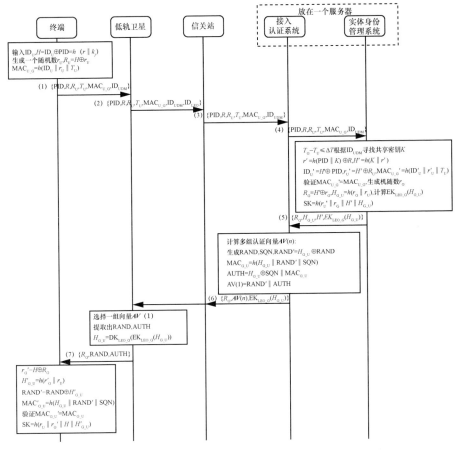

图 3-29　面向低轨卫星网络的用户随遇接入认证机制流程

（3）信关站收到卫星发来的用户终端初始接入消息后，将 $\{PID, R, R_U, T_U, MAC_{U\_G}, ID_{UDM}\}$ 发送至接入认证系统。

（4）接入认证系统将消息转发给实体身份管理系统。

（5）实体身份管理系统执行如下步骤：①验证消息中的用户终端时间戳 T_U 是否满足 $T_G - T_U \leqslant \Delta T$。其中，$T_G$ 为实体身份管理系统收到消息的时间，ΔT 为系统收到消息允许的最大时间间隔。若验证失败，结束会话。②实体身份管理系统根据实体身份管理系统的身份标识 ID_{UDM} 找到与其共享的密钥 K，并基于此密钥解出用户终端认证参数 R 中的随机数 $r' = h(PID \parallel K) \oplus R$、秘密值 H'、用户终端身份标识 $ID'_U = H' \oplus PID$、随机数 $r'_U = H' \oplus R_U$ 和消息认证码 $MAC'_{U\_G} = h(ID'_U \parallel r'_U \parallel T_U)$。采用的哈希函数算法为 SHA-256，取前 128 位为有效位。计算完成后，实体身份管

理系统验证计算的 $\text{MAC}'_{\text{U\_G}}$ 与接收的 $\text{MAC}_{\text{U\_G}}$ 是否相等。若验证失败，结束会话。③实体身份管理系统生成一个随机数 r_G 并用秘密值加密 H'：$R_\text{G} = H' \oplus r_\text{G}$，然后基于此随机数 r_G 和解出的随机数 r'_U 生成新的秘密值 $H_{\text{G\_U}} = h(r_\text{G} \| r'_\text{U})$，取前 128 位作为有效位，并将 $H_{\text{G\_U}}$ 通过卫星与实体身份管理系统的共享密钥通过 SM4 算法加密 $\text{EK}_{\text{LEO\_G}}(H_{\text{G\_U}})$。④实体身份管理系统发送 R_G、$H_{\text{G\_U}}$、H'、$\text{EK}_{\text{LEO\_G}}(H_{\text{G\_U}})$ 给接入认证系统，然后采用 SHA-256 算法计算会话密钥 $\text{SK} = h(r'_\text{U} \| r_\text{G} \| H' \| H_{\text{G\_U}})$。

（6）接入认证系统基于秘密值 $H_{\text{G\_U}}$ 计算多组认证向量 $AV(n)$，每组认证向量 $AV = \text{RAND} \| \text{AUTH}$，$AV$ 的计算过程如下：①生成随机数 RAND 和序列号 SQN；②利用秘密值 $H_{\text{G\_U}}$ 异或加密随机数 RAND 得到 $\text{RAND}' = H_{\text{G\_U}} \oplus \text{RAND}$；③计算消息认证码 $\text{MAC}_{\text{G\_U}} = h(H_{\text{G\_U}} \| \text{RAND}' \| \text{SQN})$；④计算卫星对终端的认证令牌 $\text{AUTH} = H_{\text{G\_U}} \oplus \text{SQN} \| \text{MAC}_{\text{G\_U}}$。其中，第 1 组 $AV(1)$ 中的序列号 SQN 是随机生成的，之后每组 AV 中的序列号 SQN 由上一组中的序列号 SQN 和随机数 RAND 相加得到。计算完成后，接入认证系统通过信关站将 R_G、$AV(n)$ 和 $\text{EK}_{\text{LEO\_G}}(H_{\text{G\_U}})$ 发送给低轨卫星。

（7）卫星收到接入认证系统发来的用户终端初始接入认证响应消息后，将 R_G 和第一组 $AV(1)$ 向量中的 RAND 和 AUTH 发送给用户终端，存储剩余的 $AV(n)$，并解密出秘密值 $H_{\text{G\_U}} = \text{DK}_{\text{LEO\_G}}(\text{EK}_{\text{LEO\_G}}(H_{\text{G\_U}}))$。

（8）用户终端收到消息后，首先用秘密值 H 解出随机数 $r'_\text{G} = H \oplus R_\text{G}$，再计算出接入认证系统生成的秘密值 $H'_{\text{G\_U}} = h(r'_\text{G} \| r_\text{U})$，并用此秘密值解出 AV 中的随机数 $\text{RAND}' = \text{RAND} \oplus H'_{\text{G\_U}}$ 和序列号 SQN，然后计算消息认证码 $\text{MAC}'_{\text{G\_U}} = h(H_{\text{G\_U}} \| \text{RAND}' \| \text{SQN})$。计算完成后，用户终端验证计算的 $\text{MAC}'_{\text{G\_U}}$ 与接收的 $\text{MAC}_{\text{G\_U}}$ 是否相等。若验证失败，结束会话。否则，计算会话密钥 $\text{SK} = h(r_\text{U} \| r'_\text{G} \| H \| H'_{\text{G\_U}})$。

3.4.5.2　连接恢复重认证过程

用户终端接入后，若通信出现异常，会话连接可能中断。但在一定时间内，卫星缓存了用户终端的上下文信息。此时，用户终端若发起连接恢复请求，则执行本阶段。由于缓存了在初始接入阶段中接入认证系统为用户终端预计算的认证向量 $AV(n)$，卫星无须再向接入认证系统获取用户终端信息。面向低轨卫星网络的用户终端随遇重认证流程如图 3-30 所示，具体步骤如下。

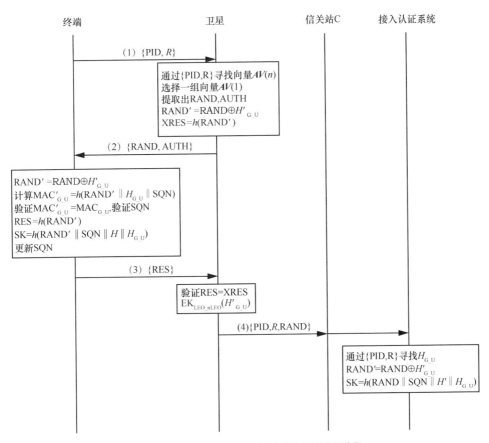

图 3-30　面向低轨卫星网络的用户随遇重认证流程

（1）用户终端向卫星发送 Token{PID, R} 和连接恢复请求。

（2）卫星收到用户终端的连接恢复请求消息后，根据 Token{PID, R} 找到缓存的认证向量组 $AV(n)$，从中选出第 1 组 $AV(1)$，将其中的 RAND 和 AUTH 发送给用户终端。随后，用缓存的秘密值 H'_{G_U} 计算随机数 $RAND' = RAND \oplus H'_{G\_U}$ 和用户终端的期望响应 $XRES = h(RAND')$。

（3）用户终端收到卫星发回的连接恢复请求响应消息后，根据其初始接入时缓存的 H'_{G_U} 解出随机数 $RAND' = RAND \oplus H'_{G\_U}$，计算 $MAC'_{G\_U} = h(RAND' \parallel H'_{G\_U} \parallel SQN)$。随后，用户终端验证计算的 MAC'_{G_U} 与接收的 MAC_{G_U} 是否相等，以及 SQN 与缓存的 SQN 是否相等。若验证失败，结束会话；否则，用户终端计算认证响应 RES 发给卫星，然后计算会话密钥 $SK = h(RAND' \parallel SQN \parallel H \parallel H'_{G\_U})$ 并更新序列号 SQN。

（4）卫星收到消息后，验证 RES = XRES 是否成立。若验证失败，结束会话。否则，将 RAND 和 {PID, R} 发送给信关站。

（5）信关站收到消息后，将消息转发至接入认证系统。接入认证系统根据 Token{PID, R} 找到缓存的用户信息，然后计算会话密钥 SK = $h(\text{RAND} \| \text{SQN} \| H' \| H_{G\_U})$。

本机制的安全性分析如下。

（1）相互认证

在初始接入认证协议中，实体身份管理系统通过比较计算和接收的消息认证码 $\text{MAC}'_{U\_G} = h(\text{ID}'_U \| r'_U \| T_U)$ 是否相等来验证用户终端身份的合法性。其中，用户身份标识 ID'_U 和随机数 r_U' 都是基于共享的密钥 K 和秘密值 H' 进行计算才能得到。用户终端通过比较计算的与接收的消息认证码 $\text{MAC}'_{G\_U} = h(H_{G\_U} \| \text{RAND} \| \text{SQN})$ 是否相等来验证网络侧的真实性。因此初始接入认证协议可以满足有效的双向认证。

在重认证协议中，LEO 卫星通过查询缓存的用户 Token 和比较用户终端期望响应 RES = XRES 是否成立来验证用户身份的合法性。用户终端通过比较计算与接收的 $\text{MAC}'_{G\_U} = h(\text{RAND}' \| H'_{G\_U} \| \text{SQN})$ 是否相等来验证 LEO 卫星的真实性。因此连接恢复认证协议可以满足有效的双向认证。

（2）用户终端身份匿名性

用户终端的身份认证信息 Token{PID, R} 由 HSS 生成。HSS 将用户终端的身份标识 ID_U 与秘密值 H 异或生成伪身份标识 PID，其中，秘密值 H 是由每个用户的随机数 r 和密钥 K 哈希运算的值。攻击者由于不知道且无法获取 r 和 K，无法计算出 H，进而无法得到用户的真实身份标识 ID_U，因此协议可以满足用户终端身份的匿名性。

（3）抵抗仿冒攻击

在初始接入认证协议中，用户终端合法的身份 Token{PID,R} 是基于随机数 r 和实体身份管理系统共享的密钥 K 计算得出。由于无法获取 r 和 K，攻击者无法构造有效消息 {PID, R, R_U, MAC_{U_G}} 来伪装用户。

在重认证协议中，由于无法获取秘密值 H_{G_U}，攻击者无法得出正确的随机数 RAND，进而无法通过哈希得出 RES 来伪装用户。

（4）抵抗服务器欺骗攻击

在初始接入认证协议中，实体身份管理系统向用户终端发回的初始接入认证响

应消息中包含 $\{R_G, AV(i)\}$。两者均基于秘密值 H 计算得出。由于秘密值 H 由用户终端和实体身份管理系统各自计算得出，攻击者无法获得，因此攻击者无法实施服务器欺骗攻击。

在重认证协议中，LEO 卫星向用户终端发回的认证响应消息中包含 RAND 和 AUTH。两者均基于秘密值 H'_{G_U} 计算得出。由于秘密值 H'_{G_U} 通过 LEO 卫星和信关站之间的加密信道传输，攻击者无法获取，因此无法实施服务器欺骗攻击。

（5）抵抗重放攻击

在初始接入认证协议中，用户终端发送的消息 $\{PID, R, R_U, T_U, MAC_{U\_G}, ID_{UDM}\}$ 中的时间戳 T_U 可以保证此消息的新鲜性，挑战随机数 R_U 可以验证实体身份管理系统响应消息的新鲜性，并且消息认证码 MAC_{U_G} 与时间戳 T_U 和挑战随机数 R_U 相绑定，攻击者无法篡改。因此初始接入认证协议可以抵抗重放攻击。

在重认证协议中，用户终端可以通过检验认证向量中的序列号 SQN 与缓存的序列号 SQN 是否相等来判断消息是否被重放。此外，卫星缓存的多组用户认证向量 AV 中的挑战随机数 RAND 各不同。攻击者无法重放之前的用户期望响应进行重放攻击。因此连接恢复认证协议可以抵抗重放攻击。

（6）抵抗 DoS 攻击

在本方法中，用户终端的认证 Token $\{PID, R\}$ 基于与实体身份管理系统共享的密钥 K 生成，实体身份管理系统仅需要存储少数的密钥，无须存储海量用户的验证表等信息。用户终端发起认证后，实体身份管理系统能够通过仅有的身份标识 ID_{UDM} 快速查询到共享密钥 K。然后，实体身份管理系统仅需要通过低计算开销的异或和哈希计算出 MAC_{U_G} 后，即可验证用户终端身份，消耗的资源极小，因此可以抵抗 DoS 攻击。

（7）前向安全性

本协议的会话密钥中包含的秘密值 H 由实体身份管理系统负责在每次会话结束后更新。并且，会话密钥中包含的 H_{G_U} 和随机数都由用户终端和实体身份管理系统临时生成，保证了每次会话密钥间相互独立。攻击者即使获取了秘密值和其中一次会话的会话密钥，也无法计算出其他的会话密钥，因此协议具有前向安全性。

| 3.5　无缝切换认证机制 |

由于低轨卫星信号覆盖范围有限且处于高速移动状态，终端需要频繁切换卫星接入点。现有方案大多关注通信层面卫星的切换机制，对于切换带来的信任传递等安全问题研究较少，存在切换认证方案安全性较低、系统开销过大等问题，无法满足复杂时空场景下的安全切换需求。针对上述问题，本节介绍了星间/星地协同终端切换认证、多类型终端统一切换认证[8-9]、断续连通场景下的终端切换认证[10-11]等关键技术，实现终端无缝安全切换和全程可信保持，确保终端服务的连续性。

3.5.1 星间/星地协同终端切换认证机制

切换指用户终端能够快速地切断与一个访问点的连接，然后迅速连接到另一个访问点上。切换认证架构如图 3-31 所示，根据星间链路的不同，本节主要考虑两种切换场景，即当前卫星与目标卫星之间有星间链路（如同构网络内部卫星之间、GEO卫星与 IGSO 卫星之间等），则终端的切换称为星间协同切换或者水平切换；当前卫星与目标卫星之间没有星间链路，即当前卫星与目标卫星之间的通信必须通过地面站，则终端的切换称为星地协同切换或者垂直切换。本节针对以上两种切换场景介绍了两种快速安全切换方案，安全性分析表明该方案均具有项目认证、密钥协商、抵抗重放、仿冒和中间人攻击等安全属性。

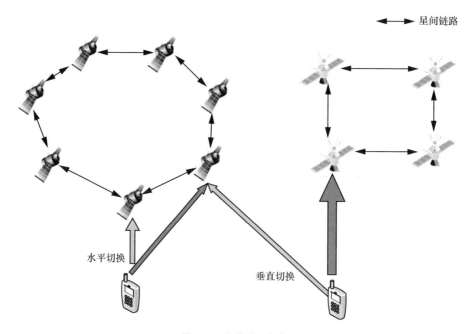

图 3-31　切换认证架构

3.5.1.1　星间协同切换认证机制

星间协同切换的过程中，为减少切换时延，根据天地一体化信息网络终端和接入点的运动轨迹，当前关联接入点可以提前将相关安全会话信息（星间协同接入认证过程中生成的认证密钥信息等内容）通过星间链路发送给符合运行轨迹的邻居节点，执行预切换过程。移动终端在切换触发后，终端根据当前终端和卫星的运动情况以及信号特征等，选择目标切换卫星，发送切换请求给该接入卫星，接入卫星直接采用提前预置的认证密钥信息与终端完成快速认证并协商出新的密钥。

星间协同切换认证机制流程如图 3-32 所示，步骤如下。

安全切换发生前流程如下。

（1）在切换发生前，终端根据当前终端和卫星的运动情况以及信号特征等信息选择目标切换卫星。同时，终端向当前卫星发送自己的用户身份信息 IMSI/GUTI 和目标卫星信息 M_{SA2} 等，请求预切换。

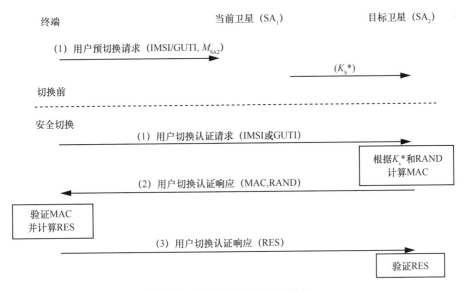

图 3-32　星间协同切换认证机制流程

（2）当前卫星收到预切换请求后，根据接入认证过程中生成的基础密钥 K_s 进一步生成新的密钥 $K_s^* = \mathrm{KDF}(K_s, M_{SA2})$，通过安全信道发送给目标卫星。

安全切换过程如下。

（1）终端向目标卫星发送自己的用户身份信息（IMSI 等身份信息），请求接入目标卫星。

（2）目标卫星收到终端请求切换信息后，首先生成一个随机数 RAND，利用当前卫星发送的 K_s^* 计算出 MAC=KDF$(K_s^*$,RAND$)$。最后，将 MAC 值与 RAND 值发送给终端。

（3）终端收到切换认证响应消息后，首先利用本地的 K_s 计算 $K_s^* = KDF(K_s, M_{SA2})$，并验证接收到的 MAC 值是否等于 KDF$(K_s^*$,RAND$)$ 值，如果验证通过，则计算 RES= KDF$(K_s^*$,RAND$+1)$ 并将 RES 传输给目标卫星。

（4）目标卫星将收到的 RES 与本地 KDF$(K_s^*$,RAND$+1)$ 进行比较，如果一致，则通过认证。

在安全切换完成后，目标卫星与终端将 K_s^* 作为基础密钥，根据约定的算法推演出随后用于空口信令和数据保护的加密密钥与完整性保护密钥，并利用得到的密钥进行保密通信。

本机制的安全性分析如下。

（1）相互认证

终端通过对 MAC 的验证完成对目标卫星的认证，目标卫星通过对 RES 的验证完成对终端的认证。由于新密钥仅由终端、原始卫星、目标卫星三者持有，同时新密钥的传输是秘密的，因此只有合法目标卫星才能针对选择的 RAND 生成正确的 MAC，只有合法的终端才能针对验证正确的 RAND 生成新的 RES，从而完成认证。

（2）密钥协商

双方新密钥由基础密钥与目标卫星身份信息 ID 通过同一密钥导出函数计算得出。目标卫星获取的新密钥是由原始卫星计算后通过秘密信道发送的，而终端的新密钥是其计算得出的，基础密钥的秘密性保证了新密钥的秘密性。随后目标卫星与终端通过 MAC 值和 RES 值的计算，完成密钥确认。

（3）抵抗重放攻击

由于目标卫星在收到用户切换认证请求后会随机生成 RAND 作为响应消息，因此终端可以抵抗来自恶意攻击者的重放攻击。

（4）抵抗仿冒攻击和中间人攻击

由于 MAC 由 RAND 和 K_s 计算得出、RES 由 RAND+1 和 K_s 计算得出。攻击者无法获得 K_s，因此只能篡改 RAND，这会导致 MAC 验证失败，从而认证失败。同时，获取 MAC 后在不知道 K_s 的情况下也无法直接导出 RES，因此无法实施仿冒攻击或中间人攻击。

3.5.1.2　星地协同切换认证机制

星地协同切换的过程中，由于当前卫星与目标卫星之间没有星间链路，为减少切换时延，当前卫星需要提前将切换请求消息发送给与实体身份管理系统等相连的移动切换安全服务系统，执行预切换过程。移动切换安全服务系统根据天地一体化信息网络终端和接入点的运动轨迹选择相应的目标卫星（考虑到卫星的高速移动性，目标卫星可以有多个），并且生成新的密钥发送给目标卫星。移动终端在切换触发后，终端根据当前终端和卫星的运动情况以及信号特征等信息选择目标切换卫星，发送切换请求给该接入卫星，接入卫星直接采用之前收到的密钥信息与终端完成快速切换认证。

星地协同切换认证机制流程如图 3-33 所示，具体步骤如下。

图 3-33　星地协同切换认证机制流程

安全切换发生前流程如下。

（1）在发生切换前，终端根据当前终端和卫星的运动情况以及信号特征等，选择目标切换卫星。同时，终端向当前卫星发送自己的用户身份信息 IMSI/GUTI 和目标卫星的身份信息等，请求预切换。

（2）当前卫星收到预切换请求后，将该请求转发给移动切换安全服务系统。

（3）移动切换安全服务系统收到预切换请求后，产生新的随机数 RAND，同时利用终端长期密钥 K，再次调用算法 f_3 和 f_4 分别生成新的 $CK = f_3(K, RAN)$，$IK = f_4(K, RAND)$。利用 CK、IK 计算出新的 $K_s = \mathrm{KDF}(\mathrm{SN\ ID}, \mathrm{CK}\|\mathrm{IK})$。最后，移动切换安全服务系统将 K_s 以及 RAND 通过安全信道发送给目标卫星。

安全切换过程如下。

（1）终端向目标卫星发送自己的用户身份信息（IMSI/GUTI 等身份信息），请求接入目标卫星网络。

（2）目标卫星收到用户的切换请求消息后，根据从移动切换安全服务系统收到的 K_s 和 RAND，计算出 $MAC = \mathrm{KDF}(K_s, \mathrm{RAND})$。最后，卫星将 MAC 值与 RAND 值发送给终端。同时，目标卫星告知终端当前为星地协同切换。

（3）终端收到 MAC 值与 RAND 值后，根据接收到的消息判断为星地协同切换，然后利用存储的长期密钥 K 和收到的 RAND 值，同样调用算法 f_3 和 f_4 分别生成新的 $CK = f_3(K, \mathrm{RAND})$、$IK = f_4(K, \mathrm{RAND})$。然后利用 CK 和 IK 计算出 $K_s = \mathrm{KDF}(\mathrm{SN\ ID}, \mathrm{CK}\|\mathrm{IK})$ 并验证接收到的 MAC 值是否等于 $\mathrm{KDF}(K_s, \mathrm{RAND})$ 值，如果验证通过，则终端成功认证目标卫星。最后，终端计算 $RES = \mathrm{KDF}(K_s, \mathrm{RAND}+1)$ 并将 RES 传输给目标卫星。

（4）卫星将收到的 RES 与本地 $\mathrm{KDF}(K_s, \mathrm{RAND}+1)$ 比较，如果一致，则通过认证。

在安全切换完成后，卫星与终端将 K_s 作为基础密钥，根据约定的算法推演出随后用于空口信令和数据保护的加密密钥与完整性保护密钥，并利用得到的密钥进行保密通信。

另外，考虑到若当前卫星或移动切换安全服务系统无法根据接入点的运动轨迹获知终端的目标卫星，则移动切换安全服务系统或当前卫星无法提前将终端的认证密钥信息发送给目标卫星，即无法执行预切换过程。在此场景下，目标卫星可在移动终端的切换触发后再请求当前卫星或者地面站发送认证密钥信息，随后，目标卫星再利用认证密钥信息与终端完成相互认证与密钥协商。

本方法的安全性分析如下。

（1）相互认证

终端通过对 MAC 的验证完成对目标卫星的认证，目标卫星通过对 RES 的验证完成对终端的认证。由于新密钥仅由终端、当前卫星、目标卫星三者持有，同时新密钥的传输是秘密的,因此只有合法目标卫星才能针对选择的 RAND 生成正确的 MAC,只有合法的终端才能针对验证正确的 RAND 生成新的 RES,从而完成认证。

(2)密钥协商

双方新密钥由基础密钥与目标卫星 ID 通过同一密钥导出函数计算得出。目标卫星获取的新密钥是由原始卫星计算后通过秘密信道发送的,而终端的新密钥是其计算得出的,基础密钥的秘密性保证了新密钥的秘密性。随后目标卫星与终端双方通过 MAC 值和 RES 值的计算,完成密钥确认。

(3)抵抗重放攻击

由于随机数 RAND 的使用,目标卫星可以通过判断 RES 的有效性检验消息是否被重放。

(4)抵抗仿冒攻击和中间人攻击

由于 MAC 通过 RAND 和 K_s 计算得出,RES 通过 RAND+1 和 K_s 计算得出。攻击者无法获得 K_s,因此只能篡改 RAND,这会导致 MAC 验证失败,从而认证失败。同时,获取 MAC 后在不知道 K_s 的情况下也无法直接导出 RES,因此无法实施仿冒攻击或中间人攻击。

3.5.2　多类型终端统一切换认证机制

目前切换认证机制一般建立在接入认证的基础上,差异化的接入认证也导致了差异化的切换认证机制,但是这些切换认证机制不具备普适性,因此需要设计一种可以满足多种用户的统一无缝切换认证机制[8-9]。本节介绍了一种面向 4G/5G 普通终端以及 Ka 终端的多类用户统一无缝切换认证机制。安全性分析表明本方法具有相互认证、密钥协商、抵抗重放、仿冒和中间人攻击等安全属性。该机制分为下列两个过程:预切换认证过程以及安全切换过程。终端无缝安全切换流程如图 3-34 所示,具体步骤如下。

预切换认证过程如下。

(1)在发生切换前,当终端监测到信号变弱即将无法提供平滑通信时,终端向当前提供通信服务的卫星发送预切换请求消息,预切换请求消息包括终端临时身份标识 TID 以及终端新生成的随机数 R_1、$A = a \times P$ 以及 $\text{MAC} = f_0(K_{\text{AMF}}, \text{TID}, A, R_1)$,其中,$a \in \mathbf{Z}_q$。

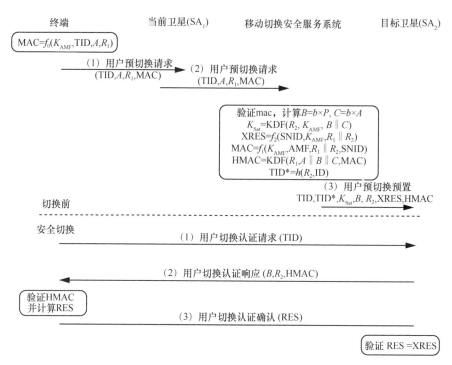

图 3-34　终端无缝安全切换流程

（2）源卫星转发预切换请求消息给移动切换安全服务系统。

（3）移动切换安全服务系统验证 MAC 的有效性，验证成功后，结合终端的位置信息、终端归属网络、拜访网络信息、卫星轨迹有效信息预测出终端即将接入的下一个卫星节点，并且生成相应的认证向量，提前发送给目标节点。认证向量生成过程为：移动切换安全服务系统选择一个随机值 R_2 和一个随机数 $b \in \mathbf{Z}_q$，计算 $B = b \times P$ 和 $C = b \times A$，然后计算 $K_{Sat} = \mathrm{KDF}(R_2, K_{AMF}, B \parallel C)$、$\mathrm{XRES} = f_2(\mathrm{SNID}, K_{AMF}, R_1 \parallel R_2)$，$\mathrm{MAC} = f_1(K_{AMF}, \mathrm{AMF}, R_1 \parallel R_2, \mathrm{SNID})$，$\mathrm{HMAC} = \mathrm{KDF}(R_1, A \parallel B \parallel C, \mathrm{MAC})$、$\mathrm{TID}^* = h(R_2, \mathrm{ID})$，最后，移动切换安全服务系统将 TID、$\mathrm{TID}^*$、$K_{Sat}$、XRES、HMAC、$B$、$R_2$ 通过已经组网建立好的安全通道发送给目标卫星。

安全切换过程如下。

（1）当切换触发后，终端向目标卫星发送自己当前的用户临时身份信息 TID 请求接入目标卫星网络。

（2）目标卫星收到用户的切换请求消息后，将 $B\|\mathrm{HMAC}\|R_2$ 值发送给终端。

（3）终端收到后，利用存储的长期密钥 K_{AMF} 和收到的 R_2 值，计算 $C = B \times a$、

$K_{\mathrm{Sat}} = \mathrm{KDF}(R_2, K_{\mathrm{AMF}}, B \| C)$ 并验证接收到的 HMAC 值是否正确，如果验证通过，则终端成功认证卫星，最后，终端计算 $\mathrm{RES} = f_2(\mathrm{SNID}, K_{\mathrm{AMF}}, R_1 \| R_2)$ 并将 RES 传输给卫星。

（4）目标卫星将收到的 RES 与本地 XRES 进行比较，如果一致，则通过认证；完成移动安全切换程之后，目标卫星采用 TID^* 标识终端且目标卫星与终端将此次生成的 K_{Sat} 作为基础密钥，根据约定的算法推演出随后用于空口信令和数据保护的加密密钥与完整性保护密钥，并利用得到的密钥进行保密通信。

本机制的安全性分析如下。

（1）相互认证

终端通过对 HMAC 的验证完成对目标卫星的认证，目标卫星通过对 RES 的验证完成对终端的认证。由于新密钥仅由终端、原始卫星、目标卫星三者持有，同时新密钥的传输是秘密的。因此只有合法目标卫星才能针对选择的 R_1 生成正确的 MAC ，只有合法的终端才能针对验证正确的 R_1 生成新的 RES ，从而完成认证。

（2）密钥协商

双方新密钥是由基础密钥与目标卫星身份信息 ID 通过同一密钥导出函数计算得出的。目标卫星获取的新密钥是由原始卫星计算后通过秘密信道发送的，而终端的新密钥是计算得出的，基础密钥的秘密性保证了新密钥的秘密性。随后目标卫星与终端通过 MAC 值和 RES 值的计算，完成密钥确认。

（3）抵抗重放攻击

由于随机数 R_2 的使用，目标卫星可以通过判断 RES 的有效性检验消息是否被重放。同时，由于随机数 R_1 的使用，终端可以通过判断 HMAC 的有效性检验消息是否被重放。

（4）抵抗仿冒攻击和中间人攻击

由于 MAC 通过 R_1 、 R_2 和 K_{AMF} 计算得出，同样 RES 通过 R_1 、 R_2 和 K_{AMF} 计算得出。攻击者无法获得 K_{AMF} ，因此只能篡改 R_1 、 R_2 ，而这会导致 MAC 验证失败，从而认证失败。同时，攻击者获取 MAC 后在不知道 K_{AMF} 的情况下也无法直接导出 RES ，因此无法实施仿冒攻击或中间人攻击。

3.5.3　断续连通场景下的终端切换认证机制

天地一体化信息网络中的 LEO 卫星高速移动、拓扑动态变化等特点可能导致用户通信中断等问题。为确保卫星切换过程中连续通信，本节介绍了一种断续连通场景下的终端切换认证方案[10-11]。安全性分析表明本方法具有密钥协商、抵抗重放攻击等安全属性。该机制分为预切换过程和正式切换过程，断续连通场景下的终端切换认证流程如图 3-35 所示，具体步骤如下。

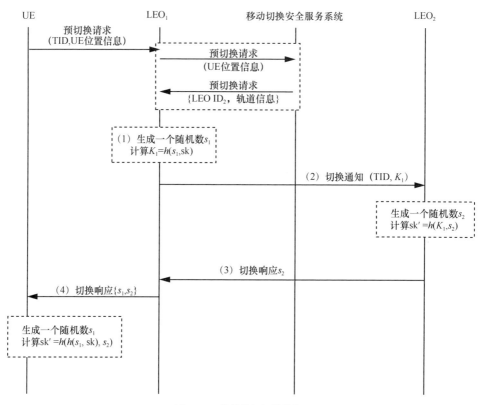

图 3-35　终端认证切换流程

预切换过程如下。

当用户终端（UE，user equipment）监测到当前卫星 LEO₁ 即将离开移动用户可接收信号区时，用户终端向 LEO₁ 发送预切换请求 TID 以及终端的位置信息。LEO₁ 根据终端的位置信息以及卫星轨迹信息决策终端即将要接入的下一个卫星 LEO₂。若 LEO₁ 无法决策出终端即将要接入的下一个卫星，LEO₁ 将终端的位置信息发给移动切换安全服务系统，移动切换安全服务系统根据轨迹预测为终端选择新的接入卫星，将目标卫星 LEO₂ 的 LEO ID₂ 与轨道信息发送给当前卫星 LEO₁。

当完成预切换过程以后，进行正式切换过程，步骤如下。

（1）当前卫星 LEO_1 产生随机数 s_1，计算 $K_1 = h(s_1, sk)$，其中，sk 为当前卫星的会话密钥。当前卫星 LEO_1 通过卫星间已经提前建立好的安全通道向目标卫星 LEO_2 发送 TID 和 K_1。

（2）目标卫星 LEO_2 收到消息后，生成随机数 s_2，计算新的会话密钥 $sk' = h(K_1, s_2)$，并通过安全通道将 s_2 发回当前卫星 LEO_1。

（3）卫星 LEO_1 将 s_1 和 s_2 发给用户终端 UE。

（4）用户终端 UE 收到消息后，计算 $sk' = h(h(s_1, sk), s_2)$。此 sk' 作为用户终端 UE 和目标卫星 LEO_2 通信的会话密钥。

本机制的安全性分析如下。

（1）密钥协商

在此过程中，只有终端、源卫星拥有接入认证后产生会话密钥 sk，源卫星与目标卫星之间有提前建立好的安全信道，因此攻击者无法获得 sk 以及加密 sk 后得到的 K_1，因此无法计算出新的会话密钥。只有终端、源卫星与目标卫星之间通过 sk 以及 K_1 可以计算得到新的会话密钥，完成密钥协商。

（2）抵抗重放攻击

由于源卫星和目标卫星在收到用户切换认证请求后会均会随机生成 RAND 作为响应消息，因此终端可以抵抗来自恶意攻击者对截获消息的重放攻击。

| 3.6　群组设备认证机制 |

现有研究方案很少考虑终端海量化的问题，当海量终端并发接入网络时会瞬间带来大量的信令开销、通信开销，进而造成信令冲突、关键节点拥塞等问题。针对上述问题，本节介绍了基于对称密码的群组设备接入与切换认证[13-14]、基于格密码的群组设备接入认证[3]等关键技术，实现海量终端并发统一接入认证与控制，降低海量终端并发接入时给网络带来的负荷，提升认证效率。

3.6.1　基于对称密码的群组设备接入与切换认证机制

现有天地一体化接入认证机制大多针对单个终端接入而设计，但是当海量终端并发接入天地一体化信息网络时，每一个终端仍采用单独的接入认证协议，无疑会产生较多的信令开销，易造成信令风暴、关键节点拥塞等问题。针对上述问题，本节介绍了一种基于对称密码的群组设备接入认证协议[13-14]。此外，海量终端接入认证成功后，由于终端或卫星具备一定的移动性，为确保海量终端的网络连续性，各终端可能同时触发切换认证机制，同样会造成信令冲突、关键节点拥塞等问题。因此本节基于对称密码学技术，还介绍了一种群组设备切换认证协议[13-14]。安全性分析表明本方法具有相互认证、匿名性、密钥协商、前后密钥安全、抵抗重放和假冒攻击等安全属性。群组设备接入网络架构如图 3-36 所示。

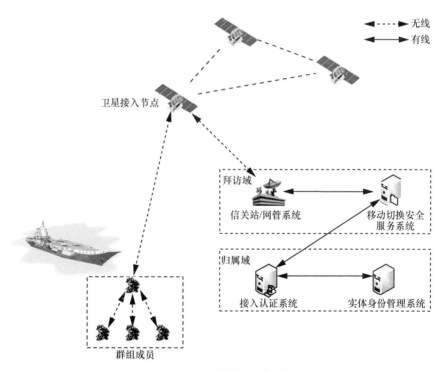

图 3-36　群组设备接入网络架构

3.6.1.1　群组接入认证过程

当首次接入天地一体化信息网络时，某一区域的海量用户终端构成一个固定群组。群组中群主汇聚所有群成员的接入认证请求消息并且转发至卫星，进而传输至地面控制中心。地面控制中心与固定群组成员基于预共享密钥 K 完成认证。基于对称密码的群组设备接入认证流程如图 3-37 所示，步骤如下。

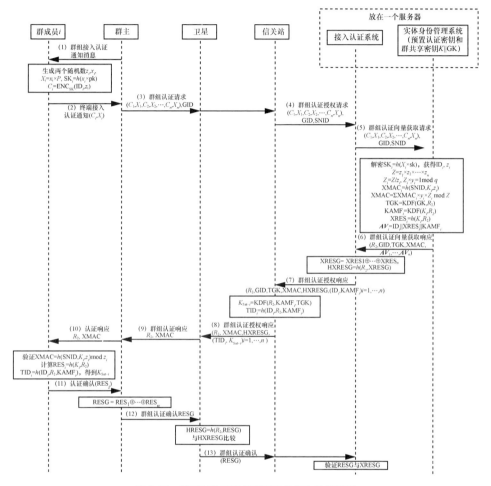

图 3-37　基于对称密码的群组设备接入认证流程

（1）当群主监测到需要接入天地一体化信息网络时，启动定时器，设置定时器触发值，群主向周围广播群组接入认证通知消息。

（2）终端收到群主广播的群组接入认证通知消息后，如果终端需要接入网络，为了防止终端的身份标识 ID_i 被攻击者窃取，终端选择一个随机数 x_i，计算 $X_i = x_i \times P$ 以及对称密钥 $SK_i = h(x_i \times pk)$。随后，群成员选择一个素数 z_i，采用对称加密算法加密 (ID_i, z_i) 获得密文 C_i。最后，每个群成员向群主发送终端接入认证请求消息，终端接入认证请求消息包含终端的身份标识 C_i 、 X_i 。

（3）当定时器时间到达后，群主将收到的所有群成员认证请求（假设群主接收到了 n 个终端的认证请求）（ $C_1, X_1, C_2, X_2, \cdots, C_n, X_n$ ），以及群组身份标识 GID 发送给卫星，卫星转发群组认证请求消息给信关站。

（4）信关站将 $\{(C_1, X_1, C_2, X_2, \cdots, C_n, X_n), \text{GID}\}$ 及其访问域身份标识 SNID 发送给接入认证系统。

（5）接入认证系统收到群组认证授权请求后，向实体身份管理系统发送群组认证向量获取请求。

（6）实体身份管理系统收到认证请求消息后，首先利用自己的私钥 sk 计算每个 $\text{SK}_i = h(X_i \times \text{sk})$ ，然后解密获得 ID_i 和 z_i 。随后，实体身份管理系统按照以下步骤进行计算（下述 h 为安全的哈希函数， KDF 为密钥导出函数）。

①选取一个随机数 R_2 ，在其数据库中搜索该群组的共享密钥 GK 以及每个群成员的长期共享密钥 K_i 。

②利用中国剩余定理 CRT 计算消息验证码 XMAC 。具体地，计算 $Z = z_1 \times z_2 \times \cdots \times z_n$ ， $Z_i = Z/z_i, Z_i \times y_i = 1 \bmod z_i$ ， $\text{XMAC}_i = h(\text{SNID}, \quad K_i, z_i)$ ，

$$\text{XMAC} = \sum_{i=1}^{n} \text{XMAC}_i \times y_i \times Z_i \bmod Z 。$$

③计算群组临时共享密钥 TGK=KDF(GK, R_2) 。

④计算认证向量值 $\text{XRES}_i = h(K_i, R_2)$ ， $K_{\text{AMF}_i} = \text{KDF}(K_i, R_2)$ 和每个终端的认证向量 $AV_i = \text{ID}_i \parallel \text{XRES}_i \parallel K_{\text{AMF}_i}$ 。

⑤向接入认证系统发送群组认证向量获取响应消息，包含随机数 R_2 、群组身份标识 GID 、群组临时共享密钥 TGK 、消息认证码 XMAC 和所有群成员的认证向量 AV_i 。

（7）接入认证系统收到群组认证向量获取响应后，进行以下步骤。

①计算 $\text{XRESG} = \text{XRES}_1 \oplus \cdots \oplus \text{XRES}_n$ 。

②计算 $\text{HXRESG} = h(R_2, \text{XRESG})$ 。

③接入认证系统向信关站发送群组认证授权响应消息，包含 R_2 、 GID 、 TGK 、 XMAC 、 HXRESG 和所有 $\text{ID}_i \parallel K_{\text{AMF}_i}$ 。

（8）信关站收到群组认证授权响应后计算每个成员的基础密钥 $K_{\text{Sat}-i} = \text{KDF}(R_2, K_{\text{AMF}_i}, \text{TGK})$ 以及临时身份标识 $\text{TID}_i = h(\text{ID}_i, R_2, K_{\text{AMF}_i})$ ，向卫星发送包含 R_2 、

XMAC、HXRESG 以及所有 TID_i、K_{Sat-i} 在内的群组认证授权响应消息。

（9）卫星收到群组认证授权响应消息后，提取出 HXRESG、TID_i、K_{Sat-i}，然后向群主发送群组认证响应消息 R_2、XMAC。

（10）群主收到消息后广播 R_2、XMAC 给群成员。

（11）群成员收到认证响应消息后，验证 $XMAC = h(SNID, K_i, z_i) \bmod z_i$，若通过，则计算 $RES_i = h(K_i, R_2)$、$TID_i = h(ID_i, R_2, K_{AMFi})$、$K_{Sat-i}$，并向群主发送 RES_i。

（12）群主收到群成员认证确认信息后计算 $RESG = RES_1 \oplus \cdots \oplus RES_n$，向卫星发送群组认证确认 RESG。

（13）卫星计算 $HRESG = h(R_2, RESG)$，将 HRESG 与 HXRESG 进行比较，若验证成功则将 RESG 转发给接入认证系统。接入认证系统收到 RESG 消息后，将 RESG 和 XRESG 进行比对，比对成功则群组验证通过，至此群组设备与天地一体化信息网络完成双向认证，卫星与每个群组成员将 K_{Sat-i} 作为基础密钥，将 TID_i 作为群成员的临时标识。

3.6.1.2　切换认证过程

当源卫星信号变弱，即将无法为群组成员提供平滑的网络通信时，海量用户终端执行群组切换认证方案。在本阶段中，当中继节点监测到源卫星信号即将无法提供平滑通信时，启动预切换过程，向拜访域移动切换安全服务系统发送预切换请求。移动切换安全服务系统利用卫星节点轨迹可预测的特点，结合群组当前位置信息，决策出群组需要接入的下一个目标卫星，并提前向目标卫星发送认证向量。当终端进入目标卫星范围后，可直接与卫星快速认证，降低切换时延。具体过程分为预切换过程和正式切换过程。基于对称密码的群组设备切换认证流程如图 3-38 所示，步骤如下。

预切换过程如下。

（1）切换前，终端始终保留两个群组密钥，分别为与实体身份管理系统共享的密钥 GK 和与移动切换安全服务系统共享的临时密钥 TGK。当群主监测到当前接入卫星信号变弱即将无法提供平滑通信时，群主广播群组预切换通知消息给所有群组成员。群组成员将其临时身份标识 TID_i 发送给群主，群主将所有临时标识以及群组标识 GID、新生成的随机数 R_3 发送给当前卫星。

（2）当前卫星 SA_1 将群组预切换请求消息 TID_i、R_3、GID 转发给移动切换安全服务系统。

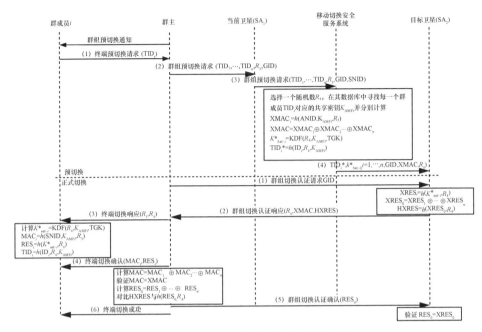

图 3-38　基于对称密码的群组设备切换认证流程

（3）移动切换安全服务系统结合群组位置信息、卫星位置信息、当前拜访网络信息、卫星轨迹等有效信息预测出该群组即将接入的下一个卫星，并且生成相应的认证向量，提前发送给目标卫星。生成认证向量过程为：移动切换安全服务系统选择一个随机数 R_4，在其数据库中寻找每一个群成员 TID_i 对应的共享密钥 $K_{\text{AMF}i}$，其中，$i=1,\cdots,n$，并分别计算消息验证码 $\text{XMAC}_i = h(\text{SNID}, K_{\text{AMF}i}, R_3)$、$\text{XMAC} = \text{XMAC}_1 \oplus \text{XMAC}_2 \cdots \oplus \text{XMAC}_n$、新基础密钥 $K^*_{\text{Sat}-i} = \text{KDF}(R_4, K_{\text{AMF}i}, \text{TGK})$、新的群成员临时标识 $\text{TID}^*_i = h(\text{ID}_i, R_4, K_{\text{AMF}i})$，将每个终端的 TID^*_i、$K^*_{\text{Sat}-i}$、随机数 R_4、群组身份标识 GID、XMAC 等参数通过已经组网建立好的安全通道发送给目标卫星。

正式切换过程如下。

（1）当切换触发后，群主发送包含 GID 的群组切换认证请求消息给目标卫星 SA_2。

（2）目标卫星 SA_2 收到群组切换认证请求后，计算 $\text{XRES}_i = h(K^*_{\text{Sat}-i}, R_4)$、$\text{XRES}_0 = \text{XRES}_1 \oplus \text{XRES}_2 \cdots \oplus \text{XRES}_n$、$\text{HXRES} = h(\text{XRES}_0, R_4)$，并存储 XRES_0。随后，目标卫星将 XMAC 值、HXRES 与 R_4 值发送给群主。

（3）群主收到后，转发 R_3 和 R_4 给群成员。

（4）群成员计算出 $K_{\text{Sat}-i}^{*} = \text{KDF}(R_4, K_{\text{AMF}i}, \text{TGK})$、$\text{TID}_i^{*} = h(\text{ID}_i, R_4, K_{\text{AMF}i})$、$\text{MAC}_i = h(\text{SNID}, K_{\text{AMF}i}, R_3)$、$\text{RES}_i = h(K_{\text{Sat}-i}^{*}, R_4)$，并将 MAC_i、RES_i 发送给群主。

（5）群主计算 $\text{MAC} = \text{MAC}_1 \oplus \text{MAC}_2 \cdots \oplus \text{MAC}_n$，验证 MAC=XMAC，若验证通过，则计算 $\text{RES}_0 = \text{RES}_1 \oplus \text{RES}_2 \cdots \oplus \text{RES}_n$，验证 $\text{HXRES} = h(\text{RES}_0, R_4)$，验证成功后发送群组切换确认消息 RES_0 给目标卫星 SA_2，且发送群组切换成功消息给群成员。

（6）卫星收到后，与本地 XRES_0 比对，若一致，则认证通过。卫星与每个群组成员将 $K_{\text{Sat}-i}^{*}$ 作为基础密钥，将 TID_i^{*} 作为群成员的临时标识。

3.6.1.3　群成员加入和退出

为了使方案富有灵活性，满足群组成员的更替情况，设计了群成员的加入和退出过程，在尽可能减小开销的情况下满足应用需求。基于对称密码的群组设备群成员加入过程如图 3-39 所示，基于对称密码的群组设备群成员退出过程如图 3-40 所示。

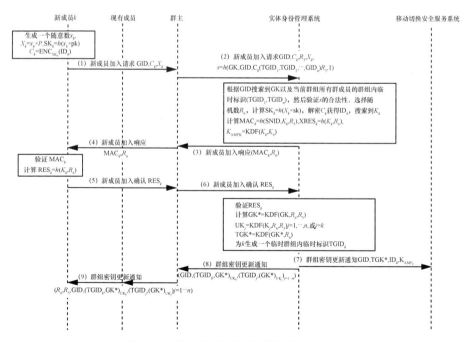

图 3-39　基于对称密码的群组设备群成员加入过程

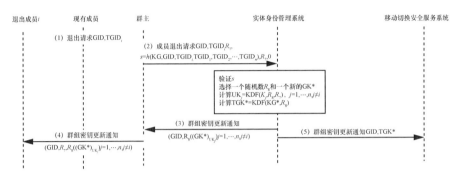

图 3-40　基于对称密码的群组设备群成员退出过程

群成员加入过程如下。

（1）新成员 k（已完成终端注册过程）发现群组，申请加入群组，向群主发送新成员加入请求消息，其中，请求消息中包含群组身份标识 GID、密文 C_k 以及 X_k，其中，x_k 为一个随机数，$X_k = x_k \times P$，$SK_k = h(x_k \times pk)$，$CK = ENC_{SK_k}(ID_k)$，ENC 为对称加密算法。

（2）群主收到新成员加入请求后，计算消息认证码 $s = h(GK, GID, C_k(TGID_1, \cdots, TGID_n), R_5, 1)$。群主将 s、C_K、X_k、GID、新生成的随机数 R_5 发送给实体身份管理系统。

（3）实体身份管理系统收到请求后，首先根据 GID 搜索到 GK 以及当前群组所有群成员的群组内临时标识 $(TGID_1, \cdots, TGID_n)$，然后验证 s 的合法性，验证通过后进行如下操作。

①选择一个随机数 R_6，计算 $SK_k = h(x_k \times pk)$，解密 C_k，获得 ID_k，在其数据库中搜索 ID_k 的长期共享密钥 K_k。

②计算 $MAC_k = h(SNID, K_k, R_5)$、$XRES_k = h(K_k, R_6)$、$K_{AMF_k} = KDF(K_k, R_6)$。

③实体身份管理系统将 MAC_k、R_6 发送给群主。

（4）群主转发 MAC_k、R_6 给新成员 k。

（5）新成员 k 收到消息后，首先验证 MAC_k，如果验证成功，则计算 $RES_k = h(K_k, R_6)$。随后，新成员 k 将 RES_k 发送给群主。

（6）群主转发 RES_k 给实体身份管理系统。

（7）实体身份管理系统收到消息后，验证 $RES_k = XRES_k$，如果验证成功，实体身份管理系统进行如下操作。

①计算新的组密钥 $GK^* = KDF(GK, R_6, R_5)$。

②计算 $UK_j = KDF(K_j, R_6, R_5)$，其中，$j = 1, \cdots, n$ 或 $j = k$。

③计算 $TGK^* = KDF(GK^*, R_6)$，并为新加入的群成员 k 分配一个群组内临时标识 $TGID_k$。

④随后，实体身份管理系统将 GID、TGK^*、ID_k、K_{AMF_k} 通过已经提前建立好的安全通道发送给移动切换安全服务系统。

（8）实体身份管理系统发送群组密钥更新通知消息给群主，其中，群组密钥更新通知消息包括 GID、所有群成员的群组内临时身份标识 $TGID_j$ 以及用每个 UK_j 加密的群组密钥 GK^*。

（9）群主转发群组密钥更新通知消息以及 R_6、R_5 给所有群成员，群成员更新群组密钥为 GK^*，群主更新现有群成员列表。

群成员退出过程如下。

（1）群组中成员 i 需要退出群组时，向群主发送包含群组身份标识 GID 和自己的群组内临时身份标识 $TGID_i$ 的退出请求消息，群主收到退出请求后，计算消息认证码 $s = h(GK, GID, TGID_i, (TGID_1, \cdots, TGID_n), R_7, 0)$。群主将 s、GID 新生成的随机数 R_7 以及请求退出成员的身份标识 $TGID_i$ 一起发送给实体身份管理系统。

（2）实体身份管理系统收到消息后，首先验证 s 的合法性，验证通过以后进行如下操作。

①选择一个随机数 R_8 和一个新的 GK^*。

②计算 $UK_j = KDF(K_j, R_8, R_7)$，$j = 1, \cdots, n$，且 $j \neq i$。

③计算 $TGK^* = KDF(GK^*, R_8)$。

（3）实体身份管理系统更新了群组密钥后，向群主发送群组密钥更新通知，包含群组身份标识 GID、随机数 R_8 及用 $UK_j (j \neq i)$ 加密后的组密钥 GK^*，群主转发群组密钥更新通知以及 R_7 给所有群成员。现有群成员更新群组密钥为 GK^*。

（4）实体身份管理系统向移动切换安全服务系统发送群组密钥更新通知，更新切换相关的组密钥 TGK^*。

本方法的安全性分析如下。

（1）相互认证

在执行群组设备接入认证的过程中，一方面，群组成员可以根据 XMAC 认证实体身份管理系统的合法性；另一方面，网络侧可以通过验证群组产生的聚合后的 RESG 认证所有群组成员。

（2）匿名性

在执行群组设备接入认证的过程中，每个群成员将自己的身份标识 ID_i 采用实体身份管理系统的公钥 pk 加密，只有实体身份管理系统可以解密获得 ID_i。随后，实体身份管理系统将群成员标识通过安全通道发送给接入认证系统、移动切换安全服务系统等。因此攻击者无法获得群成员的身份标识信息。

（3）密钥协商

在群组设备接入认证过程中，由于预置主密钥 K 只有终端侧和实体身份管理系统侧可以得到，实体身份管理系统根据 K 导出 K_{AMF_i}，通过已经提前建立好的安全通道发送给移动切换安全服务系统，而移动切换安全服务系统和终端则根据 K_{AMF_i} 和公开传输的随机数导出基础密钥 K_{Sat-i}；随后，移动切换安全服务系统将 K_{Sat-i} 通过安全通道发送给卫星。因此卫星与终端之间可以安全地协商出基础密钥。

（4）前、后密钥安全

在每次群组接入认证过程中，都会产生新的随机数 R_2 用于计算基础密钥 K_{Sat-i}，因此密钥彼此独立。即使获取了当前基础密钥，攻击者也不可能获得之前或者之后的基础密钥。因此，因此本机制可实现前、后密钥安全。

（5）抵抗重放攻击

在群组设备接入认证过程中，每个群成员通过验证 XMAC 判断消息是否重放，其中，XMAC 是实体身份管理系统根据每个群成员的随机数 z_i 生成；而实体身份管理系统则可以通过验证 RESG 判断消息是否重放，其中，RESG 是群组根据实体身份管理系统的随机数 R_2 生成。

（6）抵抗假冒攻击

在群组设备接入认证过程中，由于终端侧与网络侧实现了相互认证，因此攻击者无法假冒其中一方和另外一方通信。

3.6.2　基于格密码的群组设备接入认证机制

当前量子计算技术的迅速发展导致普遍采用的密码学加密方式，例如 RSA 公钥密码体系、椭圆曲线密码体系等不再安全，未来天地一体化信息网络需要支撑更高的安全性要求，而目前研究表明，基于格理论的密码学是可以抵抗量子计算攻击的主要手段。同时，考虑到海量终端并发接入天地一体化信息网络造成的信令拥塞、关键节点冲突等问题，本节基于格密码，提出了一种抗量子的群组设备接入认证方案[3]，包括两种协议：预协商协议和海量物联网设备（IoTD）的接入认证协议。预协商协议基于格密码，在卫星、信关站等节点间建立安全通道；海量 IoTD 的接入认证协议则通过海量 IoTD 构成临时群组进行群组认证的方式克服信令冲突问题。

基于格密码的群组设备网络架构如图 3-41 所示，偏远地区的 IoTD 或移动终端（ME）可以通过天地一体化信息网络接入地面通信网络。天地一体化信息网络包括实体身份管理系统、卫星、信关站（GS）和陆地-卫星终端（TST，terrestrial-satellite terminal）。实体身份管理系统作为地面通信网络的重要组成部分，主要负责 IoTD、ME、TST、卫星以及地面站的注册过程。GS 通过地面通信网络连接到实体身份管理系统为 IoTD、ME、TST 以及卫星等实体提供与地面网络通信的接口。一般来说，一个 GS 管辖多个卫星。卫星作为天地一体化信息网络的接入节点，主要负责转发和处理 IoTD/ME 和其所属 GS 之间的通信数据。每个卫星都会存储其所属 GS 的临时身份信息。TST 是一个配有可操纵天线的专用终端，部署于海量 IoTD 周围，可转发 IoTD 与卫星之间的通信数据。IoTD 是物联网业务中的设备，主要分布于远程偏远地区。IoTD 通过天地一体化信息网络与地面通信网络中的用户进行通信，每个 IoTD 都有一个临时设备标识。ME 代表普通用户的卫星终端，且每个 ME 都配备一个唯一的设备标识。

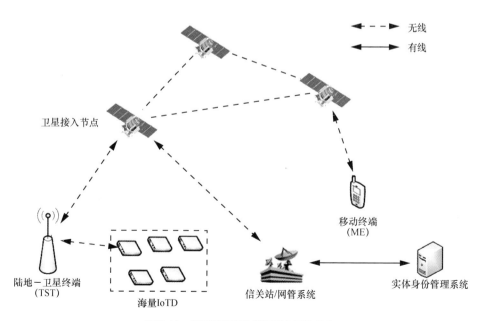

图 3-41　基于格密码的群组设备网络架构

协议设计的具体思路如下。首先，卫星、GS、ME、IoTD 等实体在投入使用之前会在地面完成注册过程，获得身份标识以及相应的公、私钥信息。随后，由于卫星与 GS 之间是通过不安全的空口进行连接，为了确保卫星节点与 GS 节点的合法性以及卫星与 GS 之间通信数据的机密性，每个 GS 与其管辖范围内的所有卫星利用注册过程获得的公、私钥完成双向认证与密钥预协商过程。预协商完成之后，合法的卫星和 GS 之间会建立一条安全的数据通道。最后，针对接入网络实体数量的不同，提供了两种差异化的接入认证服务。当海量 IoTD 并发激活接入天地一体化信息网络时，同一区域的海量 IoTD 构成一个临时群组与接入卫星节点执行群组设备接入认证流程，以此克服信令冲突问题。当单个 ME 或者 IoTD 接入天地一体化信息网络时，单个 ME 或者 IoTD 与接入卫星节点执行单个 ME/IoTD 的接入认证过程。在上述两个接入认证过程中，ME 或者 IoTD 都直接与卫星节点完成双向认证，且认证过程无须依赖于地面网络节点，因此可以大幅降低认证时延。与此同时，为防止恶意卫星窃取通信数据，每个 IoTD 与 GS 协商通信会话密钥，卫星节点无法获知后续 ME/IoTD 的通信数据。具体方案分为预协商过程以及海量 IoTD 并发接入认证过程。

安全性分析表明方案具有相互认证性、匿名性、密钥协商、前后密钥安全、抵抗重放攻击、抵抗假冒攻击等安全属性。

3.6.2.1　预协商过程

注册完成之后，基于格密码的群组设备接入认证预协商流程如图 3-42 所示，每个 GS 和其所管辖的卫星通过验证彼此的签名来完成相互认证，并且利用卫星的私有信息以及 GS 的密钥协商参数安全地协商出会话密钥。

（1）GS 调用算法 SamplePre$(T_G, H_1(M_G), \sigma)$ 生成签名 e_G，其中，$M_G \in \mathbf{Z}_2^{(m+1) \times r}$ 代表 GS 的有用信息。然后，GS 广播预协商请求消息 (M_G, e_G) 给其管辖的所有卫星。

（2）卫星接收到 GS 广播的预协商请求消息后，首先检查 $\| e_G \| \leqslant \sigma \sqrt{(m+1)}$。如果成立，卫星在其数据库中搜索其所属的 GS 的临时标识 TID_G，并且利用 GS 的公钥 $A_G = A_N \| \text{TID}_G$ 验证签名 $A_G e_G$ 是否等于 $H_1(M_G) \bmod q$。如果验证成功，卫星随机选择一个矩阵 $R_S \in \mathbf{Z}_q^{n \times r}$ 以及一个小系数噪声矩阵 $X_S \in \mathbf{Z}_q^{(m+1) \times r}$，按照等式 $C_S \equiv A_G{}^t R_S + 2 X_S + M_S \bmod q$ 加密隐私消息，$M_S \in \mathbf{Z}_2^{(m+1) \times r}$，其中，$M_S$ 代表卫星需要传输给 GS 的必要信息。另外，卫星调用算法 SamplePre$(T_S, H_1(M_S), \sigma)$ 生成签名 e_S。最后，卫星传输一个预协商响应消息 (C_S, e_S) 给 GS。

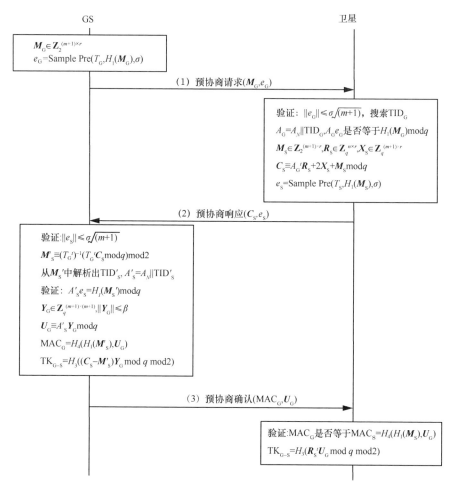

图 3-42　基于格密码的群组设备接入认证预协商流程

（3）GS 接收到预协商响应消息后，首先验证 $\|e_S\| \leqslant \sigma\sqrt{(m+1)}$。如果验证成功，GS 获取卫星的隐私信息 $\boldsymbol{M}_S' \equiv (T_G')^{-1}(T_G'\boldsymbol{C}_S \bmod q)\bmod 2$ 中解析出临时标识 TID_S'，然后获取卫星的公钥 $A_S' = A_N \| \text{TID}_S'$。随后，GS 通过检查等式 $A_S'e_S$ 是否等于 $H_1(\boldsymbol{M}_S')\bmod q$ 认证卫星。如果认证成功，GS 随机选择一个矩阵 $\boldsymbol{Y}_G \in \boldsymbol{Z}_q^{(m+1)\times(m+1)}$，满足 $\|\boldsymbol{Y}_G\| \leqslant \beta$。然后，GS 计算会话密钥协商参数 $\boldsymbol{U}_G \equiv A_S'\boldsymbol{Y}_G \bmod q$ 以及用于和卫星安全通信的会话密钥 $\text{TK}_{G-S} = H_3((\boldsymbol{C}_S - \boldsymbol{M}_S')\boldsymbol{Y}_G \bmod q \bmod 2)$。随后，GS 计算 $\text{MAC}_G = H_4(H_1(\boldsymbol{M}_S'), \boldsymbol{U}_G)$。最后，GS 发送一个预协商确认消息 $(\text{MAC}_G, \boldsymbol{U}_G)$ 给卫星。

（4）卫星接收到预协商确认消息后，通过检查 MAC_G 是否等于 $MAC_S = H_4(H_1(M_S), U_G)$ 认证 GS。如果认证成功，卫星计算用于和 GS 安全通信的会话密钥 $TK_{G-S} = H_3(R_S' U_G \bmod q \bmod 2)$。最后，卫星存储数据 U_G 用于未来认证过程中的密钥协商。

3.6.2.2 海量 IoTD 并发接入认证过程

当海量 IoTD 请求接入天地一体化信息网络时，它们构成一个临时的 IoT 群组执行认证流程，假设群成员的个数为 L。在此阶段，目标卫星通过验证单一半聚合签名和半聚合签名机制的辅助信息认证 IoT 群组，而每个 IoTD 通过检查哈希值认证卫星。与此同时，每个 IoTD 与 GS 基于 IoTD 的隐私信息、GS 的密钥协商参数协商出会话密钥。基于格密码的海量 IoTD 并发接入认证阶段流程如图 3-43 所示，具体步骤如下。

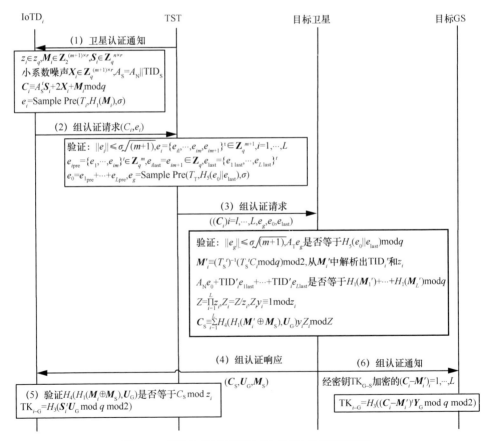

图 3-43 基于格密码的海量 IoTD 的接入认证阶段流程

（1）TST 监测到目标卫星出现后广播一个卫星认证通知消息并且启动一个时延定时器。

（2）每个需要接入天地一体化信息网络的 IoTD_i 接收到卫星认证通知消息后，随机选择一个素数 $z_i \in z_q$，一个矩阵 $\boldsymbol{S}_i \in \mathbf{Z}_q^{n \times r}$ 以及一个小系数噪声矩阵 $\boldsymbol{X}_i \in \mathbf{Z}_q^{(m+1) \times r}$。$\text{IoTD}_i$ 的隐私信息表示为一个二进制矩阵 $\boldsymbol{M}_i \in \mathbf{Z}_2^{(m+1) \times r}$，具体内容包括 z_i 以及其他用于认证的必要信息，例如临时标识 TID_i。然后，IoTD_i 借助于卫星的公钥 $A_S = A_N \| \text{TID}_S$ 采用等式 $\boldsymbol{C}_i \equiv A_S' \boldsymbol{S}_i + 2\boldsymbol{X}_i + \boldsymbol{M}_i \bmod q$ 加密 $\boldsymbol{M}_i$。最后，IoTD_i 调用算法 $\text{SamplePre}(T_i, H_1(\boldsymbol{M}_i), \sigma)$ 生成消息 $\boldsymbol{M}_i$ 的一个签名 e_i，并发送用户认证请求消息 $(\boldsymbol{C}_i, e_i)$ 给 TST。

（3）当计时器预定时间耗尽时，TST 首先验证所有接收到的签名 e_i 是否满足 $\| e_i \| \leqslant \sigma \sqrt{(m+1)}, i = 1, \cdots, L$。如果是，TST 按照如下步骤执行半聚合签名机制。首先，由于 $\boldsymbol{e}_i = \{e_{i1}, \cdots, e_{im}, e_{im+1}\}^t$ 是 $(m+1)$ 维向量，令 $\boldsymbol{e}_{i\text{pre}} = \{e_{i1}, \cdots, e_{im}\}$，$\boldsymbol{e}_{i\text{last}} = e_{im+1}$，$\boldsymbol{e}_{\text{last}} = \{e_{1\text{last}}, \cdots, e_{L\text{last}}\}^t$。然后，TST 按照等式 $\boldsymbol{e}_0 = \boldsymbol{e}_{1\text{pre}} + \cdots + \boldsymbol{e}_{L\text{pre}}$ 聚合所有的 $(\boldsymbol{e}_{i\text{pre}})i = 1, \cdots, L$ 为一个 $\boldsymbol{e}_0$。随后，TST 调用算法 $\text{SamplePre}(T_T, H_5(\boldsymbol{e}_0 \| \boldsymbol{e}_{\text{last}}), \sigma)$ 生成 $\boldsymbol{e}_g$ 并且发送一个群组认证请求消息给目标卫星，其中，请求消息内容包括半聚合签名 $\boldsymbol{e}_0$、$\boldsymbol{e}_g$、密文 $(\boldsymbol{C}_i)_{i=1, \cdots, L}$ 以及一些签名辅助信息 $\boldsymbol{e}_{\text{last}}$。

（4）目标卫星接收到群组认证请求消息后，首先验证 $\| \boldsymbol{e}_g \| \leqslant \sigma \sqrt{(m+1)}$ 和 $A_T \boldsymbol{e}_g$ 是否等于 $H_5(\boldsymbol{e}_0 \| \boldsymbol{e}_{\text{last}}) \bmod q$。如果验证成功，目标卫星通过等式 $\boldsymbol{M}_i' \equiv (T_S')^{-1}(T_S' \boldsymbol{C}_i \bmod q) \bmod 2$ 计算每个 IoTD_i 的隐私信息，其中，$(T_S')^{-1}$ 只需要在认证过程之前计算一次。然后，目标卫星从 $\boldsymbol{M}_i'$ 中获得每个 IoTD_i 的临时标识 TID_i' 和 z_i。进而，目标卫星按照等式 $A_N \boldsymbol{e}_0 + \text{TID}_1' e_{1\text{last}} + \cdots + \text{TID}_L' e_{L\text{last}}$ 是否等于 $H_1(\boldsymbol{M}_1') + \cdots + H_1(\boldsymbol{M}_L') \bmod q$ 验证签名。如果验证成功，目标卫星采用中国剩余定理产生哈希值，具体如下。

$$Z = \prod_{i=1}^{L} z_i, Z_i = Z \big/ z_i, Z_i y_i \equiv 1 \bmod z_i$$

$$\boldsymbol{C}_S \equiv \sum_{i=1}^{L} H_4(H_1(\boldsymbol{M}_i' \oplus \boldsymbol{M}_S), \boldsymbol{U}_G) y_i Z_i \bmod Z$$

最后，目标卫星发送一个群组认证响应消息 $(\boldsymbol{C}_S, \boldsymbol{U}_G, \boldsymbol{M}_S)$ 给 IoT 群组，其中，$\boldsymbol{M}_S$ 是用于通信的必要信息，而 $\boldsymbol{U}_G$ 是在预协商过程中从 GS 获得的。与此同时，目标卫星采用密钥 TK_{G-S} 加密参数 $(\boldsymbol{C}_i, \boldsymbol{M}_i')_{i=1, \cdots, L}$，并且将密文传输给 GS。

（5）IoTD$_i$ 接收到群组认证响应消息后，首先验证 $H_4(H_1(\boldsymbol{M}_i \oplus \boldsymbol{M}_S), \boldsymbol{U}_G)$ 是否等于 $\boldsymbol{C}_S \bmod z_i$。如果验证通过，IoTD$_i$ 计算会话密钥 $\text{TK}_{i-G} = H_3(\boldsymbol{S}_i' \boldsymbol{U}_G \bmod q \bmod 2)$。

（6）目标 GS 接收到群组认证通知消息后，计算用于和每个 IoTD$_i$ 安全通信的会话密钥 $\text{TK}_{i-G} = H_3((\boldsymbol{C}_i - \boldsymbol{M}_i')' \boldsymbol{Y}_G \bmod q \bmod 2)$，其中，$\boldsymbol{Y}_G$ 是在预协商阶段产生的。

执行完上述步骤之后，每个 IoTD$_i$ 和 GS 建立了一条安全的数据通道。

单个 ME/IoTD 的接入认证阶段如下。

当一个普通的 ME 或者单一的 IoTD（统一表示为 IoTD$_i$）请求接入卫星，它执行图 3-44 中的认证过程。在此过程中，目标卫星通过检验 IoTD$_i$ 的签名值认证 IoTD$_i$，而 IoTD$_i$ 通过检查哈希值认证目标卫星。与此同时，每个 IoTD$_i$ 和 GS 协商出一个会话密钥。

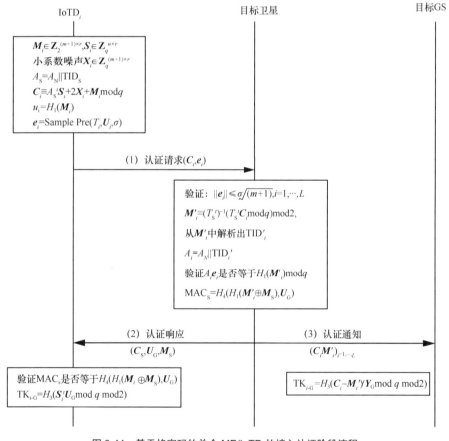

图 3-44　基于格密码的单个 ME/IoTD 的接入认证阶段流程

（1）当 $IoTD_i$ 请求接入卫星，它执行与海量 IoTD 的接入认证过程中步骤（2）相同的操作。最后，$IoTD_i$ 直接发送一个认证请求消息 (C_i, e_i) 给目标卫星。

（2）目标卫星接收到认证请求消息后，首先验证 $\| e_i \| \leqslant \sigma \sqrt{(m+1)}$ 是否成立。如果成立，目标卫星同样按照海量 IoTD 的接入认证过程中步骤（4）相同的操作计算出隐私信息 M'_i，并且从 M'_i 中获取临时标识 TID'_i。目标卫星计算 $IoTD_i$ 的公钥 $A_i = A_N \| TID'_i$。然后，目标卫星通过检查等式 $A_i e_i$ 是否等于 $H_1(M'_i) \bmod q$ 认证 $IoTD_i$。如果成功认证，目标卫星计算哈希值 $MAC_S = H_4(H_1(M'_i \oplus M_S), U_G)$，并且发送认证响应消息 C_S、密钥协商参数 U_G 以及目标卫星的有用信息 M_S 给 $IoTD_i$。同时，目标卫星发送一个认证通知消息给目标 GS，其中，消息内容包括加密后的 (C_i, M'_i)。

（3）$IoTD_i$ 接收到认证响应消息后，判断 MAC_S 是否等于 $H_4(H_1(M_i \oplus M_S), U_G)$ 以认证目标卫星。如果认证成功，$IoTD_i$ 计算会话密钥 $TK_{i-G} = H_3(S'_i U_G \bmod q \bmod 2)$。与此同时，目标 GS 接收到认证通知消息后，直接计算与每个 $IoTD_i$ 安全通信的会话密钥 $TK_{i-G} = H_3((C_i - M'_i)' Y_G \bmod q \bmod 2)$。

执行完上述接入认证过程之后，每个 $IoTD_i$ 与目标 GS 之间建立了一条安全的数据通道。

本机制的安全性分析如下。

（1）相互认证

本机制可以实现目标卫星与 IoT 群组设备之间的相互认证。一方面，目标卫星可以通过以下步骤对 IoT 群组设备进行身份验证。首先，TST 通过 $\| e_i \| \leqslant \sigma \sqrt{(m+1)}$ 检验该基本签名 e_i 的有效性，然后将签名与它的私钥 T_T 执行半聚合签名机制，将所有签名 e_0 转化为单个签名 e_0、e_g 和 e_{last}。接着，目标卫星验证 $\| e_g \| \leqslant \sigma \sqrt{(m+1)}$，$A_T e_g$ 是否等于 $H_5(e_0 \| e_{last}) \bmod q$ 以及 $A_N e_0 + TID'_i e_{1last} + \cdots + TID'_i e_{Llast}$ 是否等于 $H_1(M'_1) + \cdots + H_1(M'_L) \bmod q$，等效于验证每个 $IoTD_i$ 的签名。因此生成有效签名相当于解决 $ISIS_{q, m, \sigma \sqrt{(m+1)}}$。此外，由于只有指定的卫星能够获得每个 $IoTD_i$ 的 M_i 并进一步产生所述有效的 C_S，$IoTD_i$ 可以通过验证 C_S 是否等于 $H_4(H_1(M_i \oplus M_S), U_G) \bmod z_i$ 成功认证目标卫星。

（2）条件匿名和不可链接性

在本机制中，$IoTD_i$ 的临时标识取代了真实标识，包含在 M_i 中，并且采用了目标卫星的公钥 A_S 加密后传输。攻击者没有目标卫星的私钥不可能获得每个 $IoTD_i$ 的临时标识，且只有目标卫星和目标 GS 才可以获得临时标识。此外，只有实体身份管理系统可以从临时标识中解析出真实标识，因此本机制可以提供条件匿名性。另外，由于随机数 z_i 和随机矩阵 S_i 和 X_i 的使用，攻击者无法判断两条消息是否来自同一个 $IoTD_i$，因此本机制可以提供不可链接性。

（3）密钥协商和完美前向、后向安全

每个会话中的会话密钥依赖于参数 (C_i, M_i', Y_G) 或 (S_i, U_G)，其中，只有 C_i 和 U_G 是公开的。由上可知，攻击者不可能获得 M_i'，且从 $U_G \equiv A_S' Y_G \bmod q$、$\| Y_G \| \leqslant \beta$ 中算出 Y_G，等价于解决 $\mathrm{ISIS}_{q,m,\beta}$。与此同时，由于在每个密文 C_i 中都存在一个噪声矩阵 X_i，攻击者无法从 C_i 中计算得到 S_i，因此本机制可以安全地协商会话密钥。另外，即使 $IoTD_i$、目标卫星、目标 GS 的私钥都丢失，攻击者没有 S_i/Y_G 也不可能算出会话密钥，因此本机制可以保证完美前向、后向安全。

（4）抵抗重放、假冒和中间人攻击

由于在每个会话中都采用了随机数 z_i 和随机矩阵 (X_i, S_i)，本机制可以抵抗重放攻击。此外，IoT 群组和目标卫星成功完成了相互认证，因此提出的方案可以抵抗假冒攻击。进而，攻击者无法伪造为目标卫星或者 $IoTD_i$，因此本机制可以抵抗中间人攻击。

3.7 本章小结

星间/星地组网与终端接入认证是天地一体化信息网络安全保障的关键技术，适应天基/地基管控、天/空/地/临近空间节点异构互联、各类卫星终端与卫星节点处理能力非对称、全网链路信道特性各异等特征的组网认证与接入鉴权才能保障天地一体化信息网络的业务安全。本章详细介绍了高低轨卫星网络组网认证、星间/星地协同终端接入认证、断续连通场景下终端接入认证、面向低轨卫星网络的用户随遇接入认证、基于对称密码的群组设备接入与切换认证等机制，并对每一种认证机制进行了安全性分析。随着天地一体化信息网络的不断演化，未来需要设计与通信流程一体化的安全协议、无须地面参与的非交互式认证机制等。

参考文献

[1] 3GPP. 3GPP system architecture evolution (SAE); security architecture (Rel 17): TS 33.401

V17.1.0[S]. 2022.

[2] 3GPP. Security architecture and procedures for 5G system (Rel 17): TS 33.501 V17.5.0[S]. 2022.

[3] MA R H, CAO J, FENG D, et al. LAA: lattice-based access authentication scheme for IoT in space information networks[J]. IEEE Internet of Things Journal, 2019(4): 2791-2805.

[4] 朱辉, 武衡, 张林杰, 等. 适用于低轨卫星网络的星间组网认证系统及方法[P]. 陕西: CN109547213A, 2019.

[5] 朱辉, 武衡, 赵海强, 等. 适用于双层卫星网络的星间组网认证方案[J]. 通信学报, 2019, 40(3): 1-9.

[6] 朱辉, 武衡, 张之义, 等. 一种适用于双层卫星网络的星间组网认证系统及方法[P]. 陕西: CN108566240A, 2018.

[7] 曹进, 石小平, 李晖, 等. 融合双层卫星网络星地和星间组网认证方法、系统及应用[P]. 陕西: CN112953726A, 2021.

[8] 曹进, 马如慧, 李晖, 等. 一种多类型终端接入与切换认证方法、系统、设备及应用[P]. 陕西: CN112235792A, 2021.

[9] 曹进, 陈李兰, 马如慧, 等. 面向多类型终端的天地一体化网络接入与切换认证机制研究[J]. 天地一体化信息网络, 2021, 2(3): 2-14.

[10] 曹进, 马如慧, 陈李兰, 等. 卫星网络断续连通场景下的接入和切换认证方法及系统[P]. 陕西: CN112087750A, 2020.

[11] 石小平, 马如慧, 曹进, 等. 面向卫星网络断续连通场景的接入和切换认证机制研究[J]. 天地一体化信息网络, 2021, 2(3): 24-34.

[12] 朱辉, 陈思宇, 李凤华, 等. 面向低轨卫星网络的用户随遇接入认证协议[J]. 清华大学学报(自然科学版), 2019, 59(1): 1-8.

[13] 曹进, 马如慧, 李晖, 等. 适用于天地一体化的群组接入认证和切换认证方法及应用[P]. 陕西: CN112243235A, 2021.

[14] 张帅领, 陈李兰, 曹进, 等. 一种适用于 5G 卫星网络的海量终端匿名群组认证协议[J]. 通信技术, 2021, 54(5): 1199-1213.

第 4 章

全网安全设备统一管理

天地一体化信息网络部署了种类多样、厂商差异、技术体制不同的安全模块、安全设备或安全软件系统，这些设备广域部署，隶属于不同的管理域，需要进行全网设备统一管理。面向分级分层管理、安全差异化防护、安全防护资源切片、防护能力协同管理等应用需求，需要解决安全设备自动发现、网络拓扑自动构建、防护策略动态调整等方面的技术挑战。针对上述需求，本章重点介绍了天地一体化信息网络中安全设备管理模型、安全设备自动发现与网络拓扑构建、安全策略生成与下发等方面的关键技术与解决方案。

| 4.1 引言 |

天地一体化信息网络由天基骨干网、天基接入网和地基节点（网）等构成，其威胁将呈现多样化、复杂化和频繁化等特征。为保证天地一体化信息网络的安全运行，需要部署差异化的安全设备，配置有效安全策略。这些安全设备由不同厂商提供，其管理方式不同，且部署地域分散、关系分级、总数巨大，这使得天地一体化信息网络中安全设备管理存在如下问题。

（1）管理模式复杂：在天地一体化信息网络中，存在多个行政管理机构，设备管理存在同层协作、逐层/跨层管理等模式；且大量异构设备分布在多个管理域，这些设备承载了多种服务，服务频繁跨域交互；此外用户与设备关联关系错综复杂，不同管理指令前提条件和后置结果可能相互影响。这些原因导致天地一体化信息网络管理模式极其复杂。

（2）设备发现与拓扑构建难度大：天地一体化信息网络部署大量设备，其中部分设备是不可控的，无法采用人工方式发现设备并构建拓扑，需要自动发现设备并构建网络拓扑。然而自动发现设备与拓扑构建存在诸多挑战，如，防火墙等设备可能过滤或者虚假响应设备探测消息，影响设备发现结果的准确性；卫星及其终端设备周期性或非周期性高速运动，导致设备连接关系快速动态变化，相应地探测整个网域的设备连接关系难度大幅增加。

（3）设备配置工作量大：天地一体化信息网络将采用不同厂商的安全设备，厂商间没有统一的配置规范。即使配置同一类设备的同一种功能，也存在巨大的差异。管理员需要学习大量不同的配置语法，才能对域内不同的安全设备进行配置，导致设备配置效率低。

针对上述问题，本章介绍了安全设备管理模型、安全设备发现与网络拓扑构建、安全配置策略生成与下发等关键技术。其中，在安全设备管理模型中，将安全设备管理模型的核心规约到对指令交互的管理，归纳并形式化定义了指令系统的基本操作，给出了其安全规则以及监视和控制指令交互过程，并证明了安全规则可确保指令的可控性和机密性。

在安全设备发现与网络拓扑构建方面，将安全设备存活性探测分为设备存活性探测和设备基本信息提取两部分。针对设备存活性探测受网络环境干扰可能性大、探测准确率低、探测耗时大等问题，提出了设备存活性组合探测方法和协同探测方法；针对设备基本信息提取不准确的问题，利用公开数据集，多维度提取设备制造商、设备名称等信息；针对网络拓扑构建问题，提出了不可控网络设备拓扑的主动构建和可控网络设备拓扑的协同构建方法。

在安全策略生成与下发方面，介绍了基于动态模板的策略翻译及配置方法。该方法通过构建基于编码的策略翻译模板，利用编码简单、通用、易计算的特点，指导归一化策略向个性化配置命令行转换，同时通过关键词对比，保证策略配置的准确性。

| 4.2　安全设备管理模型 |

天地一体化信息网络中存在大量异构安全设备，这些设备隶属于不同的行政主体，由不同的厂商生产，具有差异化配置接口，这些特点使得安全设备管理复杂，经验化的管理方式不再适用于天地一体化信息网络，需要模型指导安全设备管理。针对该需求，本节界定了天地一体化信息网络的管理对象，设计了差异化的管理模式，提出了指令管控安全模型，支撑多层次异构互联网络中的亿级安全设备统一管理[1]。

4.2.1　管理对象

天地一体化信息网络管理者通过管理场景实现对管理对象的管理。按照天地一体化信息网络的"地面–卫星–终端"3 层结构，其管理范畴分为对地面安全设备的管理、对卫星安全设备的管理和对终端安全模块的管理，管理范围示意图如图 4-1 所示。其中，在地基节点（网）中，安全管理以网间安全互联网关和卫星安全接入网关为边界，网间安全互联网关是地面互联网、移动通信网等网络接入地基节点（网）的边界，卫星安全接入网关是天基骨干网、天基接入网接入信关站的边界，因此这两类网关内部署的安全设备或安全系统属于地面安全设备的管理范围；在天基骨干/接入节点网中，各类天基骨干/接入节点的相关状态信息（如其上部署的安全防护载荷中的认证信息、态势感知信息等）均通过运控系统发送给全网统一安全管理系统，因此部署在天基骨干/接入节点网内的安全设备或安全系统属于卫星安全设备的管理范围；终端包括接入天地一体化信息网络的各种用户终端安全模块。

管理对象包括安全终端、安全网关、密码装置、安全软件系统和通用安全设备等。其中，安全终端包括高速航天器终端、天基骨干网地面终端、Ka 大容量宽带便携/固定终端、高轨卫星移动终端、低轨星座手持/车载终端、Ku（FDMA）便携/固定终端、Ku（TDMA）便携/固定终端等；安全网关包括天基骨干卫星安全接入网关、宽带卫星安全接入网关、卫星移动安全接入网关、异构网间安全互联网关、地面网间安全互联网关等；密码装置包括服务器密码机、密码卡和密码模块等；安全软件系统包括身份认证管理系统、接入鉴权系统、网间互联安全控制系统、密码资源管理系统、威胁情报汇集系统、威胁融合分析与态势预警系统等；通用安全设备包括部署在地基节点（网）中的地基骨干节点、低轨卫星信关站、Ka 宽带卫星信关站、Ku 宽带卫星信关站、高轨卫星移动信关站中的不同厂商的防火墙、IDS 等。

4.2.2　管理模式

根据天地一体化信息网络的组网特征与信息流模型，天地一体化信息网络可划分为"1+N+1"级（$N \geqslant 0$），其中，第一个"1"为顶级管理层，也称总控层，部署在总控中心；"N"代表中级管理层，也称为弹性管理层，部署在地基骨干节点、低轨卫星信关站、Ka 宽带卫星信关站、Ku 宽带卫星信关站、高轨卫星移动信关站，各信关站间可根据信关站数量和实际需求进行多级管理；第二个"1"代表安全终端，称为终端层。

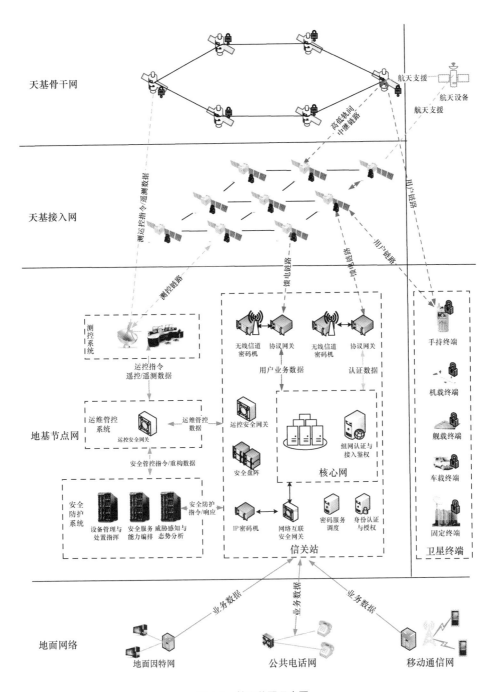

图 4-1 管理范围示意图

管理层级的划分依赖于行政管理划分、组织规模与任务量，图 4-2 给出了分层管理示意图。其中，顶层的主要职责是从整体利益出发，制定宏观管理策略，对系统实行统一指挥和综合管理；底层负责各项工作计划的执行，主要包括策略的接收、分解与执行等；在管理顶层和底层之间，依据网络的规模，可能存在零至多个中间层。分级管理过程为：管理顶层通过基于威胁信息、拓扑结构等信息生成管控指令，并分发给中层；中层接收到上层生成的管控指令后，依据自身局部信息和所获得的全局信息，对管控指令进行分解，获得在设备上可执行的指令；底层设备执行指令，并将执行效果反馈给中层或上层。下面对分层管理中的概念进行定义。

定义 4-1 管理域。管理域可用五元组 $\mathrm{MD} = (\mathbb{S}, \mathbb{O}, \mathbb{T}, \triangleright, \mathbb{OP})$ 表示。其中，$\mathbb{S} = \{s_1, \cdots, s_n\}$、$\mathbb{O} = \{o_1, \cdots, o_m\}$、$\mathbb{T} = \{t_1, \cdots, t_l\}$、$\mathbb{OP} = \{\mathrm{op}_1, \cdots, \mathrm{op}_k\}$ 分别为主体集合、客体集合、任务集合和操作集合，管理关系 $\triangleright$ 为 $\mathbb{S}$、$\mathbb{S} \cup \mathbb{O}$ 和 $\mathbb{T}$ 笛卡尔积的子集，即 $\triangleright \subseteq \mathbb{S} \times (\mathbb{S} \cup \mathbb{O}) \times \mathbb{T}$，$(s, u, t) \in \triangleright$ 表示执行任务 t 时，主体 s 可以支配或命令 u。

对于一项具体的任务，需要设计一系列的指令以完成任务，即指令依赖于任务而存在。在不引起歧义的情况下，为简化描述，下文将省略任务 t，即用 $(s, u) \in \triangleright$ 表示主体 s 有权支配主体 u。

给定 $s \in \mathbb{S}$，其管理辖域 $\mathrm{md}(s)$ 为所有被管辖对象形成的集合。

事实 1："有权支配"关系属于反对称关系，即若主体 s 能够支配主体 u，则主体 u 不能支配主体 s，形式地，$(s, u) \in \triangleright \to (u, s) \notin \triangleright$。

事实 2：同一个主体在某个场景下可能属于管理者，在另一个场景下可能属于被管理者。形式地，$\exists s, u, v \in \mathbb{S}.\{(s, u), (u, v)\} \subseteq \triangleright$。

事实 3：对于任意管理域，必定存在两个主体使得一个主体能支配另外一个主体，即 $\exists s, t \in \mathbb{S}.(s, t) \in \triangleright$。

定义 4-2 管理层次结构。令 $\mathbb{MD} = \{\mathrm{MD}_1, \mathrm{MD}_2, \cdots, \mathrm{MD}_n\}$ 为管理域集合，管理层次结构 $\mathrm{MH} = (\mathbb{MD} \times \mathbb{MD}, \succeq)$ 是 $\mathbb{MD}$ 上的支配关系，$\mathrm{MD}_1 \succeq \mathrm{MD}_2$ 当且仅当 MD_1 中存在主体 s，MD_2 中存在主体 u，并且主体 s 支配主体 u，形式地 $\mathrm{MD}_1 \succeq \mathrm{MD}_2 \leftrightarrow \exists s \in \mathrm{MD}_1 : \mathbb{S}.\exists t \in \mathrm{MD}_2 : \mathbb{S}.(s, t) \in \triangleright$，其中，$\mathrm{MD} : \mathbb{S}$ 表示管理域 MD 中的主体集。

从定义 4-1 和定义 4-2 可知，符号 $\triangleright$ 和 $\succeq$ 分别表示主体间的支配关系和管理域间的支配关系，由于很容易区分这两种支配关系，为了保持简洁，后文统一用 $\triangleright$ 表示主体间支配关系和管理域间支配关系。图 4-2 给出了 3 层管理示意图，相应地，管理模式包括如下 4 类。

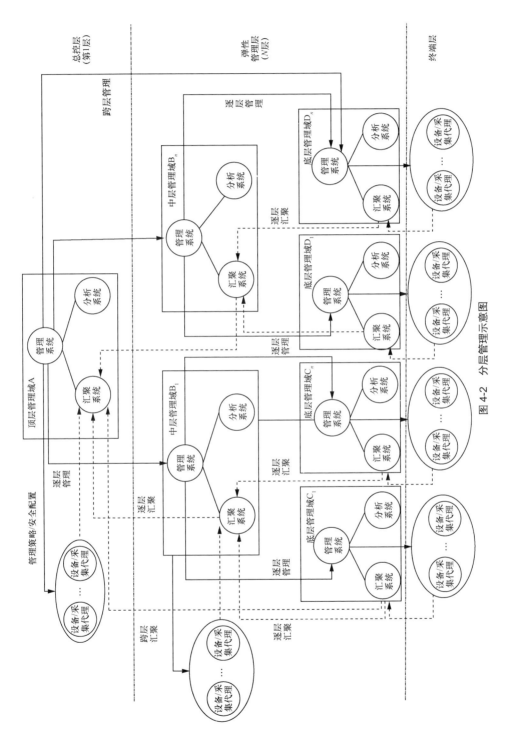

图 4-2　分层管理示意图

定义 4-3　主体间逐层管理。给定管理域 $MD = (\mathcal{S}, \mathcal{O}, \mathcal{T}, \triangleright, \mathbb{OP})$，如果满足如下条件，则 MD 为逐层管理：对于所有的 $s \in \mathcal{S}$ 和 $u \in \mathcal{S} \cup \mathcal{O}$ 使得 s 支配 u（即 $s \triangleright u$），并且不存在 $v \in \mathcal{S}$（$s \neq v$ 且 $u \neq v$）使得 $s \triangleright v$ 和 $v \triangleright t$ 成立。

定义 4-4　主体间跨层管理。给定管理域 $MD = (\mathcal{S}, \mathcal{O}, \mathcal{T}, \triangleright, \mathbb{OP})$，如果满足如下条件，则 MD 为跨层管理：存在主体 $s, u \in \mathcal{S}$ 和 $v \in \mathcal{S} \cup \mathcal{O}$ 使得 s 支配 v、s 支配 u，且 u 支配 v（即 $s \triangleright v$、$s \triangleright u$、$u \triangleright v$）。

定义 4-5　域间逐层管理。对于管理域集合 $\mathbb{MD}$ 和管理层次结构 MH，$\mathbb{MD}$ 中的任意管理域 MD_i 和 MD_j，其中，MD_i 和 MD_j 满足支配关系 $(1 \leq i, j \leq n, i \neq j)$。若不存在 MD_k（其中，$i \neq k$ 和 $j \neq k$）使得 $MD_i \triangleright MD_k$ 和 $MD_k \triangleright MD_j$ 同时成立，则 $\mathbb{MD}$ 上的管理关系为逐层管理。

定义 4-6　域间跨层管理。对于管理域集合 $\mathbb{MD}$ 和管理层次结构 MH，对于 $\mathbb{MD}$ 中的任意 MD_i、MD_j 和 MD_k（其中，$1 \leq i, j, k \leq n$），若 $MD_i \triangleright MD_j$ 和 $MD_j \triangleright MD_k$ 成立意味着 $MD_i \triangleright MD_k$，则 $\mathbb{MD}$ 上的管理关系为跨层管理。

4.2.3　管控安全模型

4.2.3.1　指令管控安全需求

不论是在主体间直接管理、间接管理还是在跨层管理中，对安全设备的管理均通过指令完成，因此安全设备管理的本质是指令管理。天地一体化信息网络中存在大量类型/功能各异的设备、需求差异的用户，因此需要采用在组织上分层、在安全上分域的方式管理。管理者根据其管理目的划分管理域，并通过指令对管理对象进行任务标识、目标确定、过程管控、规则设立等操作。从管理域上看，指令包括控制指令和协作指令两种。其中，控制指令指上层管理域向下层管理域下达的必须执行的指令或同管理域内管理者向被管理者下达的指令；协作指令指同层级间不同管理域的交互指令。指令管理在安全上应满足可控性需求和机密性需求，讨论如下。

1. 可控性需求

如果指令管理同时满足下列条件，则称为满足可控性需求：指令的所有操作（即生成、分发、分解、执行和执行结果反馈）仅被特定用户启动、中断和终止，且指令执行结果仅被特定用户知晓。具体地，若指令生命周期中每一过程分别满足下列条件，则指令满足可控性需求。

（1）在指令生成环节，一个主体可生成某控制指令，当且仅当其具有生成该指令的权限，且指令的执行域在该主体的管理域内或在该主体的下层管理域内；两个位于同层的不同管理域中的主体可生成协作指令，当且仅当其协作行为被其共同的上层管理域知晓并同意。

（2）在指令分发环节，控制指令仅可被具有分发权限的主体向其下层管理域分发；协作指令仅可在被共同的上层管理域同意分发的管理域间分发。

（3）在指令分解环节，指令仅可被具有分解权限的主体分解为子指令集合。

（4）在指令执行环节，控制指令只能被具有执行权限且满足安全约束的执行者执行。如果同层或更高层级的主体拥有相应权限，则该主体可启动、中断、停止该指令的执行，并获得指令的执行结果。

（5）在效果反馈环节，确保对指令操作（包括生成、分发、分解、执行）的结果仅能被具有相应权限的主体获得。

2．机密性需求

即确保指令不被泄露给非授权的用户、实体或进程。具体来说，指令生命周期中的每一过程分别满足下列条件，则指令满足机密性需求。

（1）在指令生成环节，确保按照预期设定密级、知悉范围、分解者和执行域。

（2）在指令分发环节，确保指令被分发给同等密级或更高密级、指定知悉范围内的用户、实体或进程。

（3）在指令分解环节，指令只能由相同或更高密级的主体分解，分解后指令的密级不高于分解前指令的密级，分解后指令知悉范围可宽于分解前指令知悉范围。

（4）在指令执行环节，指令只能被相同或更高密级的特定主体在特定管理域执行，且指令执行的结果只能被授权的对象所悉知，不能被非授权对象直接或间接获取。

（5）在效果反馈环节，指令的操作（包括生成、分发、分解、执行）结果只能被同级或更高密级的执行域内的主体获知。

4.2.3.2　指令管控基本操作

指令安全管理中，共有 5 个原子指令操作：指令生成（记为 $\overset{gnt}{\hookrightarrow}$）、指令分发（记为 $\overset{dist}{\hookrightarrow}$）、指令分解（记为 $\overset{dec}{\hookrightarrow}$）、指令执行（记为 $\overset{exe}{\hookrightarrow}$）和效果反馈（记为 $\overset{fdb}{\hookrightarrow}$）。为了简化描述，将操作集合 Θ 记为 $\Theta = \{ \overset{gnt}{\hookrightarrow}, \overset{dist}{\hookrightarrow}, \overset{dec}{\hookrightarrow}, \overset{exe}{\hookrightarrow}, \overset{fdb}{\hookrightarrow} \}$，令

$\mathbb{S} = \{s_1, \cdots, s_{n_s}\}$，$\mathbb{O} = \{o_1, \cdots, o_{n_o}\}$，$\mathbb{I} = \{i_1, \cdots, i_{n_i}\}$ 和 $\mathbb{D} = \{d_1, \cdots, d_{n_d}\}$ 分别表示主体集、客体集、指令集和设备集，本节中设备均为执行指令的载体，因此指令集合和设备集合均属于客体集（即 $\mathbb{I} \subseteq \mathbb{O}$，$\mathbb{D} \subseteq \mathbb{O}$）。表 4-1 给出了各种指令操作的含义。

表 4-1　指令操作的含义

指令操作	含义
$s \overset{\text{gnt}}{\hookrightarrow} \text{inst}$	主体 $s \in \mathbb{S}$ 创建指令 $\text{inst} \in \mathbb{I}$
$s \overset{\text{dist}}{\hookrightarrow} t, \text{inst}$	主体 $s \in \mathbb{S}$ 向主体 $t \in \mathbb{S}$ 发送指令 $\text{inst} \in \mathbb{I}$
$s \overset{\text{dec}}{\hookrightarrow} \text{inst}, \text{INST}$	主体 $s \in \mathbb{S}$ 将指令 $\text{inst} \in \mathbb{I}$ 分解为可数条指令（记为 m 条）集合 INST，即，$\text{INST} = \{j_1, \cdots, j_m\}$，其中，$j_k \in \mathbb{I}$ 分解后的指令，$1 \leqslant k \leqslant m$
$s \overset{\text{exe}}{\hookrightarrow} \text{inst}, r$	主体 $s \in \mathbb{S}$ 在设备 d 上执行指令 $\text{inst} \in \mathbb{I}$，获得执行结果 $r \in R$
$s \overset{\text{fdb}}{\hookrightarrow} (\text{op}, \text{inst}, r), u$	主体 $s \in \mathbb{S}$ 将对指令 inst 执行 op 操作的结果 r 反馈给 $u \in \mathbb{S}$，其中，op 为除效果反馈之外的任意操作，即 $\text{op} \in \Theta \setminus \{\overset{\text{fdb}}{\hookrightarrow}\}$

在效果反馈操作中，结果 $r = \langle \text{rs}, \text{output} \rangle$ 被用来记录操作结果，其中，rs 代表执行状态（如成功或失败），output 代表执行结果，上述各类操作的结果定义如下。

（1）指令生成。如果主体 s 生成了指令 inst，则 r 被设置为 $\langle \text{success}, \text{inst} \rangle$，否则 r 被设置为 $\langle \text{failure}, \text{null} \rangle$。

（2）指令分发。如果主体 s 发送了指令 inst，并且主体 t 成功接收了指令，则 r 被设置为 $\langle \text{success}, \text{null} \rangle$，否则 r 被设置为 $\langle \text{failure}, \text{null} \rangle$。

（3）指令分解。如果主体 s 将指令 inst 分解为指令集合 INST，则 r 被设置为 $\langle \text{success}, \text{INST} \rangle$，否则 r 被设置为 $\langle \text{failure}, \text{null} \rangle$。

（4）指令执行。如果主体 s 执行了指令 inst，则 r 被设置为 $\langle \text{success}, \text{output} \rangle$，否则 r 被设置为 $\langle \text{failure}, \text{null} \rangle$。

定义 4-7　指令知悉范围。给定关于任务 t 的指令 inst，用 $\text{cate}(\text{inst}, t)$ 表示关于任务 t 的指令 inst 的知悉范围。一般地，若主体 s 属于关于任务 t 的指令 inst 的知悉范围，且在任务 t 上主体 u 有权支配 s，则主体 u 属于指令 inst 的知悉范围。形式地，若 $s \in \text{cate}(\text{inst}, t)$ 且 $u(t) \triangleright s(t)$，则 $u \in \text{cate}(\text{inst}, t)$，其中，$u(t) \triangleright s(t)$ 表示在任务 t 上主体 u 可支配 s。

定义 4-8　指令类型。从功能角度，指令包括采集指令、配置指令和处置指令等，记为 $\text{iFunType} = \{\text{collectInstr}, \text{configInstr}, \text{respInstr}, \cdots\}$，其中，collectInstr、configInstr 和 respInstr 分别表示采集指令、配置指令和处置指令；从指令可否在设备上执行的

角度，指令包括两类：不可在设备上直接运行的复合指令和可在设备上直接运行的原子指令，记为 iDecType = {comInstr, atomInstr}，其中，comInstr 和 atomInstr 分别表示复合指令和原子指令；从控制的角度，指令可分为控制指令和协作指令两类，记为 iControlType = {conInstr, collaInstr}，其中，conInstr 是上层管理域支配下层管理所使用的指令，collaInstr 是同层不同管理域间的交互所使用的指令。

在分层管理中，上层管理域生成指令后需要下达给下层管理域，下层指令执行管理者负责指令接收与执行，并指派可信的分解者，结合所在上下文环境准确分解指令，确保指令可执行。例如，若上层管理域下达指令"关闭所有 A 网段的服务器"，则下层需要搜索 A 网段内所有服务器的 IP 地址，并向对应的指令执行者发送 shutdown 指令。指令分解的准确性依赖于诸多要素（如网络拓扑结构、业务系统等），这些要素内部和要素间存在错综复杂的关联关系，指令分解过程复杂。我们只关注指令管理模型，不涉及指令分解框架及分解方法[2]。为了简洁，对于指令分解者，做出如下假设。

假设 4-1　指令分解假设。指令分解是可信的，即：①指令分解者能确保指令分解前和分解存后语义的一致性；②指令分解者能准确地设置指令分解后的密级和知悉范围。

原子指令在设备上执行，每条原子指令可在不同设备上执行，同一设备上可执行不同的原子指令，因此原子指令和设备间是多对多映射关系，定义如下。

定义 4-9　指令执行域。令 NSTDEV $\subseteq \mathbb{I} \times \mathbb{D} \times \mathbf{N}^+$ 表示原子指令、设备和优先级间的多对多映射的执行关系，其中，$\mathbb{D}$ 为设备集合，$(inst, d, p) \in$ INSTDEV 表示指令 inst 可在设备 d 上以优先级 p 执行；给定指令 inst，其执行域 exedom(inst) 定义为 exedom(inst) = $\{d \in \mathbb{D} \mid (inst, d, p) \in$ INSTDEV$\}$。

定义 4-10　指令执行优先级。给定指令 inst，用函数 $p: \text{INST} \rightarrow \mathbf{N}^+$ 表示指令执行优先级，其中，$\mathbf{N}^+$ 为非负整数。给定指令 inst，函数值越高，其优先级越高。

指令执行优先级对确保指令管理的可控性具有重要意义：在指令执行过程中，若具有权限的用户发现指令执行异常，则可发送更高优先级的中断指令来中断异常指令的执行，从而确保执行过程可控。

为确保指令的机密性和可控性，应该保证以下两点：①指令由满足一定约束条件的主体生成，在知悉范围内满足一定密级条件的主体分发、分解和执行指令；②指令必须按照特定的路径分发，确保控制指令从上层管理域向下层管理域流动，协作指令可横向移动。由此可定义指令安全标签和主体安全标签如下。

定义 4-11 指令安全标签。指令安全标签由指令生成者、指令密级、知悉范围、指令执行管理者、指令分发者、指令分解者、指令执行者、指令类型、指令传播路径、指令执行域和指令执行优先级组成。形式地，给定指令 inst，用 sl(inst) 表示指令 inst 的安全标签，定义如下： sl(inst) = ⟨gen(inst) [①], cl(inst)， cate(inst)， exemana(inst)，dis(inst)，dec(inst)，exe(inst)，funtype(inst)，dectype(inst)，route(inst)，exedom(inst)，prio(inst)⟩。其中，gen(inst) 表示指令 inst 的生成者集合[②]；cl(inst) 表示指令 inst 密级，cate(inst) 是指令 inst 所允许的知悉范围；exemana(inst) ⊆ $\mathcal{S}$ 表示所允许的指令执行的管理者集合，管理者负责接收指令、选择指令分解者和执行者；dis(inst) ⊆ $\mathcal{S}$ 表示所允许的指令 inst 的分发者集合；dec(inst) ⊆ $\mathcal{S}$ 表示所允许的指令 inst 的分解者集合；exe(inst) ⊆ $\mathcal{S}$ 表示所允许的指令 inst 的执行者集合，funtype(inst) ∈ iFunType 表示指令 inst 的功能类型，dectype(inst) ∈ iDecType 表示指令 inst 是否是原子指令，route(inst) 表示允许的指令 inst 在网络中的传播路径集合，可采用网络传播链[3]来描述；exedom(inst) ⊆ $\mathbb{D}$ 表示允许的指令 inst 的执行域，是允许执行指令的所有设备的集合；prio(inst) 表示指令 inst 的执行优先级。

定义 4-12 主体类型。从指令管控的角度，主体类型包含 5 类：生成者、执行管理者、分发者、分解者、执行者，分别用 generator、executionmanager、distributor、decomposer 和 executor 表示。在实际中，一个主体可能拥有多个类型（例如，主体既可能为分解者，又可能为执行者），因此给定一个主体，其类型为集合 {generator,executionmanager,distributor,decomposer,executor} 的子集，即 stype(s) ⊆ {generator,executionmanager,distributor,decomposer,executor}。

定义 4-13 主体安全标签。主体安全标签由主体类型、主体所在管理域、主体密级组成。给定主体 s，其安全标签 sl 定义为三元组 sl(s) = ⟨stype(s), mandom(s), cl(s)⟩，其中，stype(s) 为主体类型，mandom(s) ∈ $\mathbb{MD}$ 表示 s 所在的管理域，cl(s) 表示主体 s 的密级。

在复杂网络环境中指令可在多个域间流动，例如，指令可以在一个管理域中产生，在指令分发过程中经过其他管理域，在最终的管理域执行。为建模此过程，受 BLP 模型[4]启发，我们定义了多域环境中的指令安全流转。首先定义多域环境的系

[①] 指令可由多个主体联合生成，其安全级别依赖于具体上下文环境，但是需要遵循执行生成规则。

[②] 一条策略可能由多个主体联合生成，因此，策略生成者是主体集合。

统状态，然后通过系统状态转移定义安全执行系统，最后证明在多域环境中指令流转过程可保持机密性和可控性。

定义 4-14　系统状态。系统状态可以表述为三元组的集合：当前状态集合 b、代表密级和知悉范围的安全级别函数 f、支配关系 $\triangleright$。形式地，系统安全状态 D 定义为三元组 $v = \{b, f, \triangleright\}$，第一个元组 $b \in P(\mathcal{S} \times \mathcal{O} \times \mathbb{OP})$，表示在多域环境下主体在客体上的操作权限，其中，主体可以为任意管理域中的任意主体类型；第二个元组 $f \in F(f_s, f_o, f_t)$ 表示安全级别函数，其中，f_s 表示主体最大密级和知悉范围，f_o 表示客体密级和知悉范围，f_t 表示主体执行任务 t 时的密级和知悉范围；最后一个元组表示支配关系 $\triangleright$ 的多对多映射。

定义 4-15　安全指令系统。根据系统中各主体执行的操作角度，安全指令系统可以被定义为初始状态 z_0、系统输入 input、系统输出 output 和（input，output，state）的序列，其中，初始状态 z_0 满足一系列的行为序列 W，形式地，$\varSigma(\text{IN}, \text{OUT}, W, z_0)$ 表示安全指令系统。

IN 表示系统输入，包括：①改变当前状态，例如，添加一个状态元组 (s, o, op) 到当前状态集合 b 中，具体地，主体 s 对客体 o 执行生成、分发、分解、执行及获取反馈操作；②改变安全级函数，即改变客体的安全级别或改变主体的当前安全级别；③改变主体间或域间的支配关系。

OUT 表示系统输出，包括：①接受，代表操作被允许执行；②拒绝，代表操作被禁止执行。

$W \subseteq \text{IN} \times \text{OUT} \times V \times V$ 表示系统行为集合，其中，V 是定义 4-14 中定义的系统安全状态的集合。

4.2.3.3　指令管控安全规则

根据 4.2.3.2 节所示，指令管理基本操作只有满足一定规则才能执行，为简化描述，给定管理层级 $\text{MH} = (\mathbb{MD} \times \mathbb{MD}, \succeq)$ 和管理域中的主体 $s \in \text{MD} : \mathcal{S}$ 概念，定义符号表示如下。

$\text{dominatingDomain}(s) = \{\text{MD} \in \mathbb{MD} \mid \exists t \in \text{MD} : \mathcal{S}.s \triangleright t\}$ 表示主体 s 支配的管理域集合。

$\text{currDomain}(s) = \{\text{MD} \in \mathbb{MD} \mid s \in \text{MD} : \mathcal{S}\}$ 表示主体 s 当前所在的管理域集合。

$\text{isDominatedDomain}(s) = \{\text{MD} \in \mathbb{MD} \mid \exists t \in \text{MD} : \mathcal{S}.t \triangleright s\}$ 表示支配主体 s 的管理域

集合。

$\mathrm{UBofDomain}(s,u) = \{\mathrm{MD} \in \mathbb{MD} \mid s \in \mathrm{MD}_1 : \mathscr{S} \wedge u \in \mathrm{MD}_2 : \mathscr{S} \to \mathrm{MD} \rhd \mathrm{MD}_1 \wedge \mathrm{MD} \rhd$ $\mathrm{MD}_2\}$ 表示主体 s 和主体 u 所在管理域的上层管理域集合。

$\mathrm{LUBofDomain}(s,u) = \{\mathrm{MD} \in \mathrm{UBofDomain}(s,u) \mid \forall \mathrm{MD}_1 \in \mathrm{UBofDomain}(s,u). ((\mathrm{MD}_1 \neq$ $\mathrm{MD}) \to (\mathrm{MD}_1 \rhd \mathrm{MD}))\}$ 表示主体 s 和主体 u 所在管理域的最小上确界管理域。

$\pi_{\mathcal{O}}(\mathrm{mandom}(s))$ 表示主体 s 所在管理域部署的设备集合。

规则 4-1 指令生成规则。主体 s 能够生成指令 inst，当且仅当条件规则和义务规则同时成立，其中，条件规则定义如下。

（1）主体 s 的类型为指令生成者，且主体 s 接收到其执行管理者的安全需求。

（2）指令 inst 的密级不大于主体 s 和其执行管理者的当前密级。

形式地，条件规则描述如下。

$$\frac{\mathrm{generator} \in \mathrm{stype}(s) \wedge \mathrm{exemana}(\mathrm{inst}) \rhd s \wedge \mathrm{cl}(\mathrm{inst}) \leqslant \max(\mathrm{cl}(s), \mathrm{cl}(\mathrm{exemana}(\mathrm{inst})))}{s \overset{\mathrm{gnt}}{\hookrightarrow} \mathrm{inst}}$$

义务规则定义如下。

（1）主体 s、执行管理者和指令分发者属于指令 inst 的知悉范围。

（2）指令 inst 的执行域属于主体 s 的当前管理域或者其支配的管理域。

（3）若指令 inst 的执行域属于主体 s 支配的管理域，则主体 s 所在管理域的分发者必须属于指令 inst 的知悉范围集合和允许的分发者集合；主体 s 支配的管理域中的执行管理者必须属于指令 inst 的知悉范围集合和允许的执行管理者集合。

（4）若指令 inst 属于原子指令，则指令 inst 的执行者属于指令 inst 的知悉范围；否则指令 inst 的分解者属于指令 inst 的知悉范围。

注意：指令生成后，指令的生成者需要将新生成的指令发送至其执行管理者。形式地，义务规则描述如下。

$$\frac{s \overset{\mathrm{gnt}}{\hookrightarrow} \mathrm{inst}}{}$$

$(\{s \bigcup \mathrm{exemana}(\mathrm{inst})\} \subseteq \mathrm{cate}(\mathrm{inst})) \wedge (\mathrm{exedom}(\mathrm{inst}) \subseteq \pi_{\mathcal{O}}(\mathrm{currDomain}(s)$ $\bigcup \pi_{\mathcal{O}}(\mathrm{domanatingDomain}(s))\}) \wedge (\mathrm{exedom}(\mathrm{inst}) \subseteq \pi_{\mathcal{O}}(\mathrm{domanatingDomain}(s))$ $\to \exists u, t \in \mathscr{S}. \mathrm{distributor} \in \mathrm{stype}(u). \mathrm{executionmanager} \in \mathrm{stype}(t). u \in$ $\mathrm{currDomain}(s). t \in \mathrm{domanatingDomain}(s). (\{u \bigcup t\} \subseteq \mathrm{cate}(\mathrm{inst}) \wedge u \in \mathrm{dis}(\mathrm{inst})$ $\wedge t \in \mathrm{exemana}(\mathrm{inst}))) \wedge (\mathrm{inst} : \mathrm{iDecType} = \mathrm{atomInstr} \to \mathrm{exec}(\mathrm{inst}) \subseteq$ $\mathrm{cate}(\mathrm{inst})) \wedge (\mathrm{inst} : \mathrm{iDecType} = \mathrm{comInstr} \to \mathrm{dec}(\mathrm{inst}) \subseteq \mathrm{cate}(\mathrm{inst}))$

规则 4-2 指令分发规则。主体 s 能向主体 u 发送指令 inst，仅当 s、u 和 inst 满足如下条件。

（1）主体 s 的类型为分发者，且主体 s 拥有指令 inst 。

（2）主体 u 的密级大于或等于指令 inst 的密级。

（3）主体 u 属于指令 inst 的知悉范围。

（4）若指令 inst 为控制指令，则主体 u 位于主体 s 所支配的管理域；若指令为协作指令，则主体 s 和主体 u 互不支配，且协作指令被主体 s 和主体 u 的最小上确界管理域许可分发。

形式地，指令分发规则描述如下。

$$\frac{\begin{array}{l}\text{distributor} \in \text{stype}(s) \wedge \text{own}(s,\text{inst}) \wedge \text{cl}(u) \geqslant \text{cl}(\text{inst}) \wedge u \in \text{cate}(\text{inst}) \\ \wedge(\text{inst} : \text{iControlType} = \text{conInstr} \rightarrow (u \in \text{dominatingDomain}(s) \wedge s \rhd u)) \\ \wedge(\text{inst} : \text{iControlType} = \text{collaInstr} \rightarrow (s \not\rhd u \wedge u \not\rhd s \wedge \exists t \in \text{LUBofDomain} \\ (s,u).\text{allowed}(\text{inst},t)))\end{array}}{s \overset{\text{dist}}{\hookrightarrow} u, \text{inst}}$$

其中，allowed(inst,t) 表示主体 t 允许指令 inst 分发。

规则 4-3 指令分解规则。主体 s 能将指令 inst 分解为 INST ，仅当满足如下条件。

（1）主体 s 的类型为分解者，且主体 s 拥有指令 inst 。

（2）主体 s 的密级大于或等于指令 inst 的密级。

（3）分解所得指令的密级小于或等于指令分解前的密级。

注意：指令分解后，指令的分解者需要将分解后的指令集发送至其执行管理者。INST 被视为新指令，所以需要同时遵循指令生成规则。分解后所获得的指令执行域可大于分解前的执行域，分解后所获得的指令知悉范围可宽于分解前的知悉范围。

形式地，指令分解规则描述如下。

$$\frac{\text{decomposer} \in \text{stype}(s) \wedge \text{own}(s,\text{inst}) \wedge \text{cl}(s) \geqslant \text{cl}(\text{inst}) \wedge \forall j \in \text{INST}.(\text{cl}(j) \leqslant \text{cl}(\text{inst}))}{s \overset{\text{dec}}{\hookrightarrow} \text{inst}, \text{INST}}$$

规则 4-4 指令执行规则。主体 s 能执行指令 inst 并生成执行结果 r，仅当满足如下条件时。

（1）主体 s 属于指令 inst 的执行者，且主体 s 拥有指令 inst 。

（2）主体 s 的密级大于或等于指令 inst 的密级。

（3）主体 s 属于指令 inst 的知悉范围。

（4）主体 s 在指令 inst 的执行域内，且指令 inst 为原子指令。

注意：如果指令 inst_1 可中断指令 inst_2 ，则指令 inst_1 的优先级高于指令 inst_2 的

优先级。

形式地，指令执行规则描述如下。

$$\frac{\text{executor} \in \text{stype}(s) \wedge \text{own}(s,\text{inst}) \wedge \text{cl}(s) \geqslant \text{cl}(\text{inst}) \wedge s \in \text{cate}(\text{inst}) \wedge}{\text{exedom}(\text{inst}) \subseteq \pi_\mathcal{O}(\text{mandom}(s)) \wedge \text{inst} : \text{iDecType} = \text{atomInstr}}{s \overset{\text{exe}}{\hookrightarrow} \text{inst}, r}$$

规则 4-5　指令效果反馈规则。主体 s 能将指令 inst 的执行结果 r 反馈给主体 u，仅当满足如下条件时。

（1）主体 s 拥有指令执行结果 r。

（2）主体 u 的密级大于或等于指令 inst 密级和指令 inst 执行结果 r 的密级。

（3）主体 u 属于指令 inst 的知悉范围。

（4）若指令 inst 为控制指令，则主体 u 可支配主体 s；若指令 inst 为协作指令，则主体 u 为指令 inst 的协作者，且主体 u 和主体 s 互不支配。

形式地，指令效果反馈规则描述如下。

$$\frac{\text{own}(s,r) \wedge \text{cl}(u) \geqslant \max(\text{cl}(\text{inst}), \text{cl}(r)) \wedge u \in \text{cate}(\text{inst}) \wedge ((\text{inst} : \text{iControlType} = }{\text{conInstr} \rightarrow u \rhd s) \wedge (\text{inst} : \text{iControlType} = \text{collaInstr} \rightarrow s \not\rhd u \wedge u \not\rhd s))}{s \overset{\text{fdb}}{\hookrightarrow} (\text{op}, \text{inst}, r), u}$$

规则 4-6　指令拥有规则。若主体 s 生成或接收到指令 inst，则主体 s 拥有指令 inst；若主体 s 执行指令 inst，则主体 s 拥有指令 inst 的执行效果。

形式地，指令拥有规则描述如下。

（1）$(s \overset{\text{gnt}}{\hookrightarrow} \text{inst} \vee \text{recv}(s,\text{inst})) \leftrightarrow \text{own}(s,\text{inst})$。

（2）$s \overset{\text{dec}}{\hookrightarrow} \text{inst}, \text{INST} \leftrightarrow \text{own}(s,\text{INST})$。

（3）$s \overset{\text{exe}}{\hookrightarrow} \text{inst}, r \leftrightarrow \text{own}(s,(\text{inst},r))$。

4.2.3.4　指令管控安全性分析

命题 4-1　机密性命题。对所有主体 s 和指令 inst 的操作结果 r，①若指令 inst 的密级高于主体 s 的密级，则主体 s 不拥有指令 inst；②若指令 inst 的操作结果 r 的密级高于主体 s 的密级，则主体 s 不拥有指令 inst 的操作结果 r。形式地，

$$\forall s \in \mathbb{S}. \forall \text{inst} \in \mathbb{I}. \forall r \in \mathbb{R}. ((\text{own}(s,\text{inst}) \vee \text{own}(s,\text{INST})) \rightarrow (\text{cl}(s) \geqslant$$
$$\text{cl}(\text{inst})) \wedge (\text{own}(s,(\text{inst},r)) \rightarrow \text{cl}(s) \geqslant \text{cl}(r)))$$

证明：对①和②的证明均用反证法，下面仅证明①。假设主体 s 拥有指令 inst，即

own(s,inst) 或 own(s,INST) 成立，由指令效果反馈规则（规则 4-5）可知，
$s \stackrel{\mathrm{gnt}}{\hookrightarrow} \mathrm{inst} \vee \mathrm{recv}(s,\mathrm{inst}) \vee s \stackrel{\mathrm{dec}}{\hookrightarrow} \mathrm{inst},\mathrm{INST}$ 成立，即要么主体 s 创建了指令 inst，要么主体 s 接收到了指令 inst，要么主体 s 将指令 inst 分解为指令集合 INST，下面分别讨论。

（1）若主体 s 创建了指令 inst，由指令生成规则（规则 4-1）可知，cl(s) ≥ cl(inst)。

（2）若主体 s 能接收指令 inst，由指令分发规则、分解规则和执行规则（规则 4-2、规则 4-3、规则 4-4）可知，主体 s 的密级大于或等于指令 inst 的密级，即 cl(s) ≥ cl(inst)。

（3）若主体 s 将指令 inst 分解为指令集合 INST，由指令分解规则（规则 4-3）可知，主体 s 的密级大于或等于指令 inst 的密级，指令 inst 的密级大于或等于指令集合 inst 中任意指令的密级。

由（1）、（2）和（3）可知，若 own(s,inst) ∨ own(s,INST)，则有 cl(s) ≥ cl(inst)，这与 cl(s) < cl(inst) 矛盾，所以①成立。同理可证明②。

从上面的证明可看出，任一主体不能获取高于自身密级的指令或指令执行结果，称为机密性定理。

命题 4-2　可控性命题。若任意指令只能从支配者向被支配者流动，任意指令执行结果只能从被支配者向支配者流动，指令执行后必须获得其执行结果，则称指令管理规则满足可控性命题。指令流示意图如图 4-3 所示。

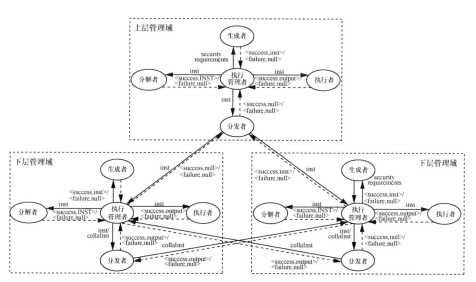

图 4-3　指令流示意图

证明：该命题可以显而易见地从规则 4-1～规则 4-6 得出。

命题 4-3 系统安全状态命题。安全指令系统 $\varSigma(\mathrm{IN},\mathrm{OUT},W,z_0)$，在任何初始状态 z_0 下满足安全规则，当且仅当系统行为序列 $(\mathrm{in},\mathrm{out},(b,f,\rhd),(b',f',\rhd'))$ 满足如下条件时。

① 每个状态元组 $(s,o,\mathrm{op})\in b'-b$ 均满足安全规则。

② 每个不满足安全规则的状态元组 $(s,o,\mathrm{op})\in b$，均不在 b' 中。

证明：（ $\Rightarrow$ ）使用反证法证明定理的充分性。假设存在系统行为 $(\mathrm{in}_t,\mathrm{out}_t,v_{t-1},v_t)$ 使得以下之一成立。

（1）存在状态元组 (s,o,op) 在集合 b_t-b_{t-1} 中，但是不满足安全规则。

（2）存在不满足安全规则的状态元组 $(s,o,\mathrm{op})\in b_t$ 在 b_{t-1} 中。

假设（1）和假设（2）均说明存在 (s,o,op) 在 b_t 中，但是不满足安全规则，因此，存在 v_t 不满足安全规则，即存在初始状态 z_0，安全指令系统 $\varSigma(\mathrm{IN},\mathrm{OUT},W,z_0)$ 不满足安全规则，这与前提相矛盾。

（ $\Leftarrow$ ）使用归纳法证明定理的必要性。假设初始状态 $z_0=(b,f,\rhd)$ 满足安全规则，对于 $t<n$，$z_{t-1}=(b_{t-1},f_{t-1},\rhd_{t-1})$ 是安全的。

$b_t=(b_t-b_{t-1})\bigcup(b_t\bigcap b_{t-1})$ 并且 $(b_t-b_{t-1})\bigcap(b_t\bigcap b_{t-1})=\varnothing$，若状态元组 (s,o,op) 在 b_t 中，则 (s,o,op) 在 (b_t-b_{t-1}) 或者 $(b_t\bigcap b_{t-1})$ 中。假设 (s,o,op) 在 (b_t-b_{t-1}) 中，则根据条件（1），(s,o,op) 满足安全规则；假设 (s,o,op) 在 $(b_t\bigcap b_{t-1})$ 中，则根据条件（2），(s,o,op) 满足安全规则，所以 z_t 满足安全规则，任意 $(\mathrm{in},\mathrm{out},(b,f,\rhd),(b',f',\rhd'))$ 满足安全规则。

由以上证明可看出，如果当前状态集合 b 中的每个状态都满足安全规则，则安全状态 $(b,f,\rhd)$ 满足安全规则；如果系统中所有状态满足安全规则，则整个指令系统满足安全规则。

| 4.3　安全设备发现与网络拓扑构建 |

实现安全设备统一管理的必备条件之一是实时动态地获取网络拓扑，但天地一体化信息网络具有天基节点高速移动、地面终端随机接入等特征，导致网络拓扑结构快速动态变化。如何自动发现安全设备、准确判断设备在网状态和设备间连接关系成为实现统一安全管理亟待解决的基础性问题。针对上述问题，本节介绍了安全设备自动发现、网络拓扑动态构建等关键技术，以实现网络拓扑的准确获取，支撑天地一体化信息网络的统一安全管理。

4.3.1　安全设备自动发现

安全设备自动发现指自动探测天地一体化信息网络安全设备的存活性,并获取相应的设备信息。为此将安全设备存活性探测分为设备存活性探测和设备基本信息提取两部分。在设备存活性探测方面,提出了设备存活性组合探测和设备存活性协同探测;针对设备基本信息提取不准确的问题,利用现有数据集和部分协议开放等特征,多维度地关联和提取设备制造商、设备名称等信息,提升信息提取的准确性。

4.3.1.1　设备存活性组合探测

防火墙等安全设备会对探测数据包进行过滤处理,影响设备存活性探测的准确性。因此,为满足在天地一体化信息网络环境下探测准确性的需求,我们设计了设备存活性组合探测方案,该方案组合利用 TCP、ICMP、ARP 等协议在不同网络环境下各自的探测优势,提升设备存活性探测的准确率,存活性组合探测方法如图 4-4 所示。具体探测步骤如下。

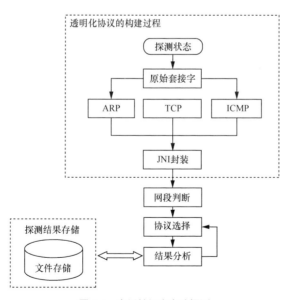

图 4-4　存活性组合方法探测

(1)利用原始套接字构建多种存活性探测方法,并通过 JNI 封装这些底层方法,为上层应用提供服务。

（2）根据网段筛选协议，若目标地址和探测源在同一网段，则利用 ARP 进行存活性探测，否则选择 TCP 进行探测。

（3）对探测的结果进行分析，如果某一网段内的所有目标地址都存活，则需要进一步进行探测，对可疑的目标地址调用 ICMP 进行存活性探测，然后与步骤（2）中的探测结果取交集处理，筛选出存活的目标设备。

（4）对存活性探测的结果进行处理，处理方式分为两种，一种是按 XML 格式持久化存储在文件中，且每次探测的结果都会覆盖上次的数据，以保证及时更新探测结果；另一种方式考虑到该探测模块也为其他子系统提供探测服务，因此采用基于 thrift 框架的 RPC 远程调用服务对探测结果进行处理。

设备存活性组合探测方法通过对多种探测协议进行组合，发挥了各个探测方法的优势，降低了探测过程的网络负载，并降低了防火墙等安全设备对探测结果的影响。

4.3.1.2　设备存活性协同探测

针对设备存活性探测的高耗时、收敛慢等问题，采用 Fork/Join 框架[5]实现协同探测。该过程包括两部分：任务分割、探测结果合并，存活性探测任务分割与合并架构如图 4-5 所示。其中，任务分割是将目标 IP 地址集按给定的分割阈值划分成多个互不依赖的存活性探测子任务，如果这些子任务内部互不依赖，则可继续划分，直到内部相互依赖为止；在每个子任务执行结束后，对所有的探测结果执行合并操作，得到最终的探测结果。

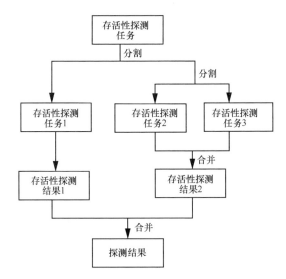

图 4-5　存活性探测任务分割与合并架构

由于各线程所负责的存活性探测任务耗时不同,为了减少线程间的竞争,需要将任务分别放到不同的同步队列中,为每个同步队列创建一个线程来执行队列里的任务。为了避免少量线程完成大部分任务而其余线程任务队列空闲的情况,设计负载均衡机制,即让先完成任务的线程去帮助剩余任务量最多的线程完成任务,以充分利用多线程并行计算,减少存活性探测的耗时,提高探测效率,存活性协同探测如图 4-6 所示。

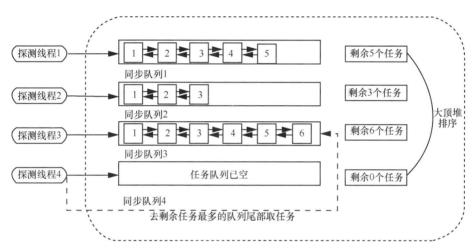

图 4-6　存活性协同探测

具体的设备存活性探测性能优化过程如算法 4-1 所示。首先,对目标任务集进行均匀切割,得到若干个不大于给定阈值的任务块;当不能继续进行任务分割时,则将当前目标地址集合生成对应的探测任务,并存放在对应的同步队列中;然后进行协同探测,即依照任务量对同步队列排序,得到剩余任务量最大和最小的同步队列,分别记为 queueMax 和 queueMin。同步队列 queueMin 从同步队列 queueMax 的尾部 poll 探测任务,帮助其进行存活性探测。

算法 4-1　*存活性探测性能优化算法*

输入　　targetAddress,synchronousQueues,threshold//目标集,同步队列数组,阈值

输出　　resAddress//存活性探测的结果集

procedure aliveDetec (targetAddress, synchronousQueues, threshold)

　　//对进行分割,并根据给定阈值判断任务是否还可以分割

　　for address ∈ targetAddress do

```
canCompute←targetAddress.isfork()
if canCompute is True then
    targetAddress.forkAddress (thershold)
end if
if canCompute is False then
    leftTask←leftAddress.forkDetec()//生成探测子任务
    rightTask←rightAddress.forkDetec()//生成探测子任务
    synchronousQueues.pushTask(address)//将分割好的任务放入一个同步队列
end if
```

end for

synchronousQueues.heapSort()//按各同步队列中剩余任务量的大小进行排序

readAddress←taskWorkTogether (synchronousQueues)

end procedure

4.3.1.3 设备基本信息提取

1. 基于字符匹配的设备信息提取

现有设备信息主要采用<Key, Value>结构来存储,如 MAC 制造商数据条目以 <48-AD-08, HUAWEI TECHNOLOGIES CO.LTD>形式存储,其中以 48-AD-08 为 MAC 起始地址表示该网卡是由华为技术有限公司生产的;当探测到网卡地址时,可以网卡地址的前 24 位作为索引,进行字符串匹配,从而获得目标设备的网卡制造商信息。

为了高效地提取设备信息,采用了哈希方式,其核心思想为:把数据集中<Key, Value>中 Key 当作键,并将 Key 通过哈希映射为整型数值,Value 作为制造商信息以字符串的形式存储。当获取到远程设备 Key 时,取其前半部分按同样的算法进行哈希映射,即可从内存中取出对应的制造商信息。

在天地一体化信息网络中存在海量的安全设备,设备信息数据规模大、数量多,为尽可能避免哈希碰撞,保证数据集分布尽量均匀,采用两步方式进行哈希映射:首先将字符串哈希映射成整型值,再将整型值通过哈希算法映射为哈希码 H。具体如式(4-1)所示,其中,S 为字符串转换后的字符数组,L 为字符数组的长度。

$$H = S[0] \times 31(L-1) + S[1] \times 31(L-2) + \cdots + S[L-1] \tag{4-1}$$

如式（4-2）所示，为尽量避免哈希碰撞，需对式（4-1）中生成的结果再次进行哈希，其中，N 表示哈希表数组的长度。由于不可能将一个规范的哈希表设计为特别大的数组，所以若直接进行 hash&($n-1$)，则会导致所有第一次映射时得到的哈希码高位被直接屏蔽掉，只有最低几位有效。这样即使第一次哈希的算法实现效果优良，仍难以避免发生碰撞。第二次哈希对第一次哈希结果的低位添加了随机性，并且混合了高位的部分特征，扰乱了低位的信息，可显著减少碰撞冲突的发生，第二次哈希过程如下。

$$H = (n-1) \& (H^\wedge(H >>> 16)) \tag{4-2}$$

对式（4-2）中的算法举例说明，最终计算出的哈希数组的下标为 5，哈希映射示例如图 4-7 所示。

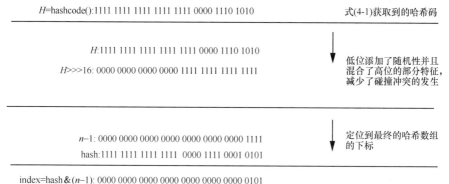

图 4-7　哈希映射示例

经过哈希算法的处理，将已有的数据集加载到内存中进行哈希映射，当探测到远程目标设备的 Key 时，按同样的算法进行哈希映射，得到当前设备的制造商信息，可减少字符串匹配的耗时。

2. 基于开放协议的设备信息提取

为了准确地探测设备名称，可同时利用 mDNS 服务和 NetBIOS 服务提取设备名称。

（1）利用 mDNS 协议提取设备名称

mDNS 协议只在局域网内部使用，并规定使用该协议的主机域名必须为 ".local" 结尾。每个接入局域网并开启了 mDNS 服务的主机都会以多播方式发送一个消息，该消息包含本主机的 "域名" 和 "IP 地址"。其他开启该服务的主机也会响应此消息，并反馈自己的"域名"和"IP 地址"。设备需要使用查询服务时会通过 mDNS 查询域名对应的 IP 地址，对应的设备收到该报文后同样通过多播方式应答，此时其他主机收到该应答报文后并记录域名、IP 地址以及 TTL 等信息，更新自己的缓存。由于 mDNS 使用的协议格式与 DNS 协议一致，故在进行目标设备的设备名称查询时，可用 DNS 查询协议。具体探测步骤如下。

①根据 IP 地址，生成 mDNS 数据包唯一标识符。

②采用多播方式发送 mDNS 查询请求数据包。

③接收响应数据包，判断响应包中的唯一标识符和请求包中是否一致。

④计算域名的偏移指针。

⑤根据偏移指针解析出目标设备的域名。

在解析响应数据包时需要注意，当数据包中出现重复域名时，现有的协议会使用指针偏移方式来压缩域名以节约空间。

（2）利用 NetBIOS 协议提取设备名称

NetBIOS 协议提供了 3 类软件服务：数据报服务、命名服务、会话服务，NetBIOS 协议服务分类如图 4-8 所示[6]。该方式主要利用命名服务来提取远程设备的名称，默认情况下，NetBIOS 命名服务使用 UDP 的 137 端口进行通信。

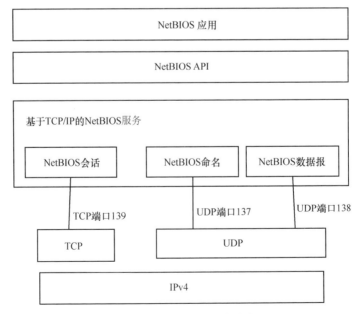

图 4-8　NetBIOS 协议服务分类

NetBIOS 命名服务解析字段见表 4-2，NetBIOS 命名服务协议包括 2 个部分：固定部分和可变部分。其中，设备名称等信息存储在可变部分，发送命名服务请求数据包可获取到命名服务响应数据包，通过解析回答记录字段中的名称数组来获取具体的远程设备名称。

表 4-2　NetBIOS 命名服务解析字段

数据分类	字段项	数据解释	
固定部分	标识	事务 ID，占 16bit，请求方为每次名字服务请求设定 ID，响应方在响应报文中填入该 ID	
	代码和标志	请求/响应	占 1bit，声明是请求还是响应报文
		操作码	占 4bit，声明报文的类型
		期望递归	占 1bit，是否期望递归
		广播	占 2bit，是否是广播
		响应码	占 4bit，指示请求的结果
	问题数	占 16bit，问题记录字段的问题数量，如果是响应报文则为 0	
	回答数	占 16bit，在该字段记录回答的数量	
	权威记录数	占 16bit，在该字段中记录权威记录的数量	
	附加记录数	占 16bit，在附加记录字段中的记录数量	
可变部分	数据（分别对应固定部分的字段）	问题记录	若干字节，用于描述问题类型、问题名称等
		回答记录	若干字节，用于描述应答名称数组、统计等
		权威记录	若干字节，用于描述权威记录的具体信息
		附加记录	若干字节，用于描述附加记录的具体信息

4.3.2　网络拓扑动态构建

设备连接关系的构建是网络拓扑构建的核心部分，由于天地一体化信息网络环境中卫星、通信终端等节点周期/非周期性移动，如何快速、准确、高效地构建当前网络的拓扑结构是严峻挑战。为解决上述问题，我们提出了节点关系动态构建方法。具体地，将天地一体化信息网络的节点划分为可控节点和不可控节点。针对不可控节点，可采用主动式探测来构建设备连接关系；针对可控节点，采用协同式探测构建设备连接关系；最后，针对主探测节点单点故障问题，提出了主探测节点分布式选举的方法，保证主探测节点出现故障时仍能正常运行。

4.3.2.1 面向不可控节点的拓扑主动构建

1. 主动探测策略

Donnet 等[7]提出了一种双向树（DoubleTree）算法，该算法的基本思想是将整个目的地址集划分为几个大小相等的地址子集，该集合的基本组成单元是<目的地址，中间接口>二元组，用来保存探测源点对目的地址进行向前探测时所发现的中间接口；此外，每个探测源点都单独拥有一个本地停止集合，该集合的基本组成元素为<中间接口>形式，用来保存在探测源节点对目的地址进行向后探测过程中所发现的接口。但由于 DoubleTree 算法在大规模网络拓扑测量中存在信息交换量大的问题，为了降低整个测量过程的通信量，对每个目的地址采用布隆过滤器（Bloom filter）来存储向前探测时的全局停止集，并为每个布隆过滤器设置标志位，用于表示当前目的地址的全局停止集数据是否曾经更新。如果曾经更新，源节点间才可交换数据。考虑到每个目的地址对应的中间接口数量不同，布隆过滤器的大小取决于中间接口数量的最大值。

令探测源点数量为 s，每个目的地址所对应的中间接口平均数量为 $K(s)$，目的地址数量为 d，二元组总数量为 $T(d)$，则有 $K(s)=T(d)/d$。若 s 固定，则 $K(s)$ 为常数[8]，即在探测源点一定的情况下，随着目的地址的数量增加，每个目的地址所对应的中间接口平均数量保持不变。用 $M(s)$ 表示中间接口数量的最大值，如式（4-3）所示。

$$M(s) = (1+s)^2 \times K(1)/2 \qquad (4\text{-}3)$$

其中，$K(1)$ 表示在 1 个探测源点的情况下的平均接口数量。

为了降低映射的误判率，根据布隆过滤器误判率公式（4-4）可知，布隆过滤器的长度需要远大于元素数量。

$$P = \left(1 - \left[1 - \frac{1}{m}\right]^{kn}\right)^k \approx (1 - e^{-kn/m})^k \qquad (4\text{-}4)$$

其中，n 为元素数量，k 为哈希的次数，m 为布隆过滤器的长度。

令布隆过滤器单个元素的占用空间大小为 R，则分配的布隆过滤器大小 B 为：

$$B = R \times (1+s)^2 \times K(1)/2 \qquad (4\text{-}5)$$

定义目的地址总量为 D，目的地址子集的秩为 Ds。为了执行对比，对改进前的 DoubleTree 算法所产生的停止集也使用布隆过滤器进行压缩，但是采用不同的压缩方式，仅对所有种子探测节点的共享全局停止集进行压缩。改进前的通信量为：

$$C = R \times T(D) = R \times D \times (1+s) \times K(1) \tag{4-6}$$

改进后的通信量为：

$$C' = \text{Ds} \times B = \text{Ds} \times R \times (1+s)^2 \times K(1) / 2 \tag{4-7}$$

由此可得：

$$C' / C = [(1+s) / 2] \times (\text{Ds} / D) \tag{4-8}$$

从式（4-7）可看出，在探测源点不变的情况下，如果划分的目的地址子集 Ds 越小，则改进后的探测源点间的通信量也越小。

2．设备间连接关系构建

设备关系的构建流程分为如下 6 个步骤。

（1）初始化。将目的地址划分为具有相同数量的子集。初始化全局停止集 G 和本地停止集 L。同时，确定初始跳数 h，并根据式（4-5）为每个目的地址子集分配布隆过滤器。

（2）探测源点设定目的地址子集。

（3）从目的地址子集中选取一个目的地址 D 进行探测。

（4）探测源点对目的地址 D 向前探测：以 h、$h+1$、$h+2$ 等跳数对目的地址 D 进行向前探测，当探测到接口 I 时，若 I 不是目的地址 D，且<D, I>不属于全集停止集 G，将<D, I>加入 G，并将 D 所对应的布隆过滤器更新标签设置为 1，继续向前探测，否则停止对 D 向前探测，转而对其向后探测。

（5）对目的地址向后探测：以 $h-1$、$h-2$ 等跳数向后探测，如发现接口 I 不为探测源点并且<I>不在本地停止集 L 中，则将 I 加入 L 中，继续向后探测；否则，停止对 D 探测，对下一个目标地址重复步骤（3）～步骤（5）。

（6）当探测点探测完目标子集时，探测源点间交换更新标签为 1 的布隆过滤器，更新完毕后，将更新标签设置为 0，继续对下个目的地址子集重复步骤（2）～步骤（5）。

采用主动方式构建设备关系示意图如图 4-9 所示。

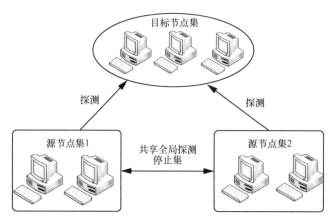

图 4-9　采用主动方式构建设备关系示意图

4.3.2.2　面向可控节点的拓扑协同构建

1. 探测状态转换

为解决可控节点的拓扑协同构建方案存在探测效率低、耗时大等问题，本节针对本系统有权限控制的安全设备，介绍了基于代理节点的应用层协同设备关系构建方案。设备间关系构建的数据交互包主要有 3 种：探测数据包、响应数据包、边关系数据包。

监测节点包含 4 种功能，分别为：①监听并响应邻居节点的探测数据包；②记录当前时间轮，并定时清理当前轮所产生的全局数据；③计算探测目标集，并向目标集发送探测包；④接收响应探测包，构造拓扑关系，并向种子节点发送数据。

协同拓扑探测时，监测节点有 4 个状态：监听状态、响应状态、探测状态、交互状态。根据上述分析，设备之间的通信由请求事件触发，不同的触发事件收发的信息类型不同。面向可控节点的拓扑协同构建本质上是一个反应式系统，即对输入的响应不仅与输入性质有关，而且与系统当前状态有关，因此可由有限状态机 M 描述，M 包含了 5 个参数，形式化如下：

$$M = (S, \varepsilon, Z, \delta, \varphi)$$

其中，$S=\{s_0, s_1, \cdots, s_n\}$ 为具有 n 个状态的有限集合。程序运行时，在实时事件的触发下，状态机从某一状态转移到另一状态，$\varepsilon = \{\varepsilon_0, \varepsilon_1, \cdots, \varepsilon_m\}$ 为具有 m 个输入事件的有限集；当设备的状态发生转移时，会执行某一动作，即输出。$Z=\{z_0, z_1, \cdots, z_r\}$ 为具有 r 个输出的有限集合。δ 为状态转移函数，它表示在当前状态下输入某个事件后的一下状态，即：

$$\delta: S \times \varepsilon \to S$$

φ 为输出函数，它表示输入与状态到输出的映射，即：

$$\varphi: S \times \varepsilon \to Z$$

协同探测时节点状态转换图如图 4-10 所示，描述了具有 4 个状态、8 个实时事件、4 个执行动作的安全设备发现状态机。其中，s_0、s_1、s_2、s_3 状态分别表示节点的监听状态、响应状态、探测状态、交互状态；输入事件有限集中，ε_0 表示无任何输入，ε_1 表示节点收到探测数据包，ε_2 表示该轮探测的时间片结束，ε_3 表示代理节点获取到与其协同探测的代理节点的 IP 地址，ε_4 表示代理节点收到与其协同探测的节点返回的响应数据包，ε_5 表示代理节点检测到当前设备的目标地址同步队列不为空，ε_6 表示检测到当前需要探测的网络地址已被标记，ε_7 表示代理节点检测到本设备的目标地址同步队列为空，即本轮中所有的目标地址都与其完成了协同探测；输出有限集中，z_0 表示无任何输出，z_1 为输出切换代理节点的状态，z_2 为输出计算出的目标探测地址集，z_3 为输出同步队列中目标地址集的状态。

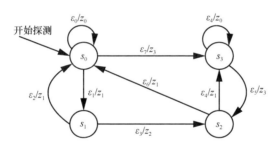

图 4-10　协同探测时节点状态转换图

监听状态 s_0 在收到探测数据包这一事件 ε_2 后，转换成响应状态 s_1，状态 s_1 在结束时间片后转换成 s_0 状态；当处于响应状态的节点收到事件 ε_3 的触发时，会执行动作 z_2，对目标地址集进行过滤，然后转到探测状态 s_2。

2．设备间连接关系构建

协同设备关系构建流程如图 4-11 所示，面向可控节点的拓扑协同构建流程如下。

（1）初始化监听线程，并开启定时清理线程（当探测轮次结束后，定时清理目标地址集合）。

（2）接收探测请求、获取自身设备信息，构造并发送响应数据包。

（3）计算目标地址集，构造并向目标集发送探测数据包。

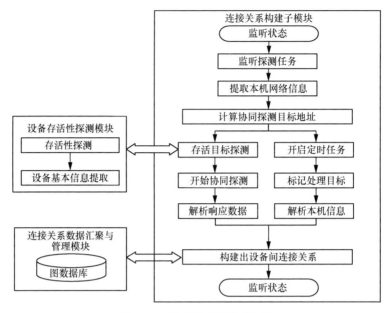

图 4-11　协同设备关系构建流程

（4）接收目标地址集返回的探测数据包，构建并向拓扑汇聚中心发送边关系数据包。

（5）回到监听状态，等待下次时间轮的到来。

算法的关键是如何区分当前探测轮次和上一探测轮次，如果不能区分探测轮次，则拓扑图与实际拓扑会可能存在不一致。为了区分探测轮次，需要标记已探测的网段，具体做法如下：如果当前节点收到来自某个网段的探测包，则标记该网段；若当节点为探测状态时，则仅向未被标记的网段发送探测包。由于在一次探测中只会探测一个网段，因此可以通过网段被标记的次数判断当前轮次，进而区分探测轮次。

在设备关系协同构建时，采用的协同探测协议报文格式如图 4-12 所示。下面解释首部字段和可变数据单元。

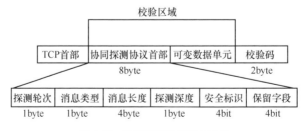

图 4-12　协同探测协议报文格式

（1）协同探测协议首部

协同探测协议首部包括 6 个字段，分别为探测轮次、消息类型、消息长度、探测深度、安全标识、保留字段 6 个部分。具体介绍如下。

①探测轮次。探测轮次字段主要用于标识当前探测的轮次，以区分不同探测轮次的结果，同时为基于版本标记的数据增量更新提供依据，初始时值为 0，字段大小为 1byte。

②消息类型。消息类型用于说明协议可变数据单元（PDU，protocol data unit）的报文类型。在进行协同探测时，除了发送探测数据包，各探测节点还会反馈响应数据包等，因此设计了满足多种类型数据包的可变数据单元，字段大小为 1byte，消息码类型说明见表 4-3。

表 4-3　消息码类型说明

报文类型	消息码	报文功能
初始化协同探测报文	0x01	协同探测启动时的初始化报文
协同构建的探测报文	0x02	各代理节点协同探测时的探测报文
存活性响应报文	0x03	代理节点响应存活性探测时的反馈报文
协同构建的响应报文	0x04	代理节点收到探测信息后，向与本机物理相连的节点反馈自身信息
边关系报文	0x05	协同探测时构建出的边关系数据包
配置信息报文	0x06	各节点汇报本机的网络配置信息

③消息长度。标识整个数据包，包含协议头部数据的数据长度，字段大小为 4byte。

④探测深度。各协同构建节点在收到处理探测报文，并响应探测源的设备后，向与自身物理相连的其他节点发送探测数据包，此时的探测深度会进行自增，探测深度字段大小为 1byte。

⑤安全标识。安全标识字段标识该数据包是否进行加密和校验处理，采用 4bit 标记该信息。

⑥保留字段。保留字段用于版本修订时添加其他字段。

（2）协同探测协议可变数据单元

协同探测协议可变数据单元主要有 3 种类型，分别为边关系探测数据包、边关系响应数据包、边关系数据包，这 3 种数据包的字段含义分别见表 4-4、表 4-5 和表 4-6。

表 4-4　边关系探测数据包字段含义

字段名称	字段大小	字段含义
srcIP	8byte	源 IP 地址
srcMask	8byte	本机子网掩码

表 4-5　边关系响应数据包字段含义

字段名称	字段大小	字段含义
deviceID	32byte	被探测节点设备的设备 ID
deviceType	32byte	被探测节点设备的设备类型
time	8byte	获取到响应数据包的时间

表 4-6　边关系数据包字段含义

字段名称	字段大小	字段含义
curDeviceID	32byte	当前设备 ID
curDeviceType	32byte	当前设备的类型
curIP	8byte	当前节点的 IP 地址
curMask	8byte	当前节点的子网掩码
nextDeviceID	32byte	下连设备 ID
nextDeviceType	32byte	下连节点的设备类型
nextIP	8byte	下连节点的 IP 地址
nextMask	8byte	下连节点的子网掩码

4.4　安全策略生成与下发

天地一体化信息网络中，大量不同类型、不同功能的安全设备由不同厂商提供。为确保天地一体化信息网络正常运行，管理员需要对所有设备进行配置。由于这些设备对外提供的配置命令格式不同，人工逐一配置存在效率低、正确性低等问题。为了解决该问题，本节介绍了我们设计的安全设备策略统一描述语言和策略归一化映射方法，阐述了安全设备统一策略配置、安全策略生成与下发过程，可实现安全设备的统一管理，支撑应急指挥调度[9-10]。

4.4.1　安全设备策略统一描述

安全设备策略是用于描述安全设备行为规则的集合，不同安全设备的安全策略描述方式差异（即使为实现相同的功能，不同安全设备安全策略的语法也可能不同）。为了实现对设备进行统一管理，需要对安全策略进行统一描述，并将之实例化为不同模板，以此兼容不同类型设备的配置。

如式（4-9）所示，策略 C 是由 Sub、Oper、Obj 和 Param 构成的四元组，其中，Sub 表示策略的生成与发送者，Obj 表示策略的接收与执行者，Type 表示策略类型（如包过滤、连接关闭等），Param 表示策略参数。

$$C = \{< \text{Sub}, \text{Obj}, \text{Type}, \text{Param} >, \cdots\} \tag{4-9}$$

Sub、Obj、Param 可统一用式（4-10）来描述。其中，F 为策略元素，表示 Sub、Obj 或 Param；N 为元素编码，V 为元素值。

$$
\begin{aligned}
F &= N : V; F \\
F &= N : [V]; F \\
F &= \varnothing
\end{aligned}
\tag{4-10}
$$

如式（4-11）所示，参数类型包括 3 种类型，分别为数值、枚举值、字符串值，用 n、e、s 表示。

$$V = n \cup e \cup s \tag{4-11}$$

如式（4-12）所示，若参数值类型为枚举型，其具体值用符号"|"分隔，表示该值是 $e_1 \sim e_n$ 中的一个，且需要被符号"[ ]"包括起来。一条策略包括多个由参数编码和参数值组成的键值对，参数编码与参数值之间通过冒号分隔，键值对之间由分号分隔。

$$e = e_1 | e_2 | \cdots | e_n \tag{4-12}$$

策略类型 Type 的语义定义如式（4-13）所示。

$$
\begin{aligned}
\text{Type} &= N : T; \\
\text{Type} &= \varnothing;
\end{aligned}
\tag{4-13}
$$

其中，$T=n\bigcup s$。

基于上述定义的统一策略格式，归一化的策略描述格式示例如下。

PolicyType_SerialNum : *PolicyType*;

PolicyObject_SerialNum : *PolicyObj*;

PolicySubject_SerialNum : *PolicySub*;

Parameter1_SerialNum: [*Parameter1-1*| *Parameter1-2*|···];

Parameter2_SerialNum :*Parameter2*;

Parameter3_SerialNum : *Parameter3*;

······

其中，正体字为元素编码（即式（4-10）和式（4-13）中的 N），斜体字为参数值（即式（4-10）和（4-13）中的 V 或 T）。该策略采用编码表示策略元素，采用键值对的方式表示元素及其对应值。

基于该描述方式，可对差异化的命令求并集，得到归一化策略模板，以此兼容各类设备；并且可定义新的策略或对参数进行扩展，动态获得新的模板，以此支持未来的新命令。

4.4.2　归一化策略翻译

策略翻译是将归一化的策略转换为设备个性化策略。为了保障策略翻译的可扩展性和精准有效性，在动态模板基础上通过策略校验和策略映射这两个步骤，实现归一化策略向个性化策略的翻译，确保策略翻译的可扩展性。

4.4.2.1　归一化策略校验

为使归一化策略能适配多种类的安全设备，提升安全设备的个性化配置能力，需采用求并集的方式对已有设备策略参数进行归一化编码。值得注意的是：某些参数间存在依赖关系，因此在配置时需要校验配置的参数是否满足依赖关系。为此本节介绍了基于编码的策略校验算法。该算法提取设备各异的配置需求，构建策略校验模板，并在策略映射前校验策略，筛选设备能识别的参数，计算这些参数能否满足设备需求。

策略参数关系示例如图 4-13 所示，图 4-13 给出了两种防火墙（分别称这两种防火墙为防火墙 A 和防火墙 B）的数据包过滤命令组，这两种防火墙具有如下特征：

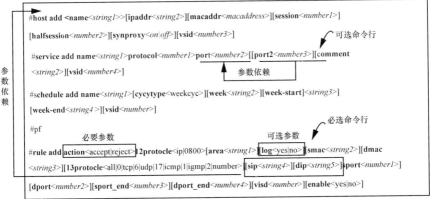

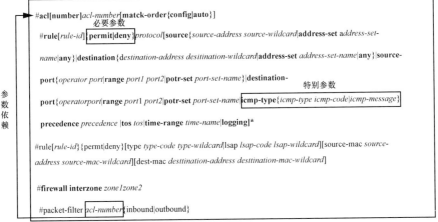

图 4-13　策略参数关系示例

（1）数据包过滤能力差异。防火墙 A 可以根据网络数据包协议、IP 地址等参数进行判断处理，而防火墙 B 的配置参数更加丰富，如可以对 LSAP 等参数进行设置。

（2）参数/命令间存在依赖关系。如在为防火墙 A 配置 IP 数据包过滤之前，必须先通过命令行定义该 IP 地址对象，而后引用该对象配置过滤规则。

（3）具有不同的必选和可选参数。如防火墙 A 的配置命令中，网络二层协议号是必选项，目的 MAC 地址是可选参数。

在策略翻译中若不考虑上述 3 个特征，将导致翻译不准确、翻译后的命令组无法识别等问题。针对该问题，设计了统一策略校验算法，如算法 4-2 所示。其核心思想是，删除统一策略中目标设备不能识别的参数，而后校验策略中是否包含目标设备必选参数及其依赖参数；若校验不通过，则校验失败；最后删除策略中目标设备的可选参数及其不完整的依赖参数，形成校验后的统一策略，从而减轻管理员的策略配置难度，减少误配置。为了保证策略翻译的准确性和可扩展性，需要依据设备配置命令需求构建策略校验模板，并动态添加入策略模板库中。

算法 4-2 统一策略校验算法

输入 统一策略的参数编码集合 S，策略校验模板 TP

输出 校验通过或失败

for $i \in S$ do

    if $i \notin$ TP then

        del S(i)

    end if

end for

for $j \in$ TP do

    if j 是必选的 and $j \notin S$ then

        return False

    end if

    if $j \in S$ and j 依赖的参数 $\notin S$ then

        del $S(j)$ and del $S(j$ 依赖的参数)

    end if

end for

return True

4.4.2.2 归一化策略映射

虽然不同类型的安全设备个性化配置策略存在差异，但至少存在一条配置命令行，其中，配置命令行由命令标识符、提示词和提示符组成。为了保证有效的策略翻译，我们定义了策略翻译统一模板，以实现归一化策略映射。

策略翻译模板由组成该策略中所有命令行的翻译模板组成，命令行翻译模板语法如式（4-14）所示，其中，S 表示单条命令行翻译模板；A 为每行命令行的开始标识符，如式（4-15）所示，由符号"@"或者符号"#"组成，"@"符号表示当条命令行为当前策略的可选命令行，"#"符号表示当条命令行为当前策略的必选命令行；B 为每行命令行的实际内容，如式（4-16）所示，可以为 $[KNP]B$、$KNPB$ 或者 $\varnothing$ 的形式，其中，K 表示命令标识符，N 为参数编码，P 表示目标设备的参数格式，如式（4-17）所示，其中，pattern 为目标设备能识别的格式信息。KNP 组成命令行参数模板的基本信息，若某参数不是必选参数，则用"[ ]"符号表示。

$$S = AB \tag{4-14}$$

$$A = @ \mid \# \tag{4-15}$$

$$B = [KNP]B; \mid KNPB; \mid \varnothing \tag{4-16}$$

$$P = < \text{pattern} > \tag{4-17}$$

从个性化策略向策略翻译模板的映射思路为：使用统一提示字符串@或#标识命令行的开始，填充目标设备识别格式模板，构建策略翻译模板。图 4-14 给出了模板构建示例，在该图的第一条命令行中，命令标识符 "host add" 用于提示设备该条命令行的功能，因此翻译模板中保留该命令标识符；而用于提示用户需要填充具体 IP 地址提示字符串 "string2" 不需要被设备识别，基于归一化策略中的 IP 地址参数的编码，修改其为对应的编码值，并在其后续用 "<>" 符号连接，并填充 "%d.%d.%d.%d" 表示该设备需要识别点分十进制的 IP 地址格式。

A 防火墙数据包过滤命令组

```
#host add<name<string1>>[ipaddr<string2>][macaddr<macaddress>][session<number1>]
[synproxy<on|of>][vsid<number3>]
  …
  #rule add action<accept|reject>12protocol<ip|0800> …
```

A 防火墙数据包过滤命令模板

```
@host add name srcIP_SerialNum[ipaddr srcIP_SerialNum<%d.%d.%d.%d.>][macaddr
srcMAC_SerialNum<%2x.%2x.%2x.%2x.%2x.%2x.>][session session_SerialNum] …
@host add name dstIP_SerialNum[ipaddr dstIP_SerialNum<%d.%d.%d.%d.>][macaddr
dstMAC_SerialNum<%2x.%2x.%2x.%2x.%2x.%2x.>][session session_SerialNum] …
  #rule add action action_SerialNum<accept|reject>12protocol<ip|0800> …
```

图 4-14 模板构建示例

将个性化的策略命令组重构为翻译模板后,即可指导将统一的策略转换为个性化的策略。翻译过程示例如图4-15所示,具体过程如下。

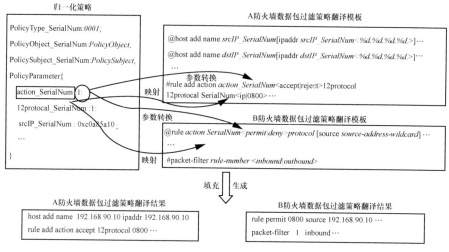

图 4-15　翻译过程示例

（1）参数映射。由于策略归一化中已将参数统一编码,因此基于编码,解析归一化策略中每个参数编码,在翻译模板找到每个编码中出现的所有位置,并获取目标格式。

（2）格式转换。根据翻译模板中参数后的目标格式,对归一化格式的参数进行转换,形成设备能识别的参数格式。如将归一化 IP 地址数值型参数 0x0ca85a10,根据目标设备要求的点分十进制表达式,翻译为设备需要的格式"192.168.90.10"。

（3）命令生成。将步骤（2）中转换好的参数填充入根据步骤（1）找到的参数位置,并且删除目标设备不能识别的字符串和符号,包括自定义的编码和符号,如"#""[ ]"等,最终生成目标设备配置命令组。

通过以上步骤,将归一化描述的策略进行解析、映射、转换、填充,形成目标设备可识别的配置命令,完成策略翻译。

4.4.3　安全策略统一配置

在生成个性化的策略后,根据配置策略对目标设备进行配置,具体配置过程如下。

（1）命令配置。通过设备提供的 CLI,将翻译后的命令行配置到设备上。

（2）结果匹配。在命令行配置过程中,获取每条命令行的配置反馈信息,根据待对比的关键词，判定该反馈信息所体现的配置结果。

循环以上两个步骤，在将配置命令下发并配置到目标设备的过程中，目标设备存在 4 种状态（即 $state_0$~$state_3$）。其中，$state_0$ 状态表示目标设备处于监听数据，$state_1$ 状态表示目标设备接收到连接，$state_2$ 状态表示目标设备收到命令行集合后准备配置，$state_3$ 状态表示目标设备配置命令行后获取配置结果。

策略配置目标设备状态转移图如图 4-16 所示，首先目标设备处于 $state_0$ 状态，当监听到连接时进入 $state_1$ 状态；在 $state_1$ 状态时收到非空命令行集合后进入 $state_2$ 状态，而在连接超时或收到关闭连接信号时，关闭连接进入 $state_0$ 状态；在 $state_2$ 状态时，当命令行集合非空时配置命令行后进入 $state_3$ 状态，而当命令行集合为空时进入 $state_1$ 状态继续等待接收命令行；在 $state_3$ 状态时，返回配置成功结果进入 $state_2$ 状态，继续配置，而返回配置失败结果时进入 $state_1$ 状态，重新接收命令行。

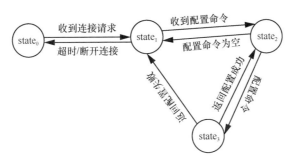

图 4-16　策略配置目标设备状态转移图

以上步骤可以将配置命令逐一配置到设备上，并且动态增改关键词库可以配置新类型的设备，保证策略配置的可扩展性。

4.4.4　安全策略下发与接收

当网络威胁爆发时，需要及时准确地将管理员配置的威胁事件采集与处置等安全策略下发给安全设备，由于天地一体化信息网络中设备种类多、数量庞大，安全设备地域分散，且安全设备域间存在层级关系，因此存在策略分发时间长、无法有效控制分发流程等问题。

为了解决此问题，需要记录策略分发状态，保证策略在多级系统间传输正确性。当管理员进行策略配置时，配置系统创建当前策略的状态节点，并记录其配置状态，包括开始时间、目标设备集合、预计超时时间及其配置结果等信息，而后将该配置策略根据其目的地分发，并在收到配置结果反馈信息后及时更新该状态节点。

从上文可以看出，该分发状态为全局状态信息数据，是多线程读写的临界区，提高该部分的访问速度有利于提高整个流程的处理速度。为此采用线程池并发处理每个数据包，使用非阻塞共享内存存储策略配置状态数据，加速临界区数据的访问速度，提高配置系统处理效率，实现及时有效的策略配置。其中，基于非阻塞的内存访问机制包括两种：基于无锁的内存访问机制和基于无等待的内存访问机制。基于无锁的内存访问机制能够保证所有线程中至少有一个线程执行，因此在运行时整个系统可看作一个整体，但某些线程可能会被任意地延迟。基于无等待的内存访问机制保证线程一定能获得资源，可在有限步之内结束。

在接收方面，由于设备分布性和分层管理特性，在接收上级或管理员发送的策略时，下级或设备需要反馈策略配置结果。为此可采用 I/O 多路复用方式，并发地接收上下级的数据。为此，需要首先创建监听的套接字加入 Epoll 的事件数组，然后监听网络通信，建立连接并接收数据。每当读取到数据时，判断数据的完整性，将完整的数据交给处理模块，将不完整的数据暂存起来，待接收完整后拼接数据，从而恢复发送的数据。

| 4.5 本章小结 |

安全设备的全网统一管理是天地一体化信息网络安全协同防护的基础。适应安全设备种类多、部署设备数量大、厂商与技术体制差异、网络滚动建设等特征的统一管理才能充分发挥安全设备的效能。本章介绍了天地一体化信息网络的管理范围和管理模式、指令管控安全模型，并证明了指令管控模型的安全性；详细介绍了安全设备自动发现、网络拓扑动态构建、安全设备策略统一描述、归一化策略翻译与统一配置等关键技术。未来需要研究设备细粒度描述方法、跨管理域动态托管机制、适应天地一体化信息网络安全动态赋能的全网安全设备细粒度统一管理技术。

| 参考文献 |

[1] LI F H, LI Z F, FANG L, et al. Securing instruction interaction for hierarchical

management[J]. Journal of Parallel and Distributed Computing, 2020(137): 91–103.

[2]　RIEKSTIN A C, JANUÁRIO G C, RODRIGUES B B, et al.. A survey of policy refinement methods as a support for sustainable networks[J]. IEEE Communications Surveys & Tutorials, 2015, 18(1): 222-235.

[3]　LI F H, CHEN C, GENG K, et al. A trustworthy path discovery mechanism in ubiquitous networks[J]. Chinese Journal of Electronics, 2016, 25(2): 312-319.

[4]　BISHOP M. Computer security: art and science[J]. Addison-Wesley, 2003.

[5]　VERMA V, ARORA V. A novel approach for automatic test sequence generation for Java fork/join from activity diagram[C]//2014 International Conference on Advanced Communication, Control and Computing Technologies (ICACCCT). Piscataway: IEEE Press, 2014: 1611-1615.

[6]　RFC 1002. Protocol standard for a NetBIOS service on a TCP/UDP transport: detailed specifications[R]. IETF, 1987.

[7]　DONNET B, RAOULT P, FRIEDMAN T, et al. Efficient algorithms for large-scale topology discovery[C]//Proceedings of the 2005 ACM SIGMETRICS International Conference on Measurement and Modeling of Computer Systems. SIGMETRICS. New York: ACM Press, 2005.

[8]　FAN W, HU C, TIAN C. Incremental graph computations: doable and undoable[C]// Proceedings of the 2017 ACM International Conference on Management of Data. 2017: 155-169.

[9]　郭云川, 李凌, 李勇俊, 等. 基于动态模板的策略翻译及配置方法[J]. 通信学报, 2019, 40(12): 138–148.

[10]　郭云川, 李凤华, 李凌, 等. 一种设备安全策略的配置方法及装置: CN201910427706.9[P]. 2019.

第 5 章

安全动态赋能架构与威胁处置

天地一体化信息网络具有异构多域互联、资源受限、技术迭代演进、工程滚动建设、安全防护能力差异、业务动态按需服务等特征和应用需求，需要安全防护能力动态赋能、安全威胁实时感知和联动处置。面向安全服务能力动态供给、全网覆盖的威胁态势精准感知、异构网络的威胁联动处置等应用需求，需要解决跨层跨域安全服务能力统一编排、威胁驱动的内嵌式精准态势感知、技术体制差异的威胁纵横联动处置等方面的技术挑战。针对上述需求，本章重点介绍了安全动态赋能架构、安全威胁感知与融合分析、安全设备联动处置等方面的关键技术与解决方案。

|5.1 引言|

　　天地一体化信息网络由天基骨干网、天基接入网、地基节点（网）组成，并与计算机网络、移动通信网互联，为广大用户提供通信和互联网接入服务。天地一体化信息网络包括两大技术体系：L 频段移动通信网络、Ka 频段移动通信网络，这两种技术体系构成的网络与移动互联网/互联网连接，形成了不同的物理边界和逻辑边界，天地一体化信息网络异构互联示意图如图 5-1 所示。

　　其中，L 频段移动通信和 Ka 频段移动通信均通过天基骨干卫星提供数据中继和数据直传服务。在数据中继方面，天基骨干卫星提供数据中继服务，即各用户中心站通过运行控制中心与地面站间的地面网络、地面站与天基骨干卫星间的星地馈电链路，执行数据中继任务；在数据直传方面，数据直传用户提前向地面中心提出直传申请，在申请获批后，天基骨干卫星为用户提供透明传输通道，实现用户无法与信关站连接时的紧急通信。

　　L 频段和 Ka 频段的移动通信也可通过天基接入卫星为用户提供移动通信接入和宽带接入两类服务。在移动通信接入方面，在星间链路的支持下，境内信关站支持全网所有移动业务到地面网络的接入，其中，部分终端移动业务经过星上处理交换，同轨道/异轨道星间链转发方式可在不依赖地面信关站的情况下实现端到端通信；在宽带接入方面，基于天基接入节点 Ka 用户链路，面向全球分布的机动用户、偏远固定用户等终端（包括固定站、车载/船载/机载终端等），提供终端到地面互联网的宽带接入服务。

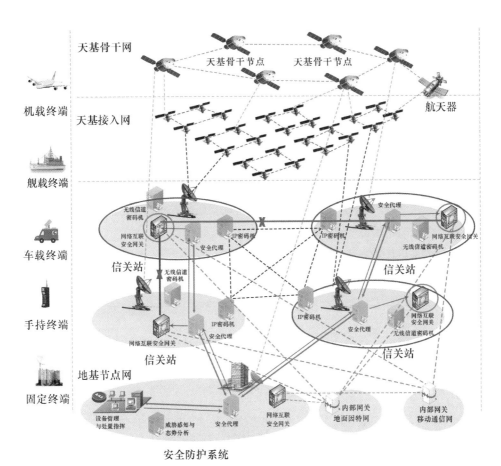

图 5-1 天地一体化信息网络异构互联示意图

| 5.2 安全动态赋能架构 |

天地一体化信息网络中安全需求动态变化、威胁动态变化、防护技术动态变化等特征导致静态化的安全防护架构不再适用，必须设计可动态调配差异安全防护资源的安全保障架构，以高效地处置威胁。针对上述需求，本节介绍了融合安全服务能力编排、安全态势分析、安全管理与处置指挥等于一体的天地一体化信息网络安全动态赋能架构[1-2]。

5.2.1 架构概述

针对安全需求变化、设备防护能力差异、威胁动态变化等特征，提出了融合"安全服务能力编排、安全管理与处置指挥、安全态势分析"等于一体的天地一体化信息网络安全动态赋能架构，如图 5-2 所示。其中，安全服务能力编排单元基于安全防护需求、融合分析结果、安全服务编排预案等生成安全服务能力编排结果；安全管理与处置指挥单元将安全编排结果精化为安全服务能力编排指令，并分析编排指令的执行结果；安全态势分析单元在主动或被动采集到安全数据或威胁处置结果后，分析威胁处置前后的安全状态变化，生成安全态势等信息。其交互过程主要包含 4 类信息流：安全编排信息流、威胁与安全态势分析流、威胁处置与研判信息流、编排方案生成信息流。

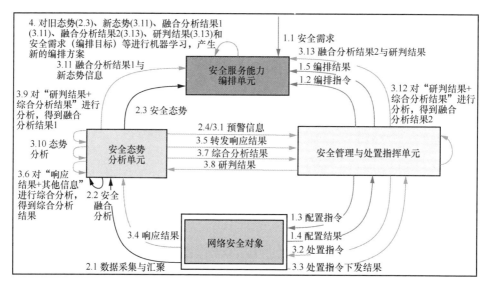

图 5-2　安全动态赋能架构

（1）安全编排信息流

安全服务能力编排单元接收到安全防护需求和来自安全态势分析单元的融合分析结果和安全态势后，生成编排指令，并将之发送给安全管理与处置指挥单元。安全管理与处置指挥单元接收到编排指令后，生成配置指令，并接受来自网络安全对象的配置结果，生成编排结果，并将之发送给安全服务能力编排单元。

（2）威胁与安全态势分析流

安全态势分析单元主动采集网络安全对象的安全数据和威胁处置结果，并对各类安全数据进行安全融合分析，得到威胁报警/预警、态势综合分析结果、安全态势信息；而后将安全态势信息发送至安全服务能力编排单元，将威胁处置结果发送至安全管理与处置指挥单元。

（3）威胁处置与研判信息流

安全管理与处置指挥单元接收到安全服务能力编排单元的编排结果后，生成处置指令，并将之下发至网络安全对象；网络安全对象将处置指令下发结果反馈给安全管理与处置指挥单元，同时生成并将响应结果发送给安全态势分析单元；安全态势分析单元生成预警信息、综合分析结果，并将之发送至安全管理与处置指挥单元，此外，将响应结果转发给安全管理与处置指挥单元；安全管理与处置指挥单元进行融合分析，将融合分析结果与研判结果发送给安全服务能力编排单元。

（4）编排方案生成信息流

安全服务能力单元依据态势与融合分析结果、研判结果等，生成编排方案。

5.2.2 架构形式定义

定义 5-1 安全防护对象（SPO，security protection object）。安全防护对象集 SPO=$\{spo_1, spo_2, \cdots, spo_n\}$ 指一系列需要实施安全保护的设备与系统集，其中，spo_i 表示第 i 个需要实施安全保护的设备与系统（$1 \leqslant i \leqslant n$），如星载设备、地基节点（网）中的数据库系统、移动用户。

定义 5-2 安全防护目标（SPG，security protection goal）。安全防护目标集 SPG=$\{spg_1, spg_2, \cdots, spg_m\}$ 指用户为安全保护对象所指定的需要达到的安全目标，其中，spg_i 表示第 i 个安全防护目标（$1 \leqslant i \leqslant m$）。安全防护目标可由安全保障属性（如机密性、完整性、可控性和可用性）、安全保障层次（如物理层、运行层、数据层和应用层）和阻止攻击（如阻止 DDoS 攻击、阻止洪泛攻击、阻止特洛伊木马）等描述。

定义 5-3 安全执行主体（SES，security execution subject）。安全执行主体 SES=$\{ses_1, ses_2, \cdots, ses_m\}$ 指执行安全操作的主体，包括安全防护代理、安全防护设备和安全防护系统，如防火墙设备、安全网关，安全执行主体 ses_1 可以是单个不可分割的原子主体 a_ses（如 ID 为 001 的防火墙），也可以是可分解的抽象主体 c_ses。

定义 5-4 安全资源约束（SRC，security resource constrain）。SRC 指可用来实施安全防护的资源，SRC 可用向量<computingSRC, storageSRC, transSRC, ⋯>表示，其中，每个分量分别表示可用的计算资源、存储资源和传输资源等。

定义 5-5 服务需求（SeR，service requirement）。SeR 用于描述应给安全服务所支撑的业务系统提供的功能与性能需求，包括网络服务需求、并发服务需求和业务需求等，服务需求集用 SeR={ser_1, ser_2, ⋯, ser_k}表示，每个服务需求 ser 可用多维向量<netReq, currentReq,⋯>表示，其中，netReq 为网络服务需求，包括传输带宽需求、传输时延需求、串行化时延需求、处理时延需求和队列时延需求等；currentReq 为并发服务需求，包括在线服务并发数和并发切换性能等。

定义 5-6 安全报警/预警（SAW，security alarm/warning）。安全报警/预警集 SAW={saw_1, saw_2, ⋯, saw_n}指可危害网络安全的报警或预警的集合，其中，每个安全报警/预警 saw 可用向量<securityEvent, occTime, riskDegree, ConfDegree,⋯>表征，其分量分别为安全事件、发生时刻、安全事件的风险度和安全报警/预警的置信度等，表示在报警或预警中安全事件发生时刻、风险度、安全报警/预警的置信度。

定义 5-7 安全反措施（SC，security countermeasure）。安全反措施集 SC={sc_1, sc_2, ⋯, sc_n}指对安全事件采取的反制手段的集合，其中，每个安全反措施 sc 可用向量<es, op, para>描述，其中，向量中的分量分别为执行主体、所执行的操作、操作参数，表示执行该反措施的安全执行主体以给定操作参数执行操作，操作参数 para 包括操作执行时刻、执行次序、执行频率等。安全反措施包括防火墙配置更新、数据迁移、数据恢复和病毒查杀等。

定义 5-8 安全服务编排预案（OPSS，orchestration plan of security service）。OPSS 是一组安全防护规则的集合，用于描述给定安全防护对象和安全防护目标，当触发安全报警/预警时，在安全资源约束下，防护主体为确保安全防护对象满足安全防护目标，在给定时刻内采取的措施以及措施执行顺序，可用式（5-1）表示。

$$\text{OPSS} \subseteq \text{SPO} \times \text{SPG} \times \text{SRC} \times \text{SeR} \times \text{SAW} \times \Pi^{\text{SC}} \tag{5-1}$$

定义 5-9 安全编排（SO，security orchestration）。SO 用于描述给定安全服务编排预案、安全防护对象、安全防护目标和安全资源约束，当触发安全报警/预警时，从安全服务编排预案中确定防护主体在给定时刻内采取的措施以及措施执行顺序，可用式（5-2）表示。

$$so:SPO \times SPG \times SRC \times SeR \times SAW \to \Pi^{SC} \qquad (5\text{-}2)$$

其中，$so(spo,spg,src,ser,saw) = \{sc \mid \langle spo, spg, src, ser, saw, scet, sc \rangle \in OPSS\}$。

定义 5-10　安全编排指令（SOI，security orchestration instruction）。安全编排指令集指可在原子执行主体上直接执行的指令的集合，可用 $SOI=\{soi_1, soi_2, \cdots, soi_n\}$ 表示，其中，soi 可用向量<a_ses, a_op, para>表示，表示原子执行主体 a_ses 以参数 para 执行原子操作 a_op。

定义 5-11　安全编排指令生成（SOIG，SOI generation）。安全编排指令生成是由安全管理与处置指挥单元将安全编排结果精化为安全编排指令的过程，定义如式（5-3）所示。

$$soig : \Pi^{SC} \to \Pi^{SOI} \qquad (5\text{-}3)$$

定义 5-12　编排执行的分析（OEA，orchestration execution analysis）。安全管理与处置指挥单元依据威胁处置结果、态势综合分析结果，对编排指令的执行结果进行分析，获得处置研判结果和安全管理融合分析结果。其中，威胁处置结果（TRR，threat response result）描述安全执行主体是否正确地执行威胁处置指令以及执行参数，可用向量 trr=<ses, soi, true/false, parameters>表示；态势综合分析结果 scar 用于描述在威胁处置前后安全防护对象在各安全指标上的指标值，可用向量 scar=<spo, <secMetric$_1$, secValue$_1$>, $\cdots$, <secMetric$_n$, secValue$_n$>>表示，其中，secValue$_i$ 表示安全指标 secMetric$_i$ 对应的指标值；安全管理融合分析结果 car 用于描述对安全防护对象 spo 执行安全编排指令 soi 后的威胁处置执行效果，可用向量 car=<spo, soi, tre>表示，其中，tre 表示威胁处置执行效果；处置研判结果 rjr 用于描述对安全防护对象 spo 执行安全编排指令 soi 后威胁处置效果的结论，可用向量 rjr=<spo, soi, trrc>表示，其中，trrc 表示威胁处置效果的结论，如优、良、中、差。

由定义 5-12 可知，处置研判结果依赖于融合分析结果，融合分析结果依赖于态势综合分析结果。

定义 5-13　编排指令执行（OIE，orchestration instruction execution）。安全编排指令执行是部署在网络安全对象上的安全执行主体接收到安全管理与处置指挥单元发送的编排指令后，执行该指令，并生成安全数据和威胁处置结果，可用式（5-4）表示。

$$oie : SES \times SOI \to SECDATA \times TRR \qquad (5\text{-}4)$$

其中，SECDATA 表示所有安全数据集合，TRR 表示威胁处置结果集合。

定义 5-14 态势分析（SA，situation analysis）。安全态势分析单元在主动或被动采集到安全数据或威胁处置结果后，通过分析威胁处置前后的安全状态变化，生成安全态势信息、威胁报警信息、威胁预警信息、态势综合分析结果、态势研判结果和安全态势融合分析结果。

其中，安全态势信息指过去或现在某区域的安全状态和未来安全趋势，可用安全防护对象、时刻区间、安全态势指标、安全态势指数等描述，表示在时刻区间内安全防护对象在安全态势指标上的安全态势指数；安全态势指标包括漏洞统计、漏洞分布、高危漏洞统计、高危漏洞分布、脆弱性、事件趋势、报警统计、最新报警、热点事件等。当一个或多个安全态势指数全部满足安全条件时，可触发安全威胁报警；所预测的一个或多个安全态势指数全部满足或部分满足安全条件时，或者当前的一个或多个安全态势指数部分满足安全条件时，可触发安全威胁预警。态势综合分析结果用于描述安全防护对象在各安全态势指标上的当前指标值，是安全态势信息的子集。态势研判结果是描述安全态势改变情况和威胁是否解决的结论。

定义 5-15 双重判定（DJ，double judgment）。当安全服务能力编排单元接收到来自安全态势分析单元的安全态势融合分析结果、来自安全管理与处置指挥单元的安全管理融合分析结果后，判定这两个独立单元根据各自的信息对同一事件的判断的一致性，包括安全指标值的一致性、融合分析结论的一致性。

安全服务能力编排单元不会无条件地全盘接收安全态势分析单元的安全态势融合分析结果和来自安全管理与处置指挥单元的安全管理融合分析结果；它会利用安全态势融合分析结果和安全管理融合分析结果对威胁处置效果执行双重判定，提升威胁处置结果的可信性，以协助生成下一次的编排结果。

5.2.3 双重判定及其可信性分析

安全服务编排单元在接收到安全态势融合分析结果和安全管理融合分析结果这两部分信息中的一部分后，依据从接收到的信息中获得的信念更新威胁处置效果；然后，在接收到其中的另外一部分信息后，进一步依据从接收到的信息中获得的新信念更新威胁处置效果。为了分析双重判定的可信性，本文采用信念熵度量单重判定和双重判定后威胁处置效果的不确定性，并基于信念熵分析双重判定的可信性。

定义 5-16　安全服务能力编排单元处置信念（belief）。信念是安全服务能力编排单元依据来自安全态势分析单元的安全态势融合分析结果或来自安全管理与处置指挥单元的安全管理融合分析结果，对威胁处置的效果进行判断，用关于安全威胁特征信标的条件概率分布 p_β 表示。

安全服务能力编排单元关于威胁处置效果单重验证信念示例见表 5-1，表 5-1 中 $p_\beta(\text{trrc} = 优 \mid a_n \leqslant 1)$ =0.60，$p_\beta(\text{trrc} = 良 \mid a_n \leqslant 1)$ =0.3，$p_\beta(\text{trrc} = 中 \mid a_n \leqslant 1)$ =0.05，其中，变量 a_n 表示在给定时段内观测到的攻击次数。$p_\beta(\text{trrc} = 优 \mid a_n \leqslant 1)$ =0.60 表示安全服务能力编排单元在观测到攻击次数小于或等于 1 时，威胁处置效果被认为优的概率为 0.60。

表 5-1　威胁处置效果单重验证信念示例

效果（p_β）	$a_n \leqslant 1$	$2 \leqslant a_n \leqslant 3$	$4 \leqslant a_n \leqslant 6$	$a_n \geqslant 7$
优	0.60	0.4	0.10	0.05
良	0.30	0.5	0.30	0.05
中	0.05	0.05	0.50	0.10
差	0.05	0.05	0.10	0.80

真实的威胁处置效果依赖于威胁处置后的网络状态（如日志中记录的攻击数量），是随网络状态变化而变化的客观事实。为了便于描述，用 p_σ 表示威胁处置效果的实际概率分布，威胁处置效果示例见表 5-2。

表 5-2　威胁处置效果示例

效果（p_σ）	$a_n \leqslant 1$	$2 \leqslant a_n \leqslant 3$	$4 \leqslant a_n \leqslant 6$	$a_n \geqslant 7$
优	0.50	0.47	0.05	0.05
良	0.40	0.43	0.25	0.05
中	0.10	0.05	0.40	0.20
差	0	0.05	0.30	0.70

定义 5-17　信念最小熵（belief mini-entropy）[3]。给定 $p(\text{trrc})$ 为变量威胁处置效果 TRRC 的概率分布、安全服务能力编排单元关于 TRRC 的额外认知 B（安全威胁特征信标集合）和信念 p_β，安全服务能力编排单元关于 p_β 的信念最小熵定

义为：

$$H_\infty(\mathrm{TRRC}:B,\ p_\beta) = -\lg\left(\sum_{b\in B}\left(\frac{1}{|\Gamma_b|}p_\sigma(b)\sum_{\mathrm{trrc}\in\Gamma_b}p_\sigma(\mathrm{trrc}\,|\,b)\right)\right) \qquad (5\text{-}5)$$

其中，$\Gamma_b = \arg\max\limits_{\mathrm{trrc}\in\mathrm{TRRC}} p_\beta(\mathrm{trrc}\,|\,b)$ 表示安全服务能力编排单元在给定额外认知 B 的情况下，依据其自身信念 p_β 确定的最佳威胁处置效果。

若令表 5-1 中的特征信标 $a_n\leqslant1$、$2\leqslant a_n\leqslant3$、$4\leqslant a_n\leqslant6$、$a_n\geqslant7$ 发生的概率相同，即均为 0.25，则由信念熵定义和表 5-2 可知，表 5-1 示例中单重判定的信念熵为 $-\lg(0.5\times1/4+0.43\times1/4+0.40\times1/4+0.7\times1/4)=-\lg0.5075=0.295$。为了证明双重判定的可信性，下面给出信念支配概念。

定义 5-18 信念支配（belief domination）。给定真实分布 p_σ 和关于额外认知 B 的信念分布 $p_{\beta1}$ 和 $p_{\beta2}$，$p_{\beta1}$ 关于 p_σ 支配 $p_{\beta2}$ 当且仅当对于任意的 $b\in B$，计算式 $\frac{1}{|\Gamma_b|}\sum_{\mathrm{trrc}\in\Gamma_b}p_\sigma(\mathrm{trrc}\,|\,b)\leqslant\max_{\mathrm{trrc}\in\mathrm{TRRC}}p_\sigma(\mathrm{trrc}|b)$ 成立。

命题 5-1 令 p'_β 和 p''_β 分别表示安全服务编排单元接收到来自安全态势分析单元的安全态势融合分析结果、来自安全管理与处置指挥单元的安全管理融合分析结果之后的关于威胁处置效果的信念，若 p''_β 支配 p'_β，则安全服务编排单元关于 p'_β 的信念最小熵大于 p''_β 的信念最小熵，即式（5-6）成立。

$$H_\infty(\mathrm{TRRC}:B,\ p'_\beta)>H_\infty(\mathrm{TRRC}:B,\ p''_\beta) \qquad (5\text{-}6)$$

证明：命题 5-1 可由信念支配的定义直接获得。

由命题 5-1 可知，若双重判定的信念支配单重判定的信念，则双重判定后的信念最小熵低于单重判定的信念最小熵。最小熵是最混乱的信息程度的度量，其值越低意味着信息的混乱程度越低；而在实践中双重判定的信念总是支配单重判定的信念。因此一般地，双重判定的可信度高于单重判定。下面给出一个例子。

若令特征信标 $a_n\leqslant1$、$2\leqslant a_n\leqslant3$、$4\leqslant a_n\leqslant6$、$a_n\geqslant7$ 发生的概率相同，即均为 0.25，则由信念熵定义可知，表 5-2 所示的例子的信念熵为 $-\lg(0.5\times1/4+0.43\times1/4+0.40\times1/4+0.7\times1/4)=-\lg0.5075=0.295$；若双重判定后信念等于真实分布，则由表 5-2 可知，其信念熵为 $-\lg(0.5\times1/4+0.47\times1/4+0.40\times1/4+0.7\times1/4)=-\lg0.5175=0.286$，该信念熵小于单重判定的信念熵，由此可知双重判定的可信度高于单重判定。

| 5.3　安全威胁感知与融合分析 |

天地一体化信息网络中安全设备的计算、存储等资源差异大，面临的威胁种类多且动态变化。无差异化的威胁感知模式将消耗过多的计算/存储/网络资源，不适用于天地一体化信息网络，必须差异化地感知和融合分析天地一体化信息网络威胁。针对上述需求，本节介绍了多层联动的威胁感知框架、感知策略动态生成[4]、安全威胁融合分析[5]等方面的关键技术，支撑差异化安全防护资源的动态调配。

5.3.1 多层联动的威胁感知框架

1. 感知策略层次模型

从采集指令或处置指令传递经由的路径角度出发，将天地一体化信息网络划分为用户层、服务层和拓扑层等层次结构。相应地，感知策略层次模型包括：高层监测需求（TDR, top detection requirement）、中层感知策略（ICP, intermediate collection policy）和低层设备指令（LDC, lower device command），如图 5-3 所示。

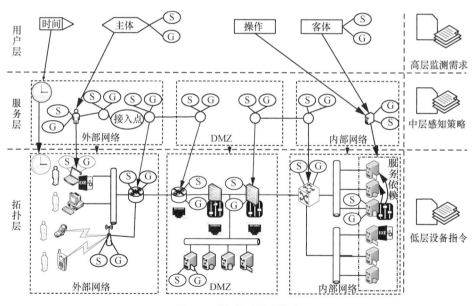

图 5-3　感知策略层次模型

感知策略层次模型规范了天地一体化信息网络环境下所有与威胁监测相关的系统、服务、实体间的内部结构和相互间的关系。用户层表达了整个网络的安全监测目标和需求，即系统和管理活动应该完成何种监测任务和安全功能，例如，在指定的网络或主机上监测某类安全威胁，该层是构建安全监测策略的基础和依据。服务层将安全需求实例化为安全服务，是从系统需求到网络配置映射的中间过程。拓扑层表达了网络设备、安全设备和终端等网络节点及其连接关系，以及在各网络节点上提供了何种监测机制以满足上层的安全监测需求，支撑安全目标的细化。

2. 感知策略精化定义

下面分别定义高层监测需求、中层感知策略、低层设备指令，及策略精化规则和策略模板，为威胁类型到采集项的精化提供基础。

定义 5-19　高层监测需求（TDR）。描述"在指定范围内监测指定威胁"的需求及执行监测的约束条件。

高层监测需求可用三元组（SCOPE，THREAT_TYPE，CONDITION）表示，即 TDR= (SCOPE, THREAT_TYPE, CONDITION)。其中，SCOPE 表示采集范围的集合，可以是逻辑范围（如子网、子网类型、服务、服务类型、安全域、管理域等），也可以是物理范围（如地理区域、行政区域等）；THREAT_TYPE 表示需要监测的威胁类型，如 THREAT_TYPE={DDoS, Unauthorized Access, Traffic Anomaly, FTP Trojan, …, SQL Injection}，其中，DDoS、Unauthorized Access、Traffic Anomaly、FTP Trojan、SQL Injection 分别表示分布式拒绝服务攻击、非法访问、流量异常、FTP 木马、SQL 注入攻击；CONDITION 表示执行威胁监测的约束集，如执行威胁监测所需要消耗资源的上限，包括计算、存储、传输和电量等资源限制，可用于限制在数据采集和威胁分析阶段的资源消耗。

定义 5-20　中层感知策略（ICP）。在何种条件下和何种机器上，以何种频率采集何种数据。

中层感知策略可用四元组（DEVICE, COLLECT_ITEM, FREQ, CONDITION）表示，即 ICP=(DEVICE, COLLECT_ITEM, FREQ, CONDITION)。其中，DEVICE 表示待采集设备的集合，待采集设备可以是 IP 地址、管理员指定的 ID 等，待采集设备根据采集范围和威胁类型精化得出；COLLECT_ITEM 表示采集项的集合，可以是系统状态（如 CPU 利用率、内存利用率、进程信息等），也可以是流量信息（如原始流量信息、流量统计信息等），还可以是日志信息（如操作系统日志、应用程序日志等），采集项根据威胁类型精化得出；FREQ 表示采集项集合中各采集项的采集频率，对于系统状态，采集频率可归一化为无量纲值，其方式之一是以实际采集频率与固有采集频率的比值表示，例如，CPU 利用率的固有采集频率为 10 次/分钟，实际采集频率为 20 次/分钟，则 CPU 利用率的采集频率为 2，采集频率在根据威胁类型计算采集项的过程中一起计算得出；CONDITION 表示执行数据采集的约束集，包括计算、存储、传输和电量等资源限制，由高层监测需求中的 CONDITION 精化得出。

定义 5-21　低层设备指令（LDC）。在策略执行点上执行的具体采集指令及采集频率。

低层设备指令可用三元组（AGENT, CMD, FREQ）表示，即 LDC=(AGENT, CMD, FREQ)。其中，AGENT 表示在待采集设备上执行感知策略的策略执行点，可以是通用采集软件（如 SNMP 的代理、Snort、漏洞扫描工具等），也可以是专用采集程序（如采集系统状态信息、流量采集器、威胁感知器等）；CMD 表示 AGENT 可执行的采集指令；FREQ 表示实际采集频率。

定义 5-22　感知策略精化（CPR，collection policy refinement）。从高层监测需求到低层采集代理可执行的采集指令的翻译过程。该翻译过程分为 2 个阶段，第一阶段由高层监测需求翻译为中层感知策略，该过程是一个语义变换的过程，是威胁分析函数的逆函数；第二阶段由中层感知策略翻译为低层设备指令，该过程是一个语法变换的过程，可采用基于规则和查找表的方式计算。

定义 5-23　威胁分析函数（ThreatAnalysis）。输入是特定频率的采集项内容 $m_1,...,m_n$，输出是威胁类型，我们提出的第一阶段精化是求解威胁分析函数的逆函数，即在约束条件下，由威胁类型求解采集项和采集频率，即 $ThreatAnalysis^{-1}(t)=\{m_1,\cdots,m_n\}$。

定义 5-24　策略精化规则集（PRRS，policy refinement rule set）。高层监测需求到中层感知策略、中层感知策略到低层设备指令之间的精化规则，包括以下几种。

精化规则 5-1（从"采集范围-威胁类型"到待采集设备的精化），该规则表示采集范围、威胁类型到待采集设备的映射。

$RSTDEV: \{(s,t)|s\in SCOPE, t\in THREAT\_TYPE\}\rightarrow DEVICE^n$

精化规则 5-2（从威胁类型到采集项的精化），该规则表示威胁类型到采集项的映射。

$RTC: THREAT\_TYPE \rightarrow COLLECT\_ITEM^n$

精化规则 5-3（从待采集设备到策略执行点的精化），该规则表示待采集设备到策略执行点的映射。

RDEVAGT:DEV→AGENT

精化规则 5-4（从采集项到采集配置指令的精化），该规则表示采集项到采集配置指令映射。

RITEMCMD:COLLECT_ITEM→CMD

定义 5-25 策略模板。存储结构化策略元素的通用策略，提供有关策略精化引擎输入和输出的必要信息。

感知策略模板示例如下。

collect policy= "detect threat:" <threat_type> "; condition:"<condition> ";collect content:" {<collect_ item > "-" <frequency>}。

上述策略模板实例化后如下。

detect threat: DDoS; condition: CPU utility < 10%, network bandwIDth <10KB; collect content: OS Log-1, CPU Utility-2, Memory Utility-2, ProcessInfo-1。

该模板表示监测 DDoS 攻击,约束条件为每台待采集设备的 CPU 利用率占用小于 10%，网络带宽占用小于 10KB，采集项为操作系统日志、CPU 利用率、内存利用率、进程信息，采集频率依次为各项固有采集频率的 1、2、2、1 倍。

策略精化规则集中规则的实例化组成了一系列感知策略，其中，RSTDEV、RDEVAGT、RITEMCMD 规则采用预定义信息模型的方式获得，RTC 规则采用优化计算方式获得，在本节后续着重介绍。

3. 感知策略精化过程

感知策略精化将高层监测需求精化为中层感知策略,最终翻译为低层设备指令，策略精化框架如图 5-4 所示。

（1）在安全目标中提取采集范围、潜在威胁类型、执行威胁监测的约束集，作为策略选择的输入。

（2）策略选择模块在策略库中根据潜在威胁类型和执行威胁监测的约束集，查找对应的历史采集策略。

（3）～（4）若没有找到历史采集策略，则通过策略精化引擎计算新采集策略，策略精化引擎将潜在威胁类型、执行威胁监测的约束集和待采集设备的当前运行状态信息作为策略精化引擎的输入，结合采集代理的采集能力、潜在威胁特征等信息，计算采集收益和采集成本，生成适用于采集设备当前运行状况的优化采集项集合和采集频率。

（5）～（6）将潜在威胁类型、采集设备的当前运行状态信息、采集项及对应的采集频率集合作为实例化采集策略，存储到策略库中，以此动态扩充策略库。

（7）策略选择模块将历史或新生成的采集策略下发到策略翻译模块。

（8）策略翻译模块获取策略中的每个待采集设备，查找采集设备上部署的采集代理信息，然后根据采集策略中的采集项及对应的采集频率，翻译为底层的采集配置指令，并下发到对应的采集代理。

（9）采集代理执行采集配置指令，并上传到采集数据库。

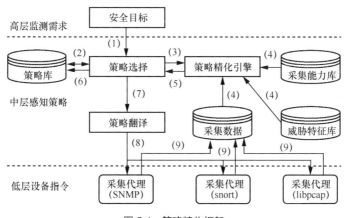

图 5-4　策略精化框架

5.3.2　感知策略动态生成

针对天地一体化信息网络中不同安全终端、安全网关和软件系统等设备/系统资源差异较大的特点，以当前设备状态、采集资源为基础，引入优化思想对感知对象进行感知资源的优化分配，从而确定采集内容及相应采集频率，最终实现感知策略动态生成。

1. 感知策略动态生成方法概述

虽然全方位采集安全威胁数据可能提升威胁分析的准确率，但会消耗过多的资源。在不同资源水平下，需平衡执行感知策略的收益和由采集引起的资源消耗损失。通过优化求解，策略精化引擎依据各待采集设备的资源水平生成相应的感知策略，从而平衡采集收益和资源消耗。

感知策略动态生成实现从威胁类型到采集项的精化，精化过程有两个因素：采集收益和采集成本，其中采集收益用于衡量采集信息对威胁监测的贡献度，采集有效数据越多，收益越大。一般情况下，采集收益随采集项的采集频率单调递增，而边际收益随采集频率单调递减，即采集收益函数应满足以下限制条件。

①采集收益的一阶导数大于或等于 0。

②采集收益的二阶导数小于或等于 0。

采集收益定义为：

$$f_1\left(x_1,\cdots,x_m\right) = \lambda \ln\left(1 + \sum_{i=1}^m \ln\left(1 + c_i x_i\right)\right) \tag{5-7}$$

其中，$\lambda > 0$ 表示模型的系数，$c_i > 0$ 表示采集项 i 的采集贡献度，$x_i \geqslant 0$ 表示采集项 i 的采集频率，采集频率分为连续和离散 2 种类型，当采集项为系统状态类或日志类时，采集频率为连续值；当采集项为流量时，采集频率取离散值 0 或 1，$x_i = 0$ 时，表示不对采集项 i 进行采集。根据式（5-8）和式（5-9）可知，式（5-7）满足限制条件①和限制条件②。

$$\frac{\partial f}{\partial x_i} = \frac{\lambda c_i}{\left(1 + c_i x_i\right)\left(1 + \sum_{i=1}^m \ln\left(1 + c_i x_i\right)\right)} > 0 \tag{5-8}$$

$$\frac{\partial^2 f}{\partial x_i^2} = \frac{-\lambda c_i}{\left(1 + c_i x_i\right)^2 \left(1 + \sum_{i=1}^m \ln\left(1 + c_i x_i\right)\right)^2} < 0 \tag{5-9}$$

采集成本是指由采集引起的待采集设备的资源消耗，包括计算资源、存储资源和传输资源等方面的消耗，一般认为采集消耗的资源越少越好，尤其是在资源受限环境中（特别地，卫星计算资源和存储资源有限，用于管理的信令大小仅有百字节左右），不能因采集影响管理网络的正常运行。采集成本定义为：

$$f_2\left(x_1,\cdots,x_m\right) = w_{\mathrm{c}}\sum_{i=0}^M \mathrm{CRI}(x_i) + w_{\mathrm{s}}\sum_{i=0}^M \mathrm{SRI}(x_i) + w_{\mathrm{n}}\sum_{i=0}^M \mathrm{NRI}(x_i) \tag{5-10}$$

其中，$\mathrm{CRI}(x_i)$、$\mathrm{SRI}(x_i)$、$\mathrm{NRI}(x_i)$ 分别为采集项 i 的计算资源、存储资源和传输资源的消耗量。

因此，基于 RTC 的精化目标是确定目标函数 $f_1(x_1,\cdots,x_m) - f_2(x_1,\cdots,x_m)$ 最大时

的 $X(x_1,\cdots,x_m)$，使采集项及采集频率在降低资源开销的情况下尽可能全面、准确地反映网络实际运行状况。

2．感知收益

不同采集项对威胁监测的贡献不同，同一采集项对不同威胁监测的贡献度也不同，因此需要对采集项、对威胁监测的贡献度进行整体考虑。参考软件工程中的非功能性需求（NFR，non-functional requirement）框架，将威胁监测作为最高层的安全目标，将待监测的威胁类型作为软目标（softgoal），将采集项作为操作（operationalization），参考软件目标依赖图（SIG，softgoal interdependency graph）设计威胁依赖图（TIG，threat interdependency graph），威胁依赖图如图 5-5 所示。

TIG 定义为 TIG=(V, E)，其中，$V \in$ {TMG, TTG, CT}是顶点集合，TMG 代表威胁监测目标的集合，是图 5-5 中的根节点，TTG 代表威胁类型的集合，是图 5-5 中的中间层节点，CT 代表采集项集合，是图 5-5 中的叶子节点；E 是边 e 的集合，$e=(v_1, v_2)$表示 v_1 和 v_2 间具有连接关系，其中，$v_1, v_2 \in V$。

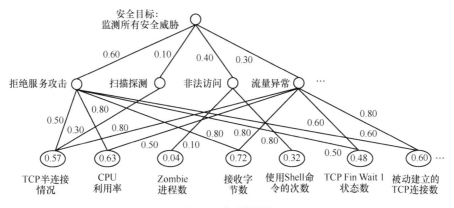

图 5-5　威胁依赖图

根据威胁分类方式和检测方法，添加了威胁类型对于安全目标的影响程度。为计算采集项对威胁监测的影响，对 NFR 框架中操作化得分定量计算，利用递推法求底层采集项对威胁监测的贡献度。

首先，威胁类型定义为：

$$\forall TTG \in V, 0.0 \leqslant TTG_{weight} \leqslant 1.0 \qquad (5\text{-}11)$$

其中，TTG_{weight} 为该威胁类型对于安全目标的影响权重，如图 5-5 中根节点到中间层节点的数值，其数值越大，代表对网络安全的影响程度越高。

采集项的贡献度定义为：

$$CT_{store} = \sum_{LTG} TTG_{weight} \times impact_{TTG \times CT} \qquad (5\text{-}12)$$

其中，CT_{store} 采用自顶向下方式计算，$impact_{TTG \times CT}$ 表示威胁类型与采集项的关联度，如图 5-5 中的中间层节点到叶子节点的边上的权重，可从以下 3 个方面考虑：①该威胁引起的攻击事件发生时，该采集项较系统正常运行时采集内容的变化程度；②发生威胁时采集项的内容发生改变的可能性；③分析该类威胁时，使用该采集项的必要性。

利用图 5-5 所示的 TIG 计算采集项 CPU 利用率的贡献度，CPU 利用率与拒绝服务攻击和流量异常均有相关性，CT_{store} =(0.80×0.60)+(0.50×0.30)=0.63，代表 CPU 利用率对威胁监测的贡献度是 0.63。

采集项对于潜在威胁类型的关联度 $impact_{TTG \times CT}$ 可采用信息论中的互信息计算，如式（5-13）所示，其中，$ttg \in TTG$ 代表某已知类型的潜在威胁，$I(ttg;c_i)$ 表示采集项 c_i 与 ttg 的互信息，表示已知采集项 c_i 异常时，对于发生潜在威胁 ttg 的不确定性减少程度，即采集项 c_i 能为检测潜在威胁 ttg 所提供的信息量；$I(c_i;c_j)$ 表示采集项 c_i 和 c_j 之间的互信息，可表示共同监测同一威胁的采集项之间的冗余程度，采集项 c_i 与已确定关联度的其他采集项之间的冗余程度越大，则其对于监测该威胁的关联度越小；$I(c_i;c_j \mid ttg)$ 表示已发生潜在威胁 ttg 时，采集项 c_i、c_j 之间的条件互信息，可以与 $I(c_i;c_j)$ 一同度量两个采集项对于潜在威胁的关联度。

$$J(c_i) = I(ttg;c_i) - \beta \sum_{c_j \in S} I(c_i;c_j) + \gamma \sum_{c_j \in S} I(c_i;c_j \mid ttg) \qquad (5\text{-}13)$$

对于系统状态类和流量类采集项与威胁的关联度，可根据 KDD99 数据集中连接的 41 个特征划分，并用其异常程度定量描述采集项与威胁的相关度。

对于日志类采集项与威胁的关联度，可定义为：

$$impact_{TTG \times CT_i} = \frac{validFieldNum_i}{fieldNum_i} \times validRate_i \qquad (5\text{-}14)$$

其中，$validFieldNum_i$ 为采集项 i 的威胁分析有效字段数，$fieldNum_i$ 为采集项 i 记录的总日志字段数，$validRate_i$ 为日志有效率，即可被威胁分析使用的有效记录数与总采集记录数的比值。

3. 感知成本

采集引起的待感知对象的成本主要从计算资源、存储资源和传输资源这 3 个方面考虑。

计算资源：利用 Perf 等性能分析工具，对不同采集项单独进行采集时捕获其 CPU 利用率（task-clock-msecs），预估各采集项的计算资源消耗。各采集项的计算成本定义为：

$$CRI(x_i) = a_i \ln(1 + x_i) \qquad (5\text{-}15)$$

其中，a_i 为采集项 i 的计算成本，x_i 为采集项 i 的采集频率。

存储资源：在本地缓存时各采集项的存储成本定义为：

$$SRI(x_i) = n_i x_i \qquad (5\text{-}16)$$

其中，n_i 为采集项 i 的字节数。

传输资源：与采集信息传输相关的时延包括：处理时延、排队时延、传输时延、传播时延等。令当前网络带宽为 BW，则各采集项的传输成本定义为：

$$NRI(x_i) = \frac{n(x_i)}{BW} \qquad (5\text{-}17)$$

在式（5-15）~式（5-17）中，x_i 是决策属性，代表采集频率。当采集项 i 为系统状态和日志时，采集频率取值范围是 $x_i \in [0, +\infty)$；当采集项 i 为流量时，采集频率取 0 或者 1，0 代表不采集，1 代表采集。采集频率乘以预设固有采集频率等于实际采集频率。基于式（5-15）~式（5-17）中，可计算总采集成本，如式（5-10）所示，其中 w_c、w_s 和 w_n 是 3 个权重，分别代表计算资源、存储资源和传输资源对于成本计算的重要程度，由于计算资源、存储资源和传输资源的变化是可逆的，因此可以采用自适应加权。当上述三者中的某一项剩余资源减少得快时，会导致其对采集成本的影响较大。w_c、w_s 和 w_n 分别定义为：

$$w_c = \frac{S + N}{2(C + S + N)} \qquad (5\text{-}18)$$

$$w_s = \frac{C + N}{2(C + S + N)} \qquad (5\text{-}19)$$

$$w_{\mathrm{n}} = \frac{C+S}{2(C+S+N)} \tag{5-20}$$

其中，C、S 和 N 分别是采集代理当前剩余的计算资源百分比、剩余的存储资源百分比和剩余的传输资源百分比。当某一项资源剩余情况较好时，会导致采集方案对该项采集成本的影响不明显，并且可以限制在不同资源水平下的采集成本，例如，在其他条件相同的情况下，电量充沛时的采集成本较低，电量剩余量少时的采集成本增加。C、S 分别定义为：

$$C = 1 - \mathrm{utilization}_{\mathrm{CPU}} \tag{5-21}$$

$$S = 1 - \mathrm{utilization}_{\mathrm{disk}} \tag{5-22}$$

其中，$\mathrm{utilization}_{\mathrm{CPU}}$ 为采集代理当前的 CPU 利用率，$\mathrm{utilization}_{\mathrm{disk}}$ 为采集代理当前的磁盘利用率。

4. 目标函数

目标函数和约束函数定义为：

$$
\begin{aligned}
\max f(\boldsymbol{X};\boldsymbol{Y}) = {}& \lambda \ln\left(1 + \sum_{i=0}^{M}\ln(1+c_i x_i)\right) - \\
& w_{\mathrm{c}}\sum_{i=0}^{M}\mathrm{CRI}(x_i) - w_{\mathrm{s}}\sum_{i=0}^{M}\mathrm{SRI}(x_i) - \\
& w_{\mathrm{n}}\sum_{i=0}^{M}\mathrm{NRI}(x_i) + \lambda\ln\left(1 + \sum_{i=0}^{N}\ln(1+c_i y_i)\right) - \\
& w_{\mathrm{c}}\sum_{i=0}^{M}\mathrm{CRI}(y_i) - w_{\mathrm{s}}\sum_{i=0}^{N}\mathrm{SRI}(y_i) - w_{\mathrm{n}}\sum_{i=0}^{N}\mathrm{NRI}(y_i)
\end{aligned}
\tag{5-23}
$$

$$
\text{s.t.}\quad
\begin{cases}
\forall x_i \geqslant 0 \\
\forall y_i = \{0,1\} \\
\sum_{i=0}^{M}\mathrm{CRI}(x_i) + \sum_{i=0}^{N}\mathrm{CRI}(y_i) \leqslant \max_{\mathrm{CR}} \\
\sum_{i=0}^{M}\mathrm{SRI}(x_i) + \sum_{i=0}^{N}\mathrm{SRI}(y_i) \leqslant \max_{\mathrm{SR}} \\
\sum_{i=0}^{M}\mathrm{NRI}(x_i) + \sum_{i=0}^{N}\mathrm{NRI}(y_i) \leqslant \max_{\mathrm{NR}}
\end{cases}
\tag{5-24}
$$

其中，向量 $\boldsymbol{X}$ 表示系统状态类和日志类的采集频率集合，是连续变量，取 0 代表不采集，其他值代表采集频率；向量 Y 表示流量类的采集频率，取 0 代表不采集，取 1 代表采集。约束条件表示计算资源消耗小于或等于 $\max_{CR}$，存储资源消耗小于或等于 $\max_{SR}$，传输资源消耗小于或等于 $\max_{NR}$。

5. 目标函数求解

威胁类型到采集项的精化是一个离散型和连续型混合的非线性优化问题，求解该问题的方法有数学方法、演化计算方法等，其中，数学方法包括罚函数法、可行方向法、逐步二次规划法等；演化计算方法包括遗传算法、粒子群算法、文化算法等。演化计算方法用概率的变迁规则控制搜索的方向，在概率意义上朝最优解方向靠近，在有限时刻内可得到近似最优解。我们采用遗传算法对威胁类型到采集项进行精化，主要分为以下 3 个部分。

（1）编码

编码是根据问题的解空间确定染色体中个体表现型的长度，我们采用二进制编码作为基因型编码，若采集频率取值范围为 $[a,b]$，精度为小数点后 l 位，则二进制编码长度 k 需要满足：

$$2^k < 10^l(b-a) < 2^{k+1} \tag{5-25}$$

对式（5-25）进行解析，得到 k 的取值范围为：

$$lb(10^l(b-a)) - 1 < k < lb(10^l(b-a)) \tag{5-26}$$

本方案中，系统状态类和日志类采集项的采集频率为连续型，其取值范围为 $[0,10]$，设定精度为小数点后 4 位，按照式（5-26），二进制编码串长度为 17；流量类采集项的采集频率为离散型，取值为 0 和 1，二进制编码串长度为 1。

（2）适应度函数

适应度函数是对算法所产生的染色体进行评价，并基于适应度值选择染色体的函数，我们采用目标函数式（5-23）作为适应度函数，采用约束函数式（5-24）判断染色体中的个体是否是可行解，若不满足约束函数，则标记为非可行解，在对当代种群的最优个体做记录等操作时不考虑非可行解。

（3）遗传算子

遗传算子包括交叉算子、变异算子和选择算子。交叉操作在种群中随机选取 2 个个体作为父个体，并把 2 个父个体的部分码值进行交换操作。目前主流的交叉算子包括单点交叉、双点交叉、均匀交叉、算术交叉等，我们采用经典的单点交叉，以最大限度地保存父个体的优势。对于变异算子，我们采用以变异概率对染色体中的个体进行补运算，以完成二进制编码中新搜索领域的开辟。除上述交叉算子和变异算子外，还需要确定合适的交叉概率 P_c 和变异概率 P_m，综合考虑收敛速度、产生新个体的能力，达到防止算法陷入局部最优的目的。目前 2 个概率值主要依靠经验的方法得到，一般情况下 P_c 取值范围为[0.40, 0.99]，P_m 取值范围为[0.0001, 0.1000]。选择算子依据个体适应度值选择在下一代中被保留还是被淘汰，目前主流的选择算子有轮盘赌选择、排序选择、期待值选择等，我们选择轮盘赌方法，使适应度值大的染色体被选中的概率大。

5.3.3 安全威胁融合分析

5.3.3.1 安全威胁评估指标树构建

对于安全威胁的融合分析，涉及攻防双方多个维度、多种类别的不同指标，采用单级评估的方式无法有效反映不同维度的指标对评估效果影响程度的差异，难以合理评价不同评估指标对安全威胁融合分析的影响结果，因此借鉴层次分析思想进行指标权重的计算；同时，为降低主观因素及数据不准确性对融合分析的影响，采用模糊评价法对处置效果进行评估。

安全威胁评估指标是对被保护对象安全状况的具体衡量标准，是评估威胁处置有效性的基本依据。由于系统的安全保护涉及诸多方面，如果仅根据某类或某一指标对安全威胁进行评估无疑是片面的、不合理的，难以准确反映出网络、系统的真实安全状况。鉴于威胁处置过程同时涉及防御者和攻击者，系统的安全状况可根据攻、防双方的状态或行为判断，因此从攻、防双方两个角度对各类指标进行归纳和分析。

从防御者角度而言，可将评估指标分为运行状态、系统操作和服务情况 3 个方面。

（1）运行状态方面。当被保护对象受到攻击时，其系统运行状态可能会发生改变。例如，当系统遭受拒绝服务攻击时，系统的 CPU 占用率可能会显著高于正常水平。因此，系统的安全状况可在一定程度上通过系统运行状态反映。

（2）系统操作方面。当被保护对象遭遇入侵时，恶意程序可能需要通过修改系统配置、状态参数等系统操作实现特定目的。例如，为了实现自身的有效隐藏，恶意程序会对系统注册表进行修改。因此，系统操作可在一定程度上反映系统的安全状况。

（3）服务情况方面。服务类被保护对象遭受攻击时，不仅自身会受影响，还会波及接受其服务的用户。例如，当 Web 服务遭受拒绝服务攻击时，合法用户访问 Web 页面时会出现明显的时延。因此，系统的安全状况还可以通过系统对外提供服务的情况反映。

从攻击者角度而言，可以从攻击成功所需要的资源（即运行状态）、攻击强度、攻击频度、攻击成功率等维度对安全威胁融合分析。但是，由于攻击者一般不在受控范围内，难以获取其运行状态参数等信息，在实际环境中甚至无法知晓攻击者的身份和位置，无法直接获取其相关指标。因此，考虑直接获取攻击者的运行状态等信息对安全威胁融合分析是不现实的。但是，入侵检测类系统/设备可以以报警信息的形式，间接提供与威胁相关信息。例如，当攻击者对系统实施拒绝服务攻击时，安全监测类设备会根据攻击的行为特征对流量进行分析，从而向用户发出可能遭受攻击的威胁报警。因此，可将报警情况作为攻击者相关状态和行为的反映指标，从而从攻击者的角度对安全威胁融合分析。基于以上分析，我们主要从运行状态、系统操作、服务情况、报警情况 4 个维度对安全威胁进行分析。

上述 4 个维度仅对各类指标进行了粗粒度的分类，尚无法根据这一粗粒度的指标划分进行处置效果的评估，在实际融合分析中需要将其进一步细分为多种详细、可获取、可计算的指标。其中，运行状态可以细分为带宽占用率、磁盘占用率、内存占用率、CPU 占用率等；系统操作可以细分为对系统关键文件的读取/修改/删除的频度、时刻等；服务情况可以细分为网络传输时延、网络抖动、服务响应时刻、分组丢失率、响应成功率等；报警情况包括报警数量、报警频率、报警种类、报警确信度、报警指示的攻击严重程度等。

尽管不同类型的攻击采用的技术手段不同，针对的目标攻击对象存在差异，对被攻击对象的影响也不尽相同，针对不同类型的攻击/威胁，需要根据攻击特征和受攻击后对象的受影响情况选取不同的指标进行安全威胁的融合分析。但是，各类攻击造成威胁的评估指标基本可以从这 4 个维度中选取。为了更为合理地表示出指标的所属分类及层次化关系，采用树状图的形式对各类指标进行组织，得到的分层指标树如图 5-6 所示。

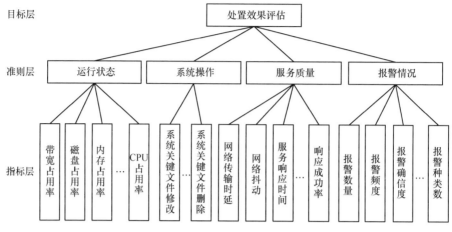

图 5-6　分层指标树

5.3.3.2　基于模糊层次分析的安全威胁融合分析

为了融合分析安全威胁，我们首先利用模糊层次分析法[6]计算指标权重；在此基础上，利用模糊综合评价法评估网络安全威胁状态。

1．指标权重模糊计算

（1）指标重要性标度确定

为便于后续分析，首先对指标的重要性标度进行说明。指标的重要性标度指不同指标之间的重要性比较结果。参照层次分析法的划分方式，各指标之间的重要性比较结果包括：同等重要、稍微重要、重要、明显重要、非常重要 5 种。在模糊层次分析中，分别用 0.5、0.6、0.7、0.8 和 0.9 进行相应重要性比较结果的表示，并用 0.1、0.2、0.3 和 0.4 表示相应的反向比较结果。需要注意的是，在实际使用中，可进一步结合需求对指标重要性标度进行更粗或更细粒度的划分，并相应调整其表示值。

（2）模糊判断矩阵构造

在构造指标重要性比较的模糊判断矩阵之前，需要先对各指标重要性比较结果对重要性标度的隶属度进行计算。现有常用的用于隶属度度量的隶属函数包括三角函数型、梯形分布型、正态分布型等。根据指标重要性比较的特点，采用三角函数型隶属函数作为重要性标度的隶属度度量方式，具体的计算方式为：

$$\mu_{M}(x)=\begin{cases}\dfrac{1}{m-l}\cdot x-\dfrac{l}{m-l}, & x\in[l,m)\\[2mm]\dfrac{1}{m-u}\cdot x-\dfrac{u}{m-u}, & x\in[m,u]\\[2mm]0, & \text{其他情况}\end{cases} \tag{5-27}$$

其中，模糊集合 M 由 m 标识并确定，m 代表 x 属于 M 的最可能值，其取值为指标重要性标度值，例如，当 $m=0.7$ 时，表示 M 为"指标 a_i 比指标 a_j 明显重要"；l 代表下界，即 x 属于 M 的最小可能值；u 代表上界，即 x 属于 M 的最大可能值。三角函数型模糊函数表示为 (l,m,u)。

基于安全威胁评估指标树中各层次因素，以及本节所述指标重要性标度和隶属度函数，得到指标间重要性比较结果的模糊判断矩阵。矩阵的形式为：

$$\boldsymbol{UM}=\begin{pmatrix}u_{1,1} & u_{1,2} & \cdots & u_{1,n}\\ u_{2,1} & u_{2,2} & \cdots & u_{2,n}\\ \vdots & \vdots & \ddots & \vdots\\ u_{n,1} & u_{n,2} & \cdots & u_{n,n}\end{pmatrix} \tag{5-28}$$

其中，$u_{i,j}$ 表示指标 u_i 相对于指标 u_j 的重要性。需注意的是，$u_{i,j}$ 是一个三角模糊数，即 $u_{i,j}=(l_{i,j},m_{i,j},u_{i,j})$。

（3）单层次排序

为计算某一指标在当前维度下的模糊综合度，首先对三角模糊数的运算进行介绍。三角模糊数的运算主要包括：求和 $\oplus$、求差 $\ominus$、求积 $\odot$、倒数 $^{-1}$。其中，求和运算指三角模糊数的上界、下界、标定值之间相加得到新的模糊数；求差运算指三角模糊数的上界、下界、标定值之间相减得到新的模糊数；求积运算指三角模糊数的上界、下界、标定值之间相乘得到新的模糊数；倒数运算指三角模糊数的上界、下界、标定值分别求倒数得到新的模糊数。给定两个模糊数 $u_1=(l_1,m_1,u_1)$、$u_2=(l_2,m_2,u_2)$，$\oplus$、$\ominus$、$\odot$、$^{-1}$ 运算的定义如下。

$$u_1\oplus u_2=(l_1+l_2,m_1+m_2,u_1+u_2) \tag{5-29}$$

$$u_1\ominus u_2=(l_1-l_2,m_1-m_2,u_1-u_2) \tag{5-30}$$

$$u_1\odot u_2=(l_1\cdot l_2,m_1\cdot m_2,u_1\cdot u_2) \tag{5-31}$$

$$u_1^{-1}=(l_1^{-1},m_1^{-1},u_1^{-1}) \tag{5-32}$$

根据模糊判断矩阵构造，$u_{i,j}$ 表示指标 u_i 相对于指标 u_j 的重要性，则可得指标 u_i 在当前维度下的模糊综合度 S_i 为：

$$S_i = \sum_{j=1}^{n} u_{i,j} \exp\left(\sum_{i=1}^{n} \sum_{j=1}^{n} u_{i,j} \right)^{-1} \tag{5-33}$$

其中，n 表示当前维度下指标的数量。

模糊综合度计算完成后，对各指标大小比较情况的可能度进行计算。设 $S_1 = (l_1, m_1, u_1)$、$S_2 = (l_2, m_2, u_2)$ 是两个指标的模糊综合度，则 $S_1 \geqslant S_2$ 的可能度 $V(S_1 \geqslant S_2)$ 定义为：

$$V(S_1 \geqslant S_2) = \begin{cases} 1, & m_1 \geqslant m_2 \\ \dfrac{l_2 - u_1}{(m_1 - u_1) - (m_2 - l_2)}, & m_1 < m_2 \text{且} l_2 > u_1 \\ 0, & \text{其他情况} \end{cases} \tag{5-34}$$

可能度计算完成后，计算各指标的权重分量，当前层第 i 个指标 u_i 的权重计算方式为：

$$w_i' = \min\{V(S_1 \geqslant S_2) : k = 1, 2, \cdots, n\} \tag{5-35}$$

然后对各指标的权重分量进行归一化处理，得到当前维度下当前层次中各指标的权重向量 $\boldsymbol{W} = (w_1, w_2, \cdots, w_i, \cdots, w_n)$，其中，

$$w_i = \frac{w_i'}{\sum\limits_{j=1}^{n} w_j'} \tag{5-36}$$

（4）综合权重计算

假设第 k 个维度各个指标的权重向量为 $\boldsymbol{W}_k = (w_1, w_2, \cdots, w_t)$，则在层次化结构中，维度 i 下指标 j 的综合权重为 $w_{(i,j)} = w_i \cdot w_j$。最终，得到最底层所有指标的综合权重向量为：

$$\boldsymbol{W}'' = (w_{(1,1)}, w_{(1,2)}, \cdots, w_{(1,m_1)}, \cdots, w_{(n,1)}, w_{(n,2)}, \cdots, w_{(n,m_n)}) = (w_1'', w_2'', \cdots, w_p'') \tag{5-37}$$

其中，n 为维度的数量；$m_1, \cdots, m_n$ 分别为维度1到维度 n 下的指标数量；p 为各维度下所有指标数量的总和，即 $p = m_1 + m_2 + \cdots + m_n$。

由上述运算可知，所有综合权重求和结果为 1，即：

$$\sum_{i=1}^{n}\sum_{j=1}^{m_n}w_{(i,j)}=1 \tag{5-38}$$

2. 安全威胁模糊综合评价

用于评估的各类指标值数据本身存在诸多不准确性问题，例如，报警准确度自身就是入侵检测类系统/设备根据网络流量特征所产生的非精准指标，因此采用模糊综合评价的方式进行安全威胁状态的计算，以缓解指标数据的不准确性带来的评估不准确问题。

（1）确定指标集与评价集

模糊综合评价的指标集由图 5-7 所示的评估指标树中最底层的各指标构成。评价集指对各指标值的优良程度的评价。针对效果评估的评价集，选取优、良、中、差这 4 个模糊等级分别表示安全威胁状态的好、较好、一般、差这 4 种情况。安全威胁状态的好坏取决于系统处于正常运行下各类相关指标与受威胁时各类相关指标的对比情况，因此，根据对比情况设定相应安全状态等级。具体说明如下。

对于运行状态和系统操作这两个维度的各类指标数据而言，其在一般情况下符合正态分布，即：

$$f(x)=\frac{1}{\sqrt{2\pi}\sigma}\exp\left(-\frac{(x-\mu)^2}{2\sigma^2}\right) \tag{5-39}$$

其中，$x\geq 0$，表示各类指标的取值。各指标值离均值 μ 的偏差越小，安全状态等级越高。即指标值越接近均值，认为越符合系统正常运行时的情况。运行状态、系统操作维度下各类指标的安全状态等级与偏差值的映射关系见表 5-3。

表 5-3 运行状态、系统操作维度下各类指标的安全状态等级与偏差值的映射关系

安全状态等级	偏差值
优	$0\sim a$
良	$a\sim b$
中	$b\sim c$
差	$>c$

其中，a、b、c 的取值原则为：当 $x\in[\mu,\mu+a]$ 时，$\int_{\mu}^{\mu+a}f(x)\mathrm{d}x=a'$，$\int_{\mu}^{\mu+b}f(x)\mathrm{d}x=b'$，$\int_{\mu+b}^{\mu+c}f(x)\mathrm{d}x=c'$，其中，$a'$、$a'-b'$、$b'-c'$ 分别表示安全状态等级为优、良、中 3 个等级的指标的取值占指标取值范围的比例。

对于服务情况和报警情况这两个维度的各类指标数据而言，我们认为各指标值的大小与处置效果存在正相关或负相关的关系。例如，对于服务的响应成功率指标而言，成功率越高，安全威胁状态越好；对于报警数量指标而言，报警数越少，安全威胁状态越好。安全威胁状态等级与指标值映射关系见表5-4。

表5-4 安全威胁状态等级与指标值映射关系

安全状态等级	负相关类指标的值	正相关类指标的值
优	$0 \sim p_1$	$> v_2$
良	$p_1 \sim q_1$	$q_2 \sim v_2$
中	$q_1 \sim v_1$	$p_2 \sim q_2$
差	$> v_1$	$0 \sim p_2$

（2）确定隶属函数及综合评判矩阵

为了保证安全威胁状态的完备性与相容性，结合评估数据的分布规律，采用正态分布型隶属函数作为安全状态等级隶属度的度量方式，具体定义为：

$$N_A(x) = \exp\left(-\frac{(x-\mu)^2}{2\sigma^2}\right) \tag{5-40}$$

其中，模糊集合 A 由 μ 标识并确定，例如，对于运行状态类指标而言，当 μ 为 $\frac{b+c}{2}$ 时，表示模糊集合 A 为 "效果属于一般"，μ、σ 为集合 A 的隶属函数的分布参数。正态分布型模糊函数表示为(μ，σ^2)。

基于式（5-40）所示的隶属函数，可得到指标 u_i 到安全状态等级 v_j 的隶属度 $r_{i,j}$，然后得到综合评判矩阵 $\mathbf{R} = (r_{i,j})_{p \times q}$，其中，$p$ 为指标数，q 为安全状态等级数。

（3）模糊综合算法

根据模糊层次分析求出的各指标的综合权重和基于正态分布型隶属函数得到的安全状态等级隶属度，求得各指标的模糊综合评判矩阵为：

$$\mathbf{B} = \mathbf{W}'' * \mathbf{R} = (b_1, b_2, \cdots, b_q) \tag{5-41}$$

其中，*指模糊合成运算。一般而言，常见的算子包括：取大取小算子($\wedge$，$\vee$)、最大乘积算子($\cdot$，$\vee$)、加权平均型算子($\cdot$，$+$)等。我们选取加权平均型算子进行模糊运算，即：

$$b_j = \sum_{i=1}^{p}(w_i'' \cdot r_{i,j}), \quad j = 1, 2, \cdots, q \tag{5-42}$$

所有 b_j 计算完成后，得到评价结果集 B。最后，根据加权平均原则处理评价结果集，得到安全威胁评分值。

进一步地，可以利用上述方法对多个被保护对象进行评估，进而通过加权平均等方式对各评估对象的安全威胁状态进行综合处理，得到最终的安全威胁融合分析结果。

5.4 安全设备联动处置

天地一体化信息网络终端海量、脆弱点分布广。当前多数威胁处置方案中处置主体各自为政、缺乏合作，防护时机盲目选择，且不能准确评估威胁处置效果，不能实现威胁处置闭环迭代，不适用于天地一体化信息网络中安全威胁联动响应需求。针对上述问题，本节介绍了防护时机预测[7]和联动处置效果评估[8]等方面的关键技术，支持威胁最小范围封闭。

5.4.1 防护时机优化选取

为了选择最佳防护时机，需要预测攻击者的攻击时机。现有研究多从防御方角度分析问题，忽略了攻击方可能存在策略动态调整的情况。我们从攻击者角度，以演化博弈模型为基础，模拟攻击策略、攻击收益、攻防认知的演化过程，通过计算子博弈纳什均衡，预测攻击时机；以预测的攻击时机为基础，确定优化的防护时机。

5.4.1.1 基本攻防博弈模型描述

基本攻防博弈模型[9]中攻击方行为空间 SA = {攻击, 不攻击}，防护方的行为空间 SD = {防护, 不防护}。用 C_a 表示攻击成本，C_d 表示防护成本，G 表示攻击成功所能获得的收益。攻、防博弈双方收益矩阵见表 5-5（为了清晰，在表 5-5 中未给出攻击成功概率以及收益折扣等参数）。

表 5-5 攻、防博弈双方收益矩阵

	防护	不防护
攻击	$-C_a$, $-C_d$	$G-C_a$, $-G$
不攻击	0, $-C_d$	0, 0

从表 5-5 收益矩阵可以看出，当攻击成本为定值时，攻击方与防护方为完全理性的情况下，双方通过计算纳什均衡决定最终决策，纳什均衡与参数取值有关，讨论如下。

（1）当 $G \leqslant C_a$ 时，则攻击方不攻击，防护方不防护。

（2）当 $C_d \geqslant G > C_a$ 时，攻击方攻击，防护方不防护。

（3）当 $G > C_a$ 并且 $G > C_d$，则不存在纯纳什均衡，存在混合纳什均衡，即攻击方以 $P_A = \dfrac{C_d}{G}$ 的概率选择攻击，防护方以 $P_D = \dfrac{G-C_a}{G}$ 的概率选择防护。

从上述模型可以看出，如果防护方选择防护，则攻击方无法成功完成攻击，无法获得收益，博弈结束。攻击方与防护方进行的是多次重复博弈，每次博弈之间没有必然联系。但是对于掌握零日漏洞的攻击方来说，此模型并不能很好地模拟其收益情况，主要有以下两个原因：①针对零日漏洞隐蔽性的特点，各种防护手段几乎无法察觉零日漏洞的存在，即使防护方选择防护策略，也很难有效抵制零日漏洞的攻击，因此不论对方防护与否，攻击方选择发动攻击均可获得相应攻击收益。②不同于基本博弈模型，零日漏洞的攻击方更关注手中资源在每一次使用之后，是否会被对方发现导致资源失效进而博弈结束，因此攻击方每次博弈选择和防护方的防护能力，是影响整个博弈进程发展的关键。下面通过演化博弈模型精确评估对方的防护能力，指导最优时机的选择。

本节主要针对多个攻击者和单个防御者，假设每个节点都至少存在一种零日漏洞，在演化博弈中，漏洞节点的防护者与利用该漏洞的攻击者构成子博弈。攻击者可能掌握多个漏洞，参与多个子博弈；同样的节点可能存在多个漏洞，相应地，其防护者与多个攻击者博弈。因此攻击者与节点防护者间是多对多的关系。

为了简化描述，假设攻击者完成单个攻击所需要的时间为一个单位时刻。如果漏洞被攻击者利用之后，被攻击的目标节点没有发现该漏洞的存在，则该漏洞在下一个时刻依然有效。因此，整个博弈过程的关键是攻击者的攻击起始时刻和防护者的防护能力，即防护者是否能够在遭受或未遭受攻击的情况下，准确发现并且修补该漏洞。同样，攻击者的决策也高度依赖于对方的防护能力。如果攻击者认为防护方的防护能力较差时，攻击者可能会多次利用该漏洞以获取更多的攻击收益，相反，如果攻击者认为防护方对攻击十分敏感，则其更偏向于选择伺机待发，在特定时刻给攻击目标致命一击。因此，本节从攻击者角度出发，讨论攻击者的优化攻击时机，并基于攻击时机确定防御时机。

5.4.1.2 零日攻防问题描述

为准确地评估防护方的防护能力，需要多次试探博弈，并依据博弈结果不断修正。对于单个攻击者而言，这种博弈过程很可能由于被对方发现而终止。因此，一种优化方式是向周围的攻击者学习，即观察邻居状态并且互相交换信息。这种方式一方面很大程度上避免了自身被发现，另一方面可以快速地掌握防护方的防御能力。因此，我们采用演化博弈模型[7]分析上述问题。

为了便于描述，使用 L 代表零日漏洞的生命周期。不同的漏洞具有不同的生命周期，例如，PHP 漏洞与 SQL 注入漏洞的生命周期长于缓冲区溢出和可执行代码漏洞的生命周期。在漏洞的整个周期内，漏洞一般被分为以下几个关键阶段：漏洞发现阶段、漏洞利用阶段、漏洞被公布阶段、漏洞被修复阶段等。不同阶段，其漏洞的威胁程度不同。我们用 $\mathrm{TA}(t)$ 表示不同阶段漏洞的威胁程度，其中，$t \in [0, L]$。当漏洞仅被攻击者发现时，其威胁程度最高；当有特定的补丁发布时，其威胁程度会大幅降低。针对不同时刻进行攻击，其所获的攻击收益用 $g(t)$ 表示，其中，$g(t)$ 是随时刻变化的函数。例如，如果攻击者的攻击目标为某类电商平台，则攻击者在某些特定的节假日（如国内双十一）进行攻击，其所获得的收益高于平日。针对视频直播类网站的攻击收益，其晚间时段的攻击收益高于白天，因为其用户量在晚上达到最高，并且周末的攻击收益要高于平日。假设攻击瞬时收益 $g(t)$ 依赖于目标访问流量、业务流程、客户类型等因素。

从防御方的角度来看，$P_D(t)$ 表示在时刻 t 防御方选择防御的概率，P_a 表示防御方的被动防御能力，即当目标节点遭受攻击后防御方发现该漏洞并修复的概率。P_b 表示防御方的主动防御能力，即在攻击方未采取任何行动的情况下防御方发现该漏洞并修复的概率。用 A 表示漏洞被防御方修复事件，用 B 表示攻击者利用某漏洞发动攻击事件，用 C 表示防御方选择了防御措施事件，则 $P_a = \{A|BC\}$，$P_b = \{A|\overline{B}C\}$。对防御方而言，$P_a$ 和 P_b 是已知的，但是对攻击方是未知的。另外，一般地，P_a 会

大于 P_b，这是因为节点遭受攻击后漏洞被发现的概率大于节点遭受攻击前漏洞被发现的概率。

从攻击者的角度来看，针对任一攻击者 i 而言，$P_\mathrm{A}^i(t)$ 表示攻击者在 t 时刻选择攻击的概率。$P_\mathrm{A}^i(t)$ 和 $P_\mathrm{b}(t)$ 均由 t 时刻的收益矩阵决定。用 $P_\mathrm{a}^i(t)$ 和 $P_\mathrm{b}^i(t)$ 表示攻击者在 t 时刻对于防御方防护能力 P_a 和 P_b 的预估值。随着博弈的不断进行，攻击方会通过与周围邻居交互信息，并且观察周围邻居的状态，不断修正这两个预估值。

5.4.1.3　零日攻防博弈模型

博弈参与方：在本攻防博弈的场景中，共有 m 个攻击者、n 个零日漏洞以及 q 个目标节点。在博弈的过程中，节点个数 q 为常量，但是攻击者数量 m 和零日漏洞数量 n 会不断变化。相较于攻击者数目而言，演化博弈更关注漏洞的数量 n，因为 n 个零日漏洞表示有 n 个攻防子博弈同时进行。用 $n(t)$ 表示在 t 攻防子博弈的数量，共有 3 个因素影响该值：在 t 时刻开始阶段新发现漏洞数量（用 $n_\mathrm{new}(t)$ 表示新发现的漏洞数量）、在 t 时刻结束时过期的漏洞数量（用 $n_\mathrm{exp}(t)$ 表示过期的漏洞数量）、每个时刻 t 结束时依据防护方的防护能力而淘汰漏洞（用 $n_\mathrm{dis}(t)$ 表示淘汰的漏洞数量）。因此，在 $t+1$ 时刻总的攻防子博弈数为：

$$n(t+1) = n(t) + n_\mathrm{new}(t+1) - n_\mathrm{dis}(t) - n_\mathrm{exp}(t) \tag{5-43}$$

博弈规则：针对每个"漏洞利用-节点防护"的博弈对，在确定了单次子博弈的情况下，攻击者和防御方都会通过计算纳什均衡决定此时刻的行为决策。其中的收益矩阵不仅包括此次攻击所能得到的瞬时收益，还包括此次攻击行为对后续博弈的影响，即有可能对后期的收益期望造成影响。在每一时刻结束时，攻击者观察周围邻居的状态，并且互相交换信息，更新对防护方防护能力的认知，并将更新的结果用于下一时刻的收益矩阵计算当中。

单个子博弈的收益矩阵：针对每个"漏洞利用-节点防护"的博弈对 $i \in n$，在任意时刻 t，其收益矩阵均由以下 3 个部分组成：①攻击成本，用 C_a^i 表示；②t 时刻的攻击瞬时收益，用 $g^i(t)$ 表示；③从时刻 t 直到此长期博弈结束时的长期收益期望，用 $E^i(t)$ 表示。$E^i(t)$ 的取值受到下面 4 个参数的影响：$g^i(t)$、$P_\mathrm{a}^i(t)$、$P_\mathrm{b}^i(t)$ 以及攻击者每一轮的决策。对于防御方而言，所受损失包括两个方面：防护成本 C_d 以及攻击损失。我们假设攻击损失的大小等于攻击方攻击收益的大小。

防护能力认知更新过程：攻击者对防护方防护能力的认知修正过程主要分为以

下 3 个步骤。

（1）随机初始化预估值：在攻击者刚刚加入博弈时，假设其对防御方的防护能力知之甚少，因此，初始的预估值采用随机生成的方式。

（2）通过观测身边邻居，计算观测到的 P_a 和 P_b：在时刻 t 的结束阶段，攻击者观察身边邻居，并且记录如下两个数值：①有多少邻居在本时刻采取了攻击行为，并且被发现；②有多少邻居未采取任何行动，但是也被发现。通过观测和记录周围邻居的状态，得到 P_a 和 P_b 的观测值。

（3）与邻居交换预估值，进行预估修正：除了自己的观测，攻击者之间还会存在信息交互的过程，分享各自对防护能力的认知，每个攻击者将记录周围全部邻居的预估值，并且结合自身的观测结果，对预估进行重新修正。

为了准确地描述上述 3 个步骤，首先介绍相关符号，用 P_{aD} 表示攻击者在采取攻击行为后被发现的概率，相应地：

$$P_{aD} = P_a \times P_D \tag{5-44}$$

类似地用 P_{bD} 表示攻击者在未采取任何行动时被发现的概率，相应地：

$$P_{bD} = P_b \times P_D \tag{5-45}$$

假设漏洞 i 的攻击者在时刻 $t \in [0, L_i]$ 攻击，用 $P_a^i(t)$ 和 $P_b^i(t)$ 表示攻击者在时刻 t 对 P_a 和 P_b 的预估值，其中，$P_a^i(0)$ 和 $P_b^i(0)$ 表示其初始预估。用 $s = \{s_1^t, s_2^t, \cdots, s_{k_t}^t\}$ 表示周围邻居的策略，用 $f = \{f_1^t, f_2^t, \cdots, f_{k_t}^t\}$ 表示邻居是否被发现，其中，k_t 表示 i 在时刻 t 周围邻居的数量，$s_j^t \in S_a$，$f_j^t \in \{0,1\}$。用 AD 表示邻居发起攻击并且被发现的邻居集合，即：

$$\text{AD} = \left\{ j \mid s_j^t = 1 \wedge f_j^t = 1, j \in [0, k_t] \right\} \tag{5-46}$$

用 ND 表示邻居中没有攻击但被发现的邻居集合，即：

$$\text{ND} = \left\{ j \mid s_j^t = 0 \wedge f_j^t = 1, j \in [0, k_t] \right\} \tag{5-47}$$

P_D^t 表示邻居 j 预估的 P_D 的值，P_{obaD}^t 表示 P_{aD} 的观测结果，相应地：

$$P_{obaD}^t(i) = \frac{|\text{AD}|}{\sum s_j^t} \tag{5-48}$$

P_{obbD}^t 表示 P_{bD} 的观测值，相应地：

$$P_{\mathrm{obbD}}^t(i) = \frac{|\mathrm{ND}|}{k - \sum s_j^t} \tag{5-49}$$

下面讨论对防护方防护能力认知的修正方案。

（1）平均求和方案

假设攻击者观测结果与自身上一时刻的预估值、周围邻居的预估值具有相同权重，因此攻击者记录身边所有邻居的 P_{a}^t 和 P_{b}^t 的预估值，并将自身上个时刻的预估结果与本时刻的观测结果求和，取平均值得 $P_{\mathrm{obbD}}^t(i)$ 和 P_{aD}^t 。

$$\overline{P_{\mathrm{aD}}^{t+1}(i)} = \frac{\sum_{j=1}^{k_t} P_{\mathrm{a}}^t(j) P_{\mathrm{D}}^t(j) + P_{\mathrm{a}}^t(i) P_{\mathrm{D}}^t(i) + P_{\mathrm{obaD}}^t(i)}{k_t + 2} \tag{5-50}$$

$$\overline{P_{\mathrm{bD}}^{t+1}(i)} = \frac{\sum_{j=1}^{k_t} P_{\mathrm{b}}^t(j) P_{\mathrm{D}}^t(j) + P_{\mathrm{b}}^t(i) P_{\mathrm{D}}^t(i) + P_{\mathrm{obbD}}^t(i)}{k_t + 2} \tag{5-51}$$

并且计算：

$$\overline{P_{\mathrm{D}}^{t+1}(i)} = \frac{\sum_{j=1}^{k_t} P_{\mathrm{D}}^t(j) + P_{\mathrm{D}}^t(i)}{k_t + 1} \tag{5-52}$$

根据 $\overline{P_{\mathrm{aD}}^{t+1}(i)}$ 、 $\overline{P_{\mathrm{bD}}^{t+1}(i)}$ 及 $\overline{P_{\mathrm{D}}^{t+1}(i)}$ 可以计算出在 $t+1$ 时刻的预估值：

$$P_{\mathrm{a}}^{t+1}(i) = \frac{\overline{P_{\mathrm{aD}}^{t+1}}}{\overline{P_{\mathrm{D}}^{t+1}}} = \frac{\left(\sum_{j=1}^{k_t} P_{\mathrm{a}}^t(j) P_{\mathrm{D}}^t(j) + P_{\mathrm{a}}^t(i) P_{\mathrm{D}}^t(i) + \dfrac{|\mathrm{AD}|}{\sum s_j^t} \right)(k_t + 1)}{(k_t + 2)\left(\sum_{j=1}^{k_t} P_{\mathrm{D}}^t(j) + P_{\mathrm{D}}^t(i) \right)} \tag{5-53}$$

$$P_{\mathrm{b}}^{t+1}(i) = \frac{\overline{P_{\mathrm{bD}}^{t+1}}}{\overline{P_{\mathrm{D}}^{t+1}}} = \frac{\left(\sum_{j=1}^{k_t} P_{\mathrm{b}}^t(j) P_{\mathrm{D}}^t(j) + P_{\mathrm{b}}^t(i) P_{\mathrm{D}}^t(i) + \dfrac{|\mathrm{ND}|}{k - \sum s_j^t} \right)(k_t + 1)}{(k_t + 2)\left(\sum_{j=1}^{k_t} P_{\mathrm{D}}^t(j) + P_{\mathrm{D}}^t(i) \right)} \tag{5-54}$$

需要注意的是，在计算 P_{a}^{t+1} 和 P_{b}^{t+1} 时，先计算 $\overline{P_{\mathrm{aD}}^{t+1}}$ 、 $\overline{P_{\mathrm{bD}}^{t+1}}$ ，然后再与 $\overline{P_{\mathrm{D}}^{t+1}}$ 进行除法运算，这是因为每个攻击者的邻居是有限的。

（2）分阶段平均求和方案

在漏洞生命周期的前半段时刻，攻击者根据平均求和的思想，对 P_a 和 P_b 进行预估值的修正。但是当此长期博弈进行到一定阶段以后，由于其预估值 $P_a^{t+1}(i)$ 和 $P_b^{t+1}(i)$ 已经较为接近 P_a 和 P_b 的真实值，而通过观测，记录到的邻居状态存在很大的不确定性，因此，在博弈的后半阶段，将观测值 $P_{obaD}^t(i)$ 和 $P_{obbD}^t(i)$ 从修正公式当中去除，因此，分阶段平均求和方案表示为：

$$
P_a^{t+1}(i) = \begin{cases} \dfrac{\left(\sum\limits_{j=1}^{k_t} P_a^t(j)P_D^t(j) + P_a^t(i)P_D^t(i) + \dfrac{|AD|}{\sum s_j^t} \right)(k_t+1)}{(k_t+2)\left(\sum\limits_{j=1}^{k_t} P_D^t(j) + P_D^t(i) \right)}, & t+1 \leqslant \dfrac{L}{2} \\[4mm] \dfrac{\sum\limits_{j=1}^{k_t} P_a^t(j)P_D^t(j) + P_a^t(i)P_D^t(i)}{\left(\sum\limits_{j=1}^{k_t} P_D^t(j) + P_D^t(i) \right)}, & t+1 > \dfrac{L}{2} \end{cases}
\tag{5-55}
$$

$$
P_b^{t+1}(i) = \begin{cases} \dfrac{\left(\sum\limits_{j=1}^{k_t} P_b^t(j)P_D^t(j) + P_b^t(i)P_D^t(i) + \dfrac{|ND|}{k - \sum s_j^t} \right)(k_t+1)}{(k_t+2)\left(\sum\limits_{j=1}^{k_t} P_D^t(j) + P_D^t(i) \right)}, & t+1 \leqslant \dfrac{L}{2} \\[4mm] \dfrac{\sum\limits_{j=1}^{k_t} P_b^t(j)P_D^t(j) + P_b^t(i)P_D^t(i)}{\left(\sum\limits_{j=1}^{k_t} P_D^t(j) + P_D^t(i) \right)}, & t+1 > \dfrac{L}{2} \end{cases}
\tag{5-56}
$$

（3）分阶段分权重平均方案

在分阶段平均求和的基础上，引入邻居参考价值权重的概念。其核心思想是该邻居存活时刻越长，所提供的评估值的参考价值越高，因此，以存活时刻作为权重，进行加权平均。这里需要注意的是，漏洞 i 的存活时刻 t，与周围邻居的存活时刻 t' 并非同一个时刻。因此，用 $T = \{t_1, t_2, \cdots, t_k\}$ 代表周围 k 个邻居的存活时刻，因此，分阶段分权重平均方案表示为：

$$P_a^{t+1}(i) = \begin{cases} \dfrac{\left(\sum\limits_{j=1}^{k_t} P_a^t(j)P_D^t(j)t_j + P_a^t(i)P_D^t(i)t + \dfrac{|AD|}{\sum s_j^t}\right)(k_t+1)}{\left(\sum\limits_{j=1}^{k_t} t_j + t + 1\right)\left(\sum\limits_{j=1}^{k_t} P_D^t(j) + P_D^t(i)\right)}, & t+1 \leqslant \dfrac{L}{2} \\[20pt] \dfrac{\left(\sum\limits_{j=1}^{k_t} P_a^t(j)P_D^t(j)t_j + P_a^t(i)P_D^t(i)t\right)(k_t+1)}{\left(\sum\limits_{j=1}^{k_t} t_j + t\right)\left(\sum\limits_{j=1}^{k_t} P_D^t(j) + P_D^t(i)\right)}, & t+1 > \dfrac{L}{2} \end{cases} \quad (5\text{-}57)$$

$$P_b^{t+1}(i) = \begin{cases} \dfrac{\left(\sum\limits_{j=1}^{k_t} P_b^t(j)P_D^t(j)t_j + P_b^t(i)P_D^t(i)t + \dfrac{|AD|}{\sum s_j^t}\right)(k_t+1)}{\left(\sum\limits_{j=1}^{k_t} t_j + t + 1\right)\left(\sum\limits_{j=1}^{k_t} P_D^t(j) + P_D^t(i)\right)}, & t+1 \leqslant \dfrac{L}{2} \\[20pt] \dfrac{\left(\sum\limits_{j=1}^{k_t} P_b^t(j)P_D^t(j)t_j + P_b^t(i)P_D^t(i)t\right)(k_t+1)}{\left(\sum\limits_{j=1}^{k_t} t_j + t\right)\left(\sum\limits_{j=1}^{k_t} P_D^t(j) + P_D^t(i)\right)}, & t+1 > \dfrac{L}{2} \end{cases} \quad (5\text{-}58)$$

可以看出，在上述 3 种预估值更新方案中，分阶段分权重平均方案可通过身边邻居提供的参考值，快速收敛到精确值附近。

5.4.1.4 零日攻击时机预测与防护时机选取

基于上述模型，本节介绍了攻击时机选择策略和防御时机选择策略。针对任意攻防子博弈，攻击者首先计算博弈的收益矩阵，并且根据收益矩阵计算子博弈的纳什均衡，通过纳什均衡，攻击者确定攻击时机。

单个子博弈的收益矩阵：每一个攻防子博弈的收益矩阵，都由 3 个部分组成，假设攻击成本是一个定值，瞬时收益 $g^i(t)$ 已经讨论过，本节主要讨论长期收益期望 $E(t)$。

对任一子博弈，用 $E(t)$ 表示从时刻 t 到该漏洞生命周期结束为止的攻击收益期望，因此：

$$E(t) = \sum_{\sigma=t}^{L} P_A(\sigma)g^i(\sigma)TA(\sigma) \quad (5\text{-}59)$$

其中，

$$g'(\sigma) = \max\{g(\sigma) - C_a, 0\}, \sigma \in [t, L] \tag{5-60}$$

因此需要计算 $\sigma = t, t+1, \cdots, L$ 所有时刻的 $P_A(\sigma)$。用符号 Q 表示在时刻 σ 时漏洞依然有效，用符号 R 表示攻击者将在时刻 σ 采取攻击，则有 $P_A(\sigma) = P(Q) \times P(R)$，展开为：

$$P_A(\sigma) = [P_A(\sigma-1) \times (1-P_a) + (1-P_A(\sigma-1)) \times (1-P_b)] \times P_A(t-1) \tag{5-61}$$

其中，$P_A(\sigma-1) \times (1-P_a)$ 表示攻击者在上一时刻选择了攻击并且未被发现的概率，$(1-P_A(\sigma-1)) \times (1-P_b)$ 表示攻击者在上一时刻没有攻击也没有被发现的概率。为了降低计算复杂度，假设在计算 $P_A(\sigma)$ 时，防御者将始终选择防御策略；在式（5-62）中的 $P_A(t-1)$ 采用了近似值代替。因为后期的 $P(Y)$ 是通过在时刻 σ 计算纳什均衡得到的，不可能在此时精确计算出该值，因此用 $P_A(t-1)$ 代替。根据递推式（5-61），可以得到：

$$P_A(\sigma) = \left[P_A(t-1) + \frac{(1-P_b) \times P_A(t-1)}{(P_b - P_a) \times P_A(t-1) - 1} \right] \cdot$$
$$[(P_b - P_a) \times P_A(t-1)]^{t-1} - \frac{(1-P_b) \times P_A(t-1)}{(P_b - P_a) \times P_A(t-1) - 1} \tag{5-62}$$

单个子博弈的收益矩阵见表 5-6。其中，

$$G_A^D = g(t) - C_a + (1-P_A)E(t+1) \tag{5-63}$$

$$G_{NA}^D = (1-P_b)E(t+1) \tag{5-64}$$

$$G_A^{ND} = g(t) - C_a + E(t+1) \tag{5-65}$$

$$G_{NA}^{ND} = E(t+1) \tag{5-66}$$

表 5-6　单个子博弈的收益矩阵

	防护	不防护
攻击	$G_A^D, -G_A^D - C_d$	$G_A^{ND}, -G_A^{ND}$
不攻击	$G_{NA}^D, -G_{NA}^D - C_d$	$G_{NA}^{ND}, -G_{NA}^{ND}$

对子博弈的纳什均衡（即攻击者的行为指导准则）讨论如下。

（1）在某一时刻 t，若 $g'(t) \leqslant 0$ 且 $C_d < P_b E(t+1)$，则攻击方不攻击，防护方防护。若 $g'(t) \leqslant 0$ 且 $C_d > P_b E(t+1)$，则攻击方不攻击，防护方不防护。因为 $g'(t) \leqslant 0$，且 $P_a > P_b$，因此 $G_A^D < G_{NA}^D$，由于 $G_A^{ND} < G_{NA}^{ND}$，因此无论防护方选择什么策略，攻击方的最优选择均为不攻击。但对防护方而言，如果 $C_d > P_b E(t+1)$，则可以花费较少的代价，以较高的概率发现该漏洞，从而阻止更多的损失发生。因此防护方会选择防护；相反，

如果防御成本较高，即 $C_\text{d} > P_\text{b}E(t+1)$ ，则防护方不会选择防护策略。

（2）在某一时刻 t ，若 $g'(t) > (P_\text{a} - P_\text{b})E(t+1)$ 且 $C_\text{d} < P_\text{a}E(t+1)$ ，则攻击方攻击，防护方防护。若 $g'(t) > (P_\text{a} - P_\text{b})E(t+1)$ 且 $C_\text{d} \geqslant P_\text{a}E(t+1)$ ，则攻击方攻击，防护方不防护。 $g'(t) > (P_\text{a} - P_\text{b})E(t+1)$ 意味着本次攻击的瞬时收益高于被发现所导致的收益损失，因此无论防护方是否选择防护，攻击方均采取攻击策略。对防护方而言，在知道攻击方攻击的情况下，考虑自身防护成本与补救损失之间的关系，如果 $C_\text{d} < P_\text{a}E(t+1)$ ，即成本低于防护所能弥补的损失，则防护方选择防护。相反，如果 $C_\text{d} \geqslant P_\text{a}E(t+1)$ ，则防护方选择不防护。

（3）在某一时刻 t ，若 $0 < g'(t) \leqslant (P_\text{a} - P_\text{b})E(t+1)$ 且 $C_\text{d} \geqslant P_\text{a}E(t+1)$ ，则防护方选择不防护，攻击方选择攻击。当 $C_\text{d} < P_\text{a}E(t+1)$ 时， $-G_\text{A}^\text{D} - C_\text{d} < -G_\text{A}^\text{ND}$ ，因为 $P_\text{a}{>}P_\text{b}$ ，所以 $-G_\text{NA}^\text{D} - C_\text{d} < -G_\text{NA}^\text{ND}$ ，因此防护成本过高，造成无论攻击方采取什么策略，防护方均选择不防护；相应地，攻击方选择攻击。

（4）在某时刻 t ，若 $0 < g'(t) \leqslant (P_\text{a} - P_\text{b})E(t+1)$ 且 $C_\text{d} \geqslant P_\text{a}E(t+1)$ ，则防护方选择防护，攻击方选择不攻击。因为 $C_\text{d} < P_\text{a}E(t+1)$ 并且 $P_\text{a}{>}P_\text{b}$ ，因此 $-G_\text{A}^\text{D} - C_\text{d} < -G_\text{A}^\text{ND}$ 和 $-G_\text{NA}^\text{D} - C_\text{d} < -G_\text{NA}^\text{ND}$ 成立。由于防护成本较低，防护方选择防护，在此情况下，攻击方选择不攻击。

（5）在某时刻 t ，若 $0 < g'(t) \leqslant (P_\text{a} - P_\text{b})E(t+1)$ 且 $P_\text{b}E(t+1) < C_\text{d} < P_\text{a}E(t+1)$ ，则此博弈没有纯纳什均衡策略，但存在混合纳什均衡，其中，攻击方以 $\dfrac{C_\text{d} < P_\text{b}E(t+1)}{(P_\text{a} - P_\text{b})E(t+1)}$ 的概率选择攻击，同时防护方以 $\dfrac{g'(t)}{(P_\text{a} - P_\text{b})E(t+1)}$ 的概率选择防护。

假设攻击方选择攻击的概率是 X ，防护方选择防护的概率是 Y ，则攻击方的期望效用函数为：

$$U_\text{A} = X\left[YG_\text{A}^\text{D} + (1-Y)G_\text{A}^\text{ND}\right] + (1-X)\left[YG_\text{NA}^\text{D} + (1-Y)G_\text{NA}^\text{ND}\right]$$

$$U_\text{D} = Y\left[X(-G_\text{A}^\text{D} - C_\text{d}) + (1-X)(-G_\text{NA}^\text{D} - C_\text{d})\right] + (1-Y)\left[X(-G_\text{A}^\text{ND}) + (1-X)(-G_\text{NA}^\text{ND})\right] \qquad (5\text{-}67)$$

对上述期望效用函数求偏导：

$$\frac{\partial U_\text{A}}{\partial X} = \left[YG_\text{A}^\text{D} + (1-Y)G_\text{A}^\text{ND}\right] - \left[YG_\text{NA}^\text{D} + (1-Y)G_\text{NA}^\text{ND}\right] \qquad (5\text{-}68)$$

令 $\dfrac{\partial U_\text{A}}{\partial X} = 0$ ，求得：

$$Y = \frac{G_{\mathrm{NA}}^{\mathrm{ND}} - G_{\mathrm{A}}^{\mathrm{ND}}}{G_{\mathrm{A}}^{\mathrm{D}} + G_{\mathrm{NA}}^{\mathrm{ND}} - G_{\mathrm{A}}^{\mathrm{ND}} - G_{\mathrm{NA}}^{\mathrm{D}}} = \frac{g'(t)}{(P_{\mathrm{a}} - P_{\mathrm{b}})E(t+1)} \tag{5-69}$$

同理，对防护方的期望效用求偏导，得到：

$$\frac{\partial U_{\mathrm{D}}}{\partial Y} = \left[X(-G_{\mathrm{A}}^{\mathrm{D}} - C_{\mathrm{d}}) + (1-X)(-G_{\mathrm{NA}}^{\mathrm{D}} - C_{\mathrm{d}}) \right] - \left[X(-G_{\mathrm{A}}^{\mathrm{ND}}) + (1-X)(-G_{\mathrm{NA}}^{\mathrm{ND}}) \right] \tag{5-70}$$

令 $\dfrac{\partial U_{\mathrm{D}}}{\partial Y} = 0$，可得：

$$X = \frac{G_{\mathrm{NA}}^{\mathrm{D}} - G_{\mathrm{NA}}^{\mathrm{ND}} + C_{\mathrm{d}}}{-G_{\mathrm{A}}^{\mathrm{D}} - G_{\mathrm{NA}}^{\mathrm{ND}} + G_{\mathrm{A}}^{\mathrm{ND}} + G_{\mathrm{NA}}^{\mathrm{D}}} = \frac{C_{\mathrm{d}} - P_{\mathrm{b}}E(t+1)}{(P_{\mathrm{a}} - P_{\mathrm{b}})E(t+1)} \tag{5-71}$$

在计算得到子博弈的纳什均衡之后，从防御者的角度，可以以此为参照，对整个网络的安全状态进行度量。

在任意时刻 t，针对攻击目标的第 j 个节点，用非负向量 $p_j(t) = [p_{j,1}(t), \cdots, p_{j,K_j}(t)]^{\mathrm{T}}$ 表示 K_j 个未知威胁被利用的概率分布，其中，$p_{j,m}(t) \in [0,1], m = 1, \cdots, K_j$，$p_{j,m}(t)$ 表示第 m 个资源被攻击者使用。可计算节点 j 在 t 时刻被攻击的概率：

$$P_j(t) = 1 - \prod_{n=1}^{K_j} \left(1 - p_{j,n}(t) \right) \tag{5-72}$$

用 $P(t) = [P_1(t), P_2(t), \cdots, P_q(t)]^{\mathrm{T}}$ 表示攻击目标当中所有节点被攻击的概率分布，用 $W(t) = [w_1(t), w_2(t), \cdots, w_q(t)]$ 表示节点的权重，用 $S(t)$ 表示 t 时刻系统的安全威胁状态系数：

$$S(t) = P_j(t) \cdot W(t) = \sum_{n=1}^{q} P_n(t) \cdot w_n(t) \tag{5-73}$$

可以看出，$S(t)$ 的取值越大，代表系统此时的威胁程度越高。防护者据此选择防御时机。

5.4.2　联动处置效果评估

联动处置效果评估的目的在于量化管控策略的执行效果，是判断管控策略对特定威胁的响应效果和处置能力的重要依据，也是设计和及时调整处置指令参数的重要指标[8]。

5.4.2.1 评估指标预处理

评估指标预处理是处置效果评估的重要环节，包括指标权重确定和指标数据预处理两部分。本节详细介绍了使用层次分析法计算评估指标权重和 min-max 规范化方法预处理指标数据的过程。

1. 基于层次分析法的指标权重计算

层次分析法（AHP，analytic hierarchy process）是一种定性与定量分析相结合的系统性多准则决策方法。AHP 通过把问题层次化，根据问题的性质和要达到的总目标，将问题分解为不同组成因素，并按照因素间的相互关联影响以及隶属关系按不同层次聚集组合，形成一个多层次的分析结构模型。AHP 需要的定量信息较少，将决策评估的过程数学化，可便捷地评估多准则和无结构特性的复杂决策问题。在处置效果评估问题上，结合第 5.3.3 节的安全威胁评估指标树构建，本节从系统状态、威胁特征等角度对评估指标进行分类和级别划分，具有层次性特点，符合 AHP 处理问题特征范围。因此，层次分析法适用于处置效果评估指标的权重计算问题。

对选取处置效果评估指标，按"目标–准则–指标"的分层原则对处置效果评估问题进行逐层设计。目标层用来描述处置指令的有效性，准则层由网络威胁影响的指标类型组成，包括基础评估和特征评估两个维度，是处置指令有效性的宏观体现。指标层包括体现处置效果的各个具体的评估指标要素，有效性评估指标的层次结构如图 5-7 所示。

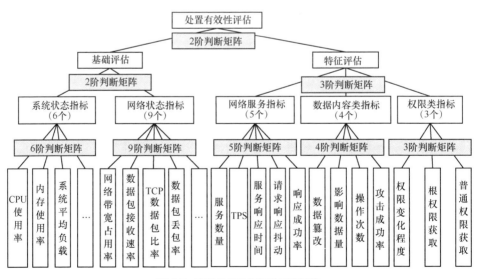

图 5-7　有效性评估指标的层次结构

该评估指标层次结构模型中，具体的处置效果评估指标分为系统状态指标、网络状态指标、网络服务指标、数据内容类指标和权限类指标 5 类。其中前两类反映网络系统的基础运行状态，后 3 类是网络威胁影响的系统特征方面。对每一类指标，通过比较两两指标间的重要程度，按照 1～9 标度法获得评估指标的判断矩阵。

采用层次分析法计算评估指标权重的过程中，必须检验判断矩阵 $\boldsymbol{A}$ 的一致性。不满足一致性要求的判断矩阵则需要调整。所谓判断矩阵不满足一致性要求的直观解释是，在比较指标 a、b、c 的过程中，出现 a 相对 b 重要，b 相对 c 重要，但同时又出现 c 相对 a 重要的现象，这是违反指标相对重要性、一致性的。目前国内外有较多关于判断矩阵一致性调整算法的研究，本节采用的一致性调整算法如算法 5-1 所示。其中，在迭代过程中需要对判断矩阵元素进行更新，需要使用到式（5-74）所示的更新公式。

$$\boldsymbol{A}^{(k+1)}=\left(a_{ij}^{(k+1)}\right)=\begin{cases}\lambda a_{rs}^{(k)}+(1-\lambda)(\omega_r^{(k)}/\omega_s^{(k)}),(i,j)=(r,s)\\\dfrac{1}{\lambda a_{rs}^{(k)}+(1-\lambda)(\omega_r^{(k)}/\omega_s^{(k)})},(i,j)=(s,r)\\a_{ij}^{(k)},(i,j)\neq(r,s),(s,r)\end{cases}\qquad（5\text{-}74）$$

判断矩阵元素更新式（5-74）采用的是加权平均形式，每次更新时将上一次迭代中的 a_{ij} 和 ω_i/ω_j 进行凸组合。这种方法计算量小，通常经过几十次的迭代便可达到一致性要求。经过一致性调整后得到判断矩阵 $\boldsymbol{A}$ 的最大特征值 $\lambda_{\max}$ 所对应的特征向量即可作为当前层次各指标相对于上一层某元素的权重。

算法 5-1　判断矩阵一致性调整算法

输入　不满足一致性要求的判断矩阵 $\boldsymbol{A}$；一致性比率要求 CR^*；最大迭代次数 MaxIters；迭代次数计数器 k

输出　一致性调整后的判断矩阵 $\boldsymbol{A}^{(k)}$；迭代次数 k；判断矩阵的最大特征值 $\lambda_{\max}$ 及最大特征值对应的特征向量 $\boldsymbol{w}$；一致性比率 $\mathrm{CR}^{(k)}$

　令 $\boldsymbol{A}(0)=(a_{ij}^{(0)})=(a_{ij}),CR^*=0.10,k=0,\text{MaxIters}=N;$

　　while $\mathrm{CR}>\mathrm{CR}^*$ and $k<\text{MaxIters}$ do

　　计算判断矩阵 $\boldsymbol{A}^{(k)}$ 的最大特征值 $\lambda_{\max}(\boldsymbol{A}^{(k)})$ 和对应特征向量 $\boldsymbol{w}=(w_1^{(k)},w_2^{(k)},\cdots,w_n^{(k)})^{\mathrm{T}}$

　　计算 k 次迭代的一致性指标 $\mathrm{CI}^{(k)}$ 和一致性比率 $\mathrm{CR}^{(k)}$，$\mathrm{CI}^{(k)}=(\lambda_{\max}(\boldsymbol{A}^{(k)})-$

$n/(n-1), \mathrm{CR}^{(k)} = \mathrm{CI}^{(k)}/\mathrm{RI}$

if $\mathrm{CR}^{(k)} < \mathrm{CR}^*$ or $k > \mathrm{MaxIters}$ then

break;

else

确定整数 r, s 使其满足 $\epsilon_{rs} = \max\limits_{i,j}\left\{a_{ij}^{(k)}\left(\omega_j^{(k)}/\omega_i^{(k)}\right)\right\}$，然后根据式（5-74）更新判断矩阵 $\boldsymbol{A}^{(k)}$

end if

end while

return $\boldsymbol{A}^{(k)}, k, \lambda_{\max}\left(\boldsymbol{A}^{(k)}\right), \boldsymbol{w}, \mathrm{CR}^{(k)}$;

2. 指标数据归一化处理

不同评估指标从不同角度反映网络系统的状态信息，这些指标之间的取值范围和量纲可能不同。以指标取值范围的差异为例，CPU 使用率的取值总是在[0,1]内，而 TCP 连接数可以取到从 0 到百万量级之间的数值。因此，在进行处置效果评估前，必须对指标数据进行预处理，消除指标之间的量纲差异和数量级区别。这里对 n 个评估指标使用 min-max 规范化方法进行指标数据归一化处理，处理方法有以下两种。

（1）以威胁联动处置时刻为划分点，获取 n 个评估指标在威胁处置前、后一段时刻内共 m 次采集数据（假设前 j 次为威胁处置前的采集数据），将各评估指标的采集数据规范化到[0,1]，如式（5-75）所示。

$$V = \begin{pmatrix} v_{1,1} & v_{2,1} & \cdots & v_{n,1} \\ \cdots & \cdots & \cdots & \cdots \\ v_{2,1} & v_{2,2} & \cdots & v_{n,j} \\ v_{1,j+1} & v_{2,j+1} & \cdots & v_{n,j+1} \\ \cdots & \cdots & \cdots & \cdots \\ v_{1,m} & v_{2,m} & \cdots & v_{n,m} \end{pmatrix} \xrightarrow{\text{规范化}} \begin{pmatrix} v'_{1,1} & v'_{2,1} & \cdots & v'_{n,1} \\ \cdots & \cdots & \cdots & \cdots \\ v'_{2,1} & v'_{2,2} & \cdots & v'_{n,j} \\ v'_{1,j+1} & v'_{2,j+1} & \cdots & v'_{n,j+1} \\ \cdots & \cdots & \cdots & \cdots \\ v'_{1,m} & v'_{2,m} & \cdots & v'_{n,m} \end{pmatrix} \quad (5\text{-}75)$$

（2）对于规范化后的评估指标数据，分别计算其处置前和处置后的平均值。对应于式（5-75），即分别计算 n 个评估指标前 j 次和后 $m-j$ 次采集数据的平均值，分别记作 $V_1 = (\overline{v}_{11}, \overline{v}_{21}, \cdots, \overline{v}_{n1})$ 和 $V_2 = (\overline{v}_{12}, \overline{v}_{22}, \cdots, \overline{v}_{n2})$。

V_1 和 V_2 分别为预处理前、后的评估指标值，可作为基于网络熵的评估方法的输入数据。对指标数据的预处理是在规范化到[0,1]后分别对处置前、后计算平均值，不需要处置前、后的采集数据条数相同。

5.4.2.2　处置效果评估

1. 基于网络熵的有效性评估模型

选定处置效果评估指标之后，用标准化方法将指标数据无量纲化，得到网络系统的安全性度量。威胁处置前、后网络系统的指标值变化就是处置效果的一种测度。网络熵是对网络安全性能的一种描述，网络熵值越小，表明该网络系统的安全性越好。当某种处置指令有效时，将使受保护网络系统性能获得改善，其网络熵值将减小。因此，可采用"熵差"描述处置效果：

$$\Delta H = (-\mathrm{lb}V_2) - (-\mathrm{lb}V_1) = -\mathrm{lb}\left(\frac{V_2}{V_1}\right) \tag{5-76}$$

其中，V_1 为网络系统处置前的归一化性能参数，V_2 为处置后的归一化参数。由上述定义可知，处置指令是否有效从 ΔH 的符号体现：若 $\Delta H < 0$，则表明处置后网络系统的网络熵值减小，网络性系统的整体性能得到改善，处置指令是有效的；否则表明处置指令的有效性无法得到体现。有效性的大小将通过 ΔH 绝对值的大小体现，绝对值越大表明有效性越明显。

在进行单节点处置效果评估时，对于某项具体的评估指标而言，该指标的熵值定义为 $H_i = -\mathrm{lb}V_i$，V_i 为该指标的归一化参数。此项评估指标在威胁处置前后的"熵差"计算方法为：

$$\Delta H_i = (-\mathrm{lb}V_{i2}) - (-\mathrm{lb}V_{i1}) = -\mathrm{lb}\left(\frac{V_{i2}}{V_{i1}}\right) \tag{5-77}$$

其中，V_{i1} 和 V_{i2} 分别为该项指标在处置前、后的归一化参数。通常某项处置指令将影响系统多个方面的性能，因此为全面综合地评估处置效果，应将从各个角度反映出的性能变化综合。单节点的系统熵差可以在求得各评估指标权重及处置前、后各指标熵差后进行加权求和得到，其加权模型如式（5-78）所示。

$$\Delta H(n) = \sum_{i=1}^{n} \omega_i \Delta H_i \tag{5-78}$$

其中，ω_i 为评估指标 V_i 的权重，满足 $\sum \omega_i = 1$，该权重可通过前述的层次分析法求出；n 为评估指标个数。单个节点的熵差反映了处置指令在当前网络系统上造成的系统性能变化，即对应着网络单个节点的处置效果。$\Delta H(n)$ 绝对值越大表示该处置指令效果越好，有效性越明显。

2. 单节点处置效果评估

单节点处置效果评估可反映处置指令在单个设备上的有效性。当威胁联动处置系统只针对单个设备处置时，其处置指令有效性就是在该设备上的效果。单节点有效性评估过程包含以下 4 个步骤，单节点有效性评估步骤如图 5-8 所示。

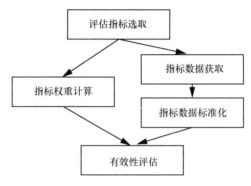

图 5-8 单节点有效性评估步骤

（1）评估指标选取。作为效性评估的基础，评估指标的选择涉及内容广泛，需要对被评估系统、服务有清楚的认识。

（2）指标权重确定。权重直接反映指标对有效性评估的重要性程度，其确定算法多样，需要根据实际应用场景选择。

（3）指标数据获取与预处理。指标数据可直接通过采集系统获取，然后对指标数据进行标准化预处理，使之无量纲化。

（4）根据选取的评估算法进行有效性计算。目前有很多成熟的综合评估方法，本节采用基于网络熵的处置效果评估方法。

3. 联动处置效果评估

单节点熵差反映的是处置指令在单个设备上得到的性能改善。在联动处置中，处置指令更复杂，处置设备类型更多，因此在得到单节点处置效果之后，需要对联动处置中所有需要评估节点的处置效果进行综合，得到联动处置的综合处置效果。联动处置效果评估流程如图 5-9 所示。

在联动处置效果评估时，首先对各评估节点进行重要性系数计算。该系数反映了不同节点在网络中体现的重要性，对重要性系数大的设备进行处置会获得更好的整体效果。在判断节点的重要性时需要考虑以下因素。

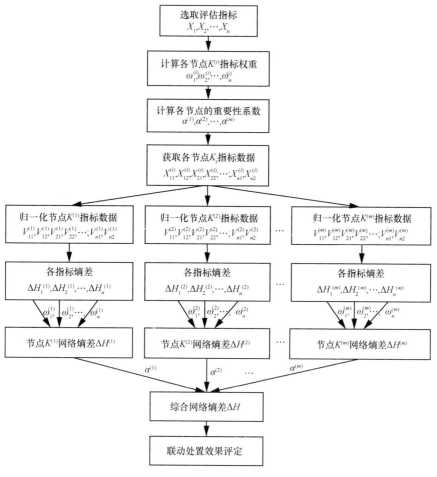

图 5-9　联动处置效果评估流程

（1）节点类型。不同类型的设备在网络中的作用可能完全不同，安全设备主要进行网络系统安全性监控和防护，而服务器主要为用户提供应用服务。

（2）节点的级别。节点的级别体现其在网络中所处的位置，主干网上的安全设备如防火墙的级别优先于旁路设备，如 IDS。

（3）资产价值。资产价值直接从设备价值和服务价值角度反映节点重要性，一般来说，资产价值越高的设备其重要性系数越大。

基于以上重要性因子，采用线性加权模型定义节点 i 重要性系数 α_i：

$$\alpha_i = \sum_{j=1}^{3} q_j \beta_{ij} \tag{5-79}$$

其中，q_j、$q_j = 1$ 为加权系数，β_{i1}、β_{i2}、β_{i3} 分别为节点 i 的类型因子、级别因子、价值因子。联动处置效果要综合网络中所有需要评估节点的有效性：

$$\Delta H = \frac{\sum_{n=1}^{m} \alpha_n \Delta H(n)}{\sum_{n=1}^{m} \alpha_n} \tag{5-80}$$

其中，m 为评估节点数，α_n 为节点 n 的重要性系数，$\Delta H(n)$ 为节点 n 在威胁处置前后的网络熵差。根据联动处置综合有效性评估得到的有效性是数值型的，不能直观反映有效性的好坏程度，需要对评估数值结果进行分级判定，将"没有效果""效果轻微""效果中等""效果明显""效果显著"等直观结果反馈给威胁联动处置系统。联动处置效果分级评定见表 5-7。

表 5-7　联动处置效果分级评定

ΔH 绝对值范围	综合性能提升 Δp	联动处置效果
<7%	<5%	没有效果
[7%, 32%)	[5%, 20%)	效果轻微
[32%, 100%)	[20%, 50%)	效果中等
[100%, 232%)	[50%, 80%)	效果明显
>232%	>80%	效果显著

处置效果判定中，网络系统熵差 ΔH 与综合性能提升 Δp 的关系表示为 $\Delta H = -\text{lb}(1-\Delta p)$。其中，已将 ΔH 绝对值的取值范围与处置效果作正相关处理，即通过网络熵模型计算得到的 ΔH 绝对值越大，表明网络性能提升越明显，处置指令对该威胁类型的处置效果越好。

| 5.5　本章小结 |

动态赋能是支撑天地一体化信息网络安全按需服务的根本途径，威胁内嵌式精准感知、多域融合分析、协同联动处置是安全管控之根本。本章围绕天地一体化信息网络中的安全威胁感知和威胁处置需求，介绍了安全动态赋能架构，该架构融合了安全服务能力编排、安全态势分析、安全管理与处置指挥等功能，证明了该架构的可信性；详细介绍了多层联动的威胁感知框架、感知策略动态生成和安全威胁融合分析方法；重点阐述了安全防护时机的优化选取、威胁联动处置效果综合评估等方法。未来需要研究安全服务能力的柔性重构与动态供给、大规模网络的威胁识别追溯、异构网络区域纵横联动处置。

｜参考文献｜

[1]　李凤华, 张玲翠, 郭云川, 等. 一种网络安全防护方法及系统: 202010427084.2[P]. 2020.

[2]　张玲翠, 许瑶冰, 李凤华, 等. 天地一体化信息网络安全动态赋能架构[J]. 通信学报, 2021, 42(9): 87-95.

[3]　DENG Y. Deng entropy[J]. Chaos, Solitons & Fractals, 2016(91): 549-553.

[4]　李凤华, 李子孚, 李凌, 等. 复杂网络环境下面向威胁监测的采集策略精化方法[J]. 通信学报, 2019, 40(4): 49-61.

[5]　李凤华, 李勇俊, 杨正坤, 等. 不完全信息下的威胁处置效果模糊评估[J]. 通信学报, 2019, 40(4): 117-127.

[6]　LIU Y, ECKERT C M, EARL C. A review of fuzzy AHP methods for decision-making with subjective judgements[J]. Expert Systems with Applications, 2020(161): 113738.

[7]　SUN Y W, YIN L H, GUO Y C, et al. Optimally selecting the timing of zero-day attack via spatial evolutionary game[C]//Algorithms and Architectures for Parallel Processing. Cham: Springer International Publishing, 2017: 313-327.

[8]　李凤华, 谢绒娜, 张玲翠. 一种网络中的威胁处置效果的确定方法及系统: CN109510828B[P]. 2020.

[9]　姜伟, 方滨兴, 田志宏, 等. 基于攻防博弈模型的网络安全测评和最优主动防御[J]. 计算机学报, 2009, 32(4): 817-827.

第 6 章

数据安全

在服务过程中，天地一体化信息网络涉及用户注册、移动管理、计费信息、业务信息、运维信息、信息服务等方面的大量敏感数据，数据安全主要确保上述数据传输与存储过程中的机密性、完整性等。面向多播信息服务、多模态海量数据存储安全、高并发的密码按需服务等应用需求，需要解决多播密钥分发、海量密钥高效管理、基于密钥的租户数据安全隔离、高并发密码状态管理等方面的技术挑战。针对上述需求，本章重点介绍了业务数据安全、高并发按需服务、存储安全和海量密钥管理等方面的关键技术与解决方案。

|6.1 引言|

《中华人民共和国数据安全法》将数据定义为"任何以电子或者非电子形式对信息的记录",是描述客观事物且能被计算机程序处理的符号集合。数据安全是指在收集、存储、传输、处理、销毁等全生命周期环节中确保结构化、半结构化或非结构化表征的具有一定组织形式的原始数据或衍生数据的安全,其保障目标包括数据的机密性、完整性、认证、抗否认性、确权与授权等。依赖天地一体化信息网络产生的数据是其核心资产,相应地,数据安全在天地一体化信息网络安全中具有重要作用。

同传统网络相比,天地一体化信息网络在数据"收集、存储、传输、处理、销毁"全生命周期环节中,差异最大的是数据传输环节。这是因为天地一体化信息网络中海量数据将在无线信道中长距离传输,无线信道开放性、传输链路高方差/大时延等特性将带来诸多安全问题。特别地,由于天地一体化信息网络将通过无线信道以广播或多播方式传输重要敏感业务数据,若不能有效保障业务数据传输时的机密性、完整性和可认证性,将导致重大安全损失。此外,由于天地一体化信息网络中大量数据将集中存储,因此确保海量数据的存储安全至关重要。

针对上述问题,我们从业务数据安全出发,结合已有的 3G/4G 多媒体广播多播服务(MBMS,multimedia broadcast-multicast service)[1-3],设计了天地一体化多播业务协议和广播业务协议[4-5]。在多播业务协议中,广播多播服务中心(BM-SC, broadcast-multicast service center）和访问域间采用 IP 多播传输密文数据，提高了数据处理和传输效率；在广播业务协议中，访问域与 UE 间采用广播方式传输密文数据，剔除了数据认证步骤，提升了数据传输效率。针对保障海量业务数据的存储安全方面，本章介绍了 Hadoop 分布式文件系统（HDFS，Hadoop distributed file system）安全存储模型和安全存储盘阵，其中 HDFS 安全存储模型将访问控制、密钥统一管理、数据完全删除、完整性验证与修复、密态数据检索等技术有机融合，提升了 Hadoop 存储的安全性。进一步地，为了实现海量密钥管理，介绍了分级、分域管理模型，设计了跨域分层海量密钥管理方法[6-10]，支持跨域数据安全共享，减少了密钥更新频率和开销，提升了网络可用性。

|6.2 业务数据安全 |

天地一体化信息网络中海量业务数据可能直接在无线信道传输，这将带来大量安全问题和通信开销。在安全性方面，若攻击者利用窃听、篡改、共谋等手段进行攻击，数据的机密性、完整性和可认证性将无法得到保障；在通信开销方面，因为卫星通信信道距离长且业务数据数量庞大，数据认证、数据传输、密钥分发与管理等场景都易产生大量计算和通信开销，进而发生丢包问题。为应对以上问题，我们设计了天地一体化多播和广播业务协议，在保证安全性的基础上降低了业务数据通信成本。

6.2.1 天地一体化多播业务协议

本节主要介绍了天地一体化多播业务协议的架构及实现方法[4-5]，该协议中，在 BM-SC 和访问域之间采用 IP 多播技术传输业务数据密文，减少了通信开销，提高了数据处理和传输效率。多播参考架构如图 6-1 所示，关键网元包括：多媒体广播多播服务（MBMS）内容提供商、广播多播服务中心（BM-SC）、归属签约用户系统（HSS，home subscriber server）、认证中心（AuC，authentication center）等。本节重点介绍了该参考架构的密钥层次、UE 与 BM-SC 共享密钥建立过程、用户服务注册和注销流程、MBMS 传输密钥（MTK，MBMS traffic key）密钥分发流程、广播多播服务（MBS，multicast-broadcast service）数据传输流程、用户加入和退出等过程。

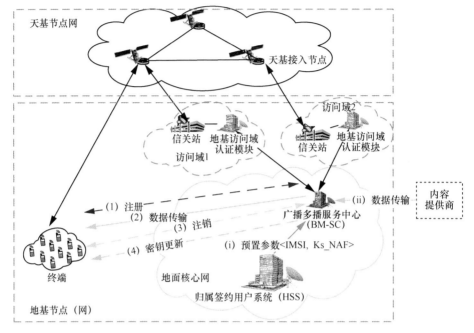

图 6-1　多播参考架构

6.2.1.1　多播流程概述

　　终端与 BM-SC 之间的数据均需要经卫星和信关站转发。关键网元包括：MBMS（MBS）内容提供商、BM-SC、HSS、AuC 等，其中 BM-SC 具备密钥管理、密钥请求、密钥分配、成员权限管理等功能。多播流程概述如图 6-2 所示，具体如下。

　　（1）预置参数：终端 UE 执行完接入鉴权过程后，若 UE 支持 MBS 服务，HSS 需要给 BM-SC 预置相关参数（<IMSI,Ks_NAF>），UE 接入认证完成后同样也需要计算 Ks_NAF。此外，UE 与 BM-SC 计算 TMID 作为该 UE 在 MBS 服务中的临时标识。（详见第 6.2.1.3 节）

　　（2）注册：BM-SC 广播其可提供的服务信息，例如，MBMS 用户服务标识 MBMS User Service ID1、MBMS User Service ID2、MBMS User Service ID3 以及其他相关服务说明参数，然后 UE 向 BM-SC 发起用户服务注册请求完成认证，请求内容包括特定的 MBMS 服务标识（详见第 6.2.1.4 节）；随后 BM-SC 向 UE 发送特定 MBMS 服务传输密钥 MTK。（详见第 6.2.1.5 节）

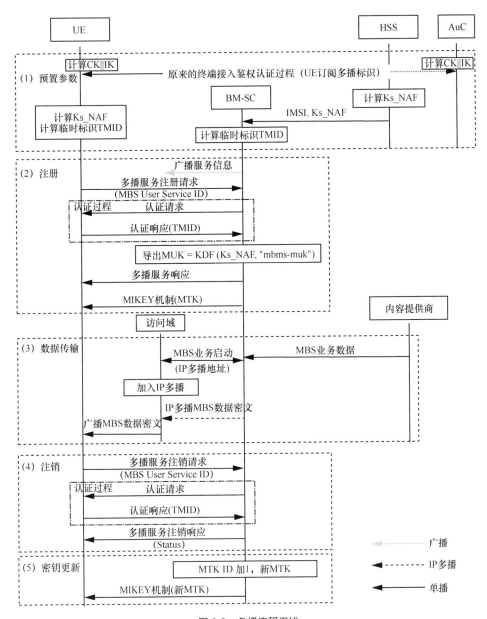

图 6-2　多播流程概述

（3）数据传输：内容提供商向 BM-SC 传输 MBMS（MBS）业务数据，BM-SC 采用各业务不同的 MTK 加密数据后以 IP 多播方式传输给各访问域，随后在各访问域内广播。（详见第 6.2.1.6 节）

（4）注销：当 UE 想注销某 MBMS 服务时，启动用户服务注销过程。（详见第 6.2.1.7 节）

（5）密钥更新：某成员注销后，BM-SC 触发启动第 6.2.1.5 节 MTK 密钥分发过程，MTK 密钥标识 MTK ID 加 1，BM-SC 向所有剩余 UE 发送新随机生成的 MTK；某成员加入注册后，BM-SC 触发启动第 6.2.1.5 节 MTK 密钥分发过程，MTK ID 加 1，BM-SC 向所有原始 UE 发送新生成的 MTK。（详见第 6.2.1.8 节）

6.2.1.2　密钥层次

密钥层次架构如图 6-3 所示，从上至下的密钥关系是上层密钥导出下层密钥，最后一层密钥存储于用户侧，用于认证/加密 MBS 数据。

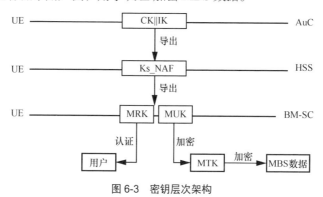

图 6-3　密钥层次架构

关键密钥包括：加密密钥（CK，cipher key）、完整性密钥（IK，integrity key）UE 与 HSS 之间共享密钥 Ks_NAF、MBMS 请求密钥（MRK，MBMS request key）、MBMS 用户密钥（MUK，MBMS user key）、MBMS 传输密钥 MTK。MRK 用于请求密钥时 BM-SC 对 UE 的认证；MUK 用于保护 MTK 从 BM-SC 到 UE 的交付；一个业务内部共享一个 MTK。

6.2.1.3　UE 与 BM-SC 共享密钥建立流程

当前的终端接入地面核心网的认证方案中，需要添加如下操作：原接入认证过程中[11]需要标识该 UE 是否订阅多播服务（在原始数据包中加一个标识符 MBS_Indication（1bit））。

若 HSS 判断出该 UE 订阅多播服务，则按照图 6-4 所示 UE 与 BM-SC 共享密钥建立流程导出密钥 Ks_NAF。

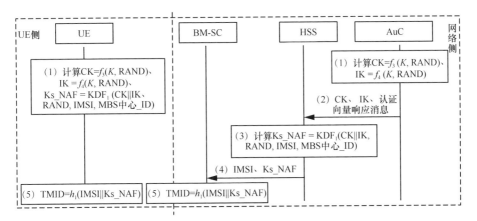

图 6-4　UE 与 BM-SC 共享密钥建立流程

网络侧添加操作如下。

（1）～（2）AuC 侧添加 CK=$f_3(K, \text{RAND})$，IK=$f_4(K, \text{RAND})$，而后 AuC 将 CK、IK 与之前的认证向量响应消息一并发送给 HSS。

（3）～（4）HSS 计算 Ks_NAF=KDF$_1$ (CK‖IK, RAND‖IMSI‖BM-SC_ID)；随后，HSS 将 Ks_NAF 以及终端身份标识 IMSI 传输给 BM-SC。

（5）BM-SC 计算 TMID=h_1(IMSI‖Ks_NAF) 作为该 UE 在 MBS 中的临时标识。

UE 侧接入认证成功后添加如下操作。

（1）UE 侧计算 CK=$f_3(K, \text{RAND})$，IK=$f_4(K, \text{RAND})$，Ks_NAF= KDF$_1$ (CK‖IK, RAND‖IK, RANDIMSI‖BM-SC_ID)。

（5）UE 计算 TMID=h_1(IMSI‖Ks_NAF) 作为其 MBS 服务中的临时标识。

6.2.1.4　用户服务注册流程

每个 UE 内部预置 BM-SC 相关参数（标识 BM-SC_ID、地址等），并配置为接收该地址的广播消息；然后，BM-SC 广播可提供的 MBMS 用户服务，如 MBMS User Service ID1、MBMS User Service ID2、MBMS User Service ID3 以及其他相关服务说明参数。

当用户通过广播了解并希望接收某一 MBMS 用户服务时，UE 使用 HTTP POST 消息向 BM-SC 发送 MBMS 用户服务的注册请求。针对此注册请求，BM-SC 通过 HTTP 摘要用 MRK 密钥对 UE 进行身份验证，验证成功则表明注册成功。参考现有 3GPP 标准[3]，用户注册过程如图 6-5 所示。

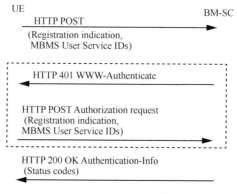

图 6-5　用户注册过程

步骤 1　UE 向 BM-SC 发送 HTTP POST 消息。

HTTP 包头示例：

POST /keymanagement?requesttype = register HTTP/1.1

Host: bmsc.home1.net:1234

Content-Type: application/mbms-register+xml

Content-Length: (...)

User-Agent: MBMSAgent; Release-6 3GPP-gba

Date: Thu, 08 Jan 2004 10:50:35 GMT

Accept: */*

Referrer: http://bmsc.home1.net:1234/service

参数及含义如下。

Request-URI：请求资源方的 URI（第一行中方法名"POST"后面的 URI）。请求 URI 包含参数"requesttype"，该参数被设置为"register"，以向 BM-SC 指示所需的请求类型"/keymanagement? requesttype = register"。

Host：指定 BM-SC 的 Internet 主机和端口号，从引用资源给定的原始 URI 中获取。

Content-Type：HTTP 头部 Content-Type 应该是 MIME 类型的 payload，例如"application/mbms-register+xml"。

Content-Length：表示给收件方发送数据的大小，以十进制的八位字节数表示。

User-Agent：包含发起请求的用户代理的信息，应包括静态字符串"3GPP gba"，以向应用服务器（即 BM – SC）指示：该 UE 支持基于 3GPP 引导的认证。

Date：表示消息发出的日期和时间。

Accept：响应可接受的媒体类型。

Referrer： UE 指定的资源地址。

Payload：HTTP 的 payload 应该包含 key domain ID 以及一个或多个 UE 想要注册的 MBS 用户服务方标识 MBMS User　Service ID1 、 MBMS User Service ID2……。 key domain ID　=MCC +MNC（24bit）。

步骤 2　BM-SC 收到消息后，分析 HTTP 包类型。然后 BM-SC 向 UE 发送状态码为 401 未经授权的响应。

响应消息中包含 WWW Authenticate 标头，计算摘要的算法为 128 位 MD5，以下为 401 消息格式。

HTTP/1.1 401 Unauthorized

Server: Apache/1.3.22 (Unix) mod_perl/1.27

Date: Thu, 08 Jan 2004 10:50:35 GMT

WWW-Authenticate: 　　Digest 　　realm="3GPP-bootstrapping@bmsc.home1.net", nonce="6629fae49393a05397450978507c4ef1", algorithm=MD5, qop="auth,auth-int", opaque="5ccc069c403ebaf9f0171e9517f30e41"

该消息中参数及含义如下。

Server：包含有关源服务器（ BM-SC ）使用的软件的信息。

WWW-Authenticate： BM-SC 挑战用户。

Digest realm：摘要挑战，值通常为服务器域名，"3GPP-bootstrapping" 为默认，"bmsc.home1.net" 代表服务器的主机名不用修改。

nonce：由 BM-SC 生成，为 base64 或十六进制的字符串，该字符串由服务端产生的一次性随机数，用于服务端对客户端的确认，防止重放攻击。

opaque： BM-SC 指定的数据字符串，UE 客户端应在相同保护空间的 URI 后续请求授权标头中，以不变的方式返回该字符串，该字符串为 base64 或十六进制数据。

auth, auth_int：在响应中 qop 值可为 auth 或 auth-int，auth-int 表示对实体主体进行完整性校验，qop 未定义则默认为 auth。

algorithm：摘要算法，目前只支持 MD5。

步骤 3　UE 验证接收到后的响应消息。随后，UE 验证 realm 属性的第 2 部分是否同正在与之通信的服务器相对应，若对应， UE 导出认证密钥

MRK=KDF$_2$(Ks_NAF,"mbms－mrk")。然后，UE 以 TMID 作为用户名，使用 MRK（用 base64 编码）作为密钥来计算 Authorization 标头值，并生成 HTTP GET 请求，将此请求发送到 BM-SC。

以下为 HTTP 请求消息。

POST /keymanagement?requesttype=register HTTP/1.1

Host: bmsc.home1.net:1234

Content-Type: application/mbms-register+xml

Content-Length: (...)

User-Agent: MBMSAgent; Release-6 3GPP-gba

Date: Thu, 08 Jan 2004 10:50:35 GMT

Accept: */*

Referer: http://bmsc.home1.net:1234/service

Authorization: Digest username="(TMID)", realm="3GPP-bootstrapping@bmsc.home1.net",

nonce="a6332ffd2d234==", uri="/bmsc.home1.net/keymanagement?requesttype=register", qop=auth-int,

nc=00000001, cnonce="6629fae49393a05397450978507c4ef1",

response="6629fae49393a05397450978507c4ef1",

opaque="5ccc069c403ebaf9f0171e9517f30e41",algorithm=MD5

Authorization 中的 response 值为 UE 利用 MD5 算法对密钥 MRK、Authorization以及其他参数共同计算得到的摘要。其他参数含义和摘要计算方式如下。

参数及含义如下。

Content-Type：application/mbms-register+xml。

Authorization：包含 username、realm、nonce、uri、qop、nc、cnonce、response、opaque、algorithm。

nc：是 UE 客户端已发送请求数（包括当前请求）的 8 位十六进制计数，并带有此请求中的现时值。例如，在响应给定随机数值时发送的第一个请求中，客户端发送 "nc＝00000001"，防止重放。

cnonce：另一随机数。

response：32 位十六进制数，UE 向 BM-SC 发送的挑战摘要值。

以下为 response 计算方式，其中 unq(X) 表示不包含双引号的字符。

$$\text{response} = <\text{"}><\text{KD}(H_1(A_1), \text{unq(nonce)})\text{"}:$$
$$\text{"nc"}:\text{"unq(cnonce)"}:\text{"unq(qop)"}:\text{"}H_1(A_2))<\text{"}>$$

①函数定义 $\text{KD(secret,data)} = H_1((\text{secret,":",data}))$；即 KD 利用 H_1 算法。

②函数定义 $H_1(\text{data}) = \text{MD5(data)}$；即 H_1 利用 MD5 算法。

③ $A_1 = \text{unq(username)"}:\text{"unq(realm)"}:\text{"MRK}$。

④ 若 qop 是 "auth"，则 $A_2 = \text{Method"}:\text{"uri}$；若 qop 是 "auth-int"，则 $A_2 = \text{Method"}:\text{"uri"}:\text{"}H_1(\text{entity} - \text{body})$。

步骤 4　BM-SC 的认证并计算响应。

BM-SC 收到消息后，核验 HTTP-POST 的有效性，然后验证该 UE 是否被授权注册到特定的 MBMS 用户服务。如果是，BM-SC 计算并验证 $\text{MRK} = \text{KDF}_2(\text{Ks\_NAF}, \text{"mbms} - \text{mrk"})$。验证成功后，BM-SC 首先用 payload 中的状态代码验证 UE 方发送的挑战结果，然后计算对 UE 的响应摘要，摘要结果为 Authentication-Info 中的 rspauth 值，最后向 UE 发送响应消息，消息中包含 HTTP 响应和 payload。

下面给出了 BM-SC 填充 HTTP 响应的示例，该示例不包含 payload。

HTTP/1.1 200 OK

Server: Apache/1.3.22 (Unix) mod_perl/1.27

Content-Type: application/mbms-register-response+xml

Content-Length: (...)

Authentication-Info:　qop=auth-int,　rspauth="6629fae49394a05397450978507 c4ef1", cnonce="6629fae49393a05397450978507c4ef1", nc=00000001

Date: Thu, 08 Jan 2004 10:50:35 GMT

Expires: Fri, 09 Jan 2004 10:50:36 GMT

该示例的参数及含义如下。

Content-Type：application/mbms-register-response+xml。

Authentication-Info：Authentication-Info 中的 nc 和 cnonce 值与认证请求中一致，rspauth 为响应值，其与认证请求中 response 计算方式相同。

Expires：响应过期时间。

payload：HTTP 的 payload 应包含一个列表，其中包括每个 MBS 用户服务的状态代码。（注册 payload 如图 6-6 所示，例子为 UE 同时申请接受 AAA 和 BBB 两个

MBS 服务，BM-SC 返回状态代码，BM-SC 用 200 来提示允许 UE 接收 AAA 服务，用 403 提示驳回 UE 对 BBB 服务的请求）。

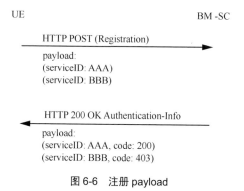

图 6-6　注册 payload

步骤 5　UE 认证来自 BM-SC 的响应值。

UE 接收响应并验证 Authentication-Info 标头。如果验证成功，则 UE 可以认为注册成功。

6.2.1.5　MTK 密钥分发流程

注册成功后，直接触发 MTK 密钥分发过程，MTK 密钥分发机制[3]如图 6-7 所示。BM-SC 采用 MIKEY（multimedia Internet KEYing）机制（over UDP）向 UE 单播传输 MTK。

图 6-7　MTK 密钥分发机制[3]

MIKEY 消息用于携带 BM-SC 向 UE 发送的 MTK，该消息能够对所携带密钥进行机密性和完整性保护。BM-SC 计算 $MUK=KDF_3(Ks\_NAF,"mbms-muk")$。各个 MBMS 服务使用各自的 MTK，MTK 是 BM-SC 为该 MBMS 服务随机生成的 256bit 密钥。传递 MTK 的 MIKEY 消息逻辑结构如图 6-8 所示。

Common HDR
EXT
TS
KEMAC

图 6-8　传递 MTK 的 MIKEY 消息逻辑结构

（1）HDR 为 MIKEY 消息头部，长度为 96bit，其格式如图 6-9 所示（更详细内容可参考 RFC 3830 第 6.1 节[12]），具体如下。

```
                          1                   2                   3
      0 1 2 3 4 5 6 7 8 9 0 1 2 3 4 5 6 7 8 9 0 1 2 3 4 5 6 7 8 9 0 1
     +-+-+-+-+-+-+-+-+-+-+-+-+-+-+-+-+-+-+-+-+-+-+-+-+-+-+-+-+-+-+-+-+
     !    version    !   data type   !  next payload !V! PRF func   !
     +-+-+-+-+-+-+-+-+-+-+-+-+-+-+-+-+-+-+-+-+-+-+-+-+-+-+-+-+-+-+-+-+
     !                             CSB ID                           !
     +-+-+-+-+-+-+-+-+-+-+-+-+-+-+-+-+-+-+-+-+-+-+-+-+-+-+-+-+-+-+-+-+
     !    #CS       ! CS ID map type ! CS ID map info               !
     +-+-+-+-+-+-+-+-+-+-+-+-+-+-+-+-+-+-+-+-+-+-+-+-+-+-+-+-+-+-+-+-+
```

图 6-9　HDR 格式

version（8bit）：MIKEY 版本号。

data type（8bit）：消息类型（设置 data type=0）。

next payload（8bit）：标识下个 payload 类型（目前可设置 next payload=0）。

V（1bit）：设置 V=0。

PRF func（7bit）：表示密钥导出过程中使用的带密钥的伪随机 PRF 函数（设置 PRF func=0，即强制）。

CS ID（32bit）：随机数 X。

#CS（8bit）：设置 CS=0。

CS ID map type（8bit）：设置为 0。

CS ID map info（16bit）：设置为 0。

例 如： HDR 可 设 置 为 00000001 00000000 00000000 0 0000000 0101010101010101010101010101011 00000000 0000000000000000

（2）扩展文件系统（EXT，extended file system）包括 key domain ID=MCC+MNC（24bit）、MBMS User Service ID（128bit）和 MTK ID（16bit）；MTK 密钥标识 MTK ID 每次递加 1。

（3）TS 是时间戳（32bit）。

（4）KEMAC 中包含用 MUK 衍生的密钥加密的 MTK 密文和 MAC。ENC_key‖auth_key=h_2(MUK,IMSI‖MBMS User Service ID)，密文 $C = E_1$(ENC_key, MTK)，MAC = h_3(auth_key,IMSI‖MBMS User Service ID‖MTK ID‖TS‖C)；KEMAC 数据包格式如图 6-10 所示，data_len 表示加密数据的长度，该部分占用 16bit；C 表示密文，占用空间依据密文长度而定，MAC 表示消息验证码。

data_len (16bit)	C (variable length)	MAC (取决于使用的算法)

图 6-10　KEMAC 数据包格式

6.2.1.6　MBS 数据传输流程

MBS 数据传输流程如图 6-11 所示，内容提供商向 BM-SC 传输 MBS 业务数据，BM-SC 将各业务数据采用不同的 MTK 加密后传输。

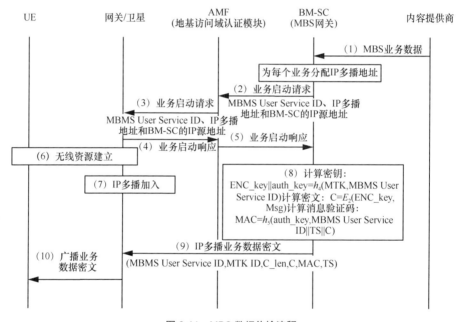

图 6-11　MBS 数据传输流程

（1）内容提供商向 BM-SC 发送 MBS 业务数据。

（2）BM-SC（实际上应为 MBS 网关，可与 BM-SC 位于同一服务器）为每个业务分配 IP 多播地址。多个业务可以共享一个 IP 多播地址，一个业务只有一个 IP 多播地址。

（3）BM-SC 将分配的 IP 多播地址和其 IP 源地址传输给拜访域中的地基访问域认证模块（AMF，access and mobility management function）。

（4）AMF 将其传输给网关/卫星。

（5）网关/卫星给 AMF 发送一个响应确认消息。

（6）AMF 给 BM-SC 发送一个响应确认消息，以确认访问域已收到多播地址。

（7）各网关/卫星建立广播无线承载，例如，接收该多播服务的 UE 需要简单地"调谐"到相应的信道。

（8）各网关/卫星申请加入多播服务。

（9）BM-SC 开始传输数据：BM-SC 采用该业务数据的 MTK 计算 ENC_key∥auth_key=h_4(MTK,MBMS User Service ID)，加密数据获得密文后采用 IP 多播方式传输给需要的拜访域网关/卫星（有多播业务需求的区域），多播内容包括：MBMS User Service ID、MTK ID、密文长度、密文 $C=E_2$(ENC_key,Msg)、消息验证码 MAC= h_5(auth_key,MBMS User Service ID∥TS∥C)、时间戳 TS 等。

（10）各拜访域网关/卫星本区域广播。

6.2.1.7 用户服务注销流程

UE 希望注销某 MBMS 时，BM-SC 将从 MBMS 用户服务中注销 UE，这意味着 UE 将不再接收这些 MBMS 用户服务中使用的 MTK 。参考现有 3GPP 标准[3]，用户服务注销流程如下。

步骤 1 UE 填充 HTTP POST 请求，下面给出了不包含 payload 的填充示例。

POST /keymanagement?requesttype = deregister HTTP/1.1

Host: bmsc.home1.net:1234

Content-Type: application/mbms-deregister +xml

Content-Length: (...)

User-Agent: MBMSAgent; Release-6 3GPP-gba

Date: Thu, 08 Jan 2004 10:50:35 GMT

Accept: */*

Referrer: http://bmsc.home1.net:1234/service

该示例中参数及含义如下。

Request-URI：请求资源方的 URI（第一行中方法名"POST"后面的 URI）。请求 URI 包含参数"requesttype"，该参数被设置为"deregister"，以向 BM-SC 指示所需的请求类型。"/keymanagement?requesttype = deregister"。

Content-Type：HTTP 头部 Content-Type 应该是 MIME 类型的 payload，例如

"application/mbms-deregister+xml"。

payload：HTTP 的 payload 应该包含 key domain ID 以及一个或多个 UE 想注销的 MBS 用户服务方标识。

步骤 2　与第 6.2.1.4 节用户服务注册流程步骤 2 一致。

步骤 3　与第 6.2.1.4 节用户服务注册流程步骤 3 一致。

步骤 4　BM-SC 的认证并计算响应。

BM-SC 收到消息后，核验 HTTP-POST 的有效性，然后验证该 UE 是否被授权注册到特定的 MBMS 用户服务。如果是，BM-SC 计算 MRK=KDF$_2$(Ks_NAF, "mbms-mrk") 并验证 UE。验证成功后，BM-SC 首先用 payload 中的状态代码表明验证 UE 方发送的挑战结果，然后计算对 UE 的响应摘要，摘要结果为 Authentication-Info 中的 rspauth 值。最后，向 UE 发送响应消息，消息中包含 HTTP 响应和 payload。

BM-SC 填充 HTTP 响应，下面给出了不包含 payload 的填充示例。

HTTP/1.1 200 OK

Server: Apache/1.3.22 (Unix) mod_perl/1.27

Content-Type: application/mbms-dregister-response+xml

Content-Length: (...)

Authentication-Info: qop=auth-int, rspauth="6629fae49394a05397450 978507c4ef1", cnonce="6629fae49393a05397450978507c4ef1", nc=00000001

Date: Thu, 08 Jan 2004 10:50:35 GMT

Expires: Fri, 09 Jan 2004 10:50:36 GMT

该示例中参数及含义如下。

Content-Type：application/mbms-register-response+xml。

payload：HTTP 的 payload 应包含一个列表，其中包括每个 MBS 用户服务的一个状态代码。（见图 6-6 注册 payload 例子）。

步骤 5　UE 认证来自 BM-SC 的响应值。

UE 接收响应并验证 Authentication-Info 标头。如果验证成功，则 UE 可以认为注销成功。注册和注销过程 payload 状态代码中，200 表示注册/注销成功，注册、注销过程 payload 错误代码见表 6-1。

表 6-1　注册、注销过程 payload 错误代码

HTTP 状态码	HTTP error	UE 应该重复该请求	描述	BM-SC error
400	bad request	No	Request 不能被解释	请求丢失或格式不正确
401	unauthorized	Yes	需要认证	
403	forbidden	No	BM-SC 可以解释这一要求，但拒绝执行	该请求有效，但是该 UE 不允许注册该 MBMS 服务
404	not found	No	BM-SC 未找到与 Request-URI 匹配的任何内容	请求 URI 的格式不正确，BM-SC 无法完成该请求
503	service unavailable	Yes	BM-SC 服务当前不可用	

6.2.1.8　成员加入和退出

某成员注销后，即执行完成第 6.2.1.7 节用户服务注销流程，BM-SC 启动第 6.2.1.5 节 MTK 密钥分发过程，MTK ID 加 1，BM-SC 向所有剩余 UE 发送新随机生成的 MTK；某成员加入后，即执行完成第 6.2.1.4 节用户服务注册流程，BM-SC 启动第 6.2.1.5 节 MTK 密钥分发过程，MTK ID 加 1，BM-SC 向所有原始 UE 发送新生成的 MTK。

6.2.2　天地一体化广播业务协议

本节主要介绍了天地一体化广播业务协议的架构及实现方法，该协议中，在访问域与 UE 之间采用广播方式传输业务数据密文，减少了通信开销，免除数据认证步骤，提高了数据传输效率。广播参考架构如图 6-12 所示，本节重点介绍了参考架构的密钥层次、UE 与 BM-SC 共享密钥建立流程、广播数据传输流程、广播密钥 BK 更新流程。

6.2.2.1　广播流程概述

图 6-12 中终端与 BM-SC 之间的数据均需要经卫星和信关站转发。关键网元包括：内容提供商、广播多播服务中心（BM-SC）。广播流程概述如图 6-13 所示。

（1）预置参数：终端 UE 执行完接入鉴权过程后，若 UE 支持广播服务，HSS 需要给 BM-SC 预置相关参数（<IMSI,Ks_NAF>），UE 接入认证完成后同样也需要计算 Ks_NAF。随后，BM-SC 向 UE 发送广播密钥。（详见第 6.2.2.3 节）

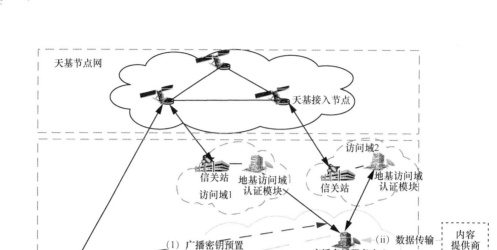

图 6-12　广播参考架构图

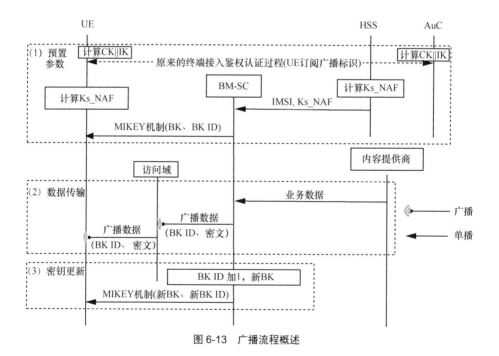

图 6-13　广播流程概述

（2）数据传输：内容提供商向 BM-SC 传输业务数据，BM-SC 加密数据后采用广播方式传输给各访问域，并由各访问域再广播给 UE 。（详见第 6.2.2.4 节）

（3）密钥更新：考虑到密钥老化等问题，需要更新密钥。（详见第 6.2.2.5 节）

6.2.2.2　密钥层次

密钥层次架构如图 6-14 所示，从上至下的密钥关系是上层密钥导出下层密钥，最后一层密钥用于加密业务数据。其中，CK||IK 用以导出 UE 与 HSS 之间共享密钥 Ks_NAF；Ks_NAF 用以导出 UE 与 BM-SC 之间共享的广播用户密钥（BUK，broadcast user key）；BUK 用以保护广播密钥（BK，broadcast key）；BK 用以导出广播传输密钥（BTK，broadcast traffic key）；BTK 用以保护广播业务数据的安全性。

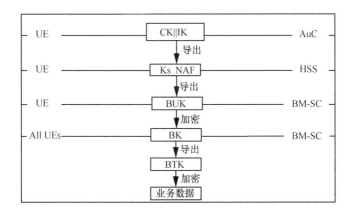

图 6-14　密钥层次架构

6.2.2.3　UE 与 BM-SC 共享密钥建立流程

在终端与地面核心网的归属签约用户系统完成接入认证时，我们对现有方案添加该 UE 是否订阅广播服务的标识，即在原始数据包中增加标识符广播 Indication（2bit）。

HSS 判断出该 UE 订阅广播服务，则按照图 6-15 所示 UE 与 BM-SC 共享密钥建立流程导出密钥 Ks_NAF 。

网络侧添加操作如下。

（1）AuC 侧添加 $CK = f_3(K, RAND)$，$IK = f_4(K, RAND)$；AuC 将 CK 和 IK 与之前的认证向量响应消息一并发送给 HSS 。

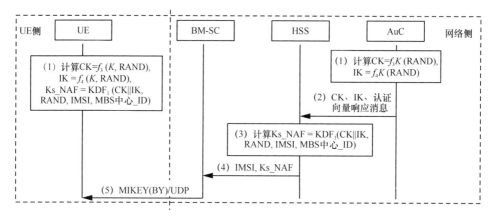

图 6-15　UE 与 BM-SC 共享密钥建立流程

（2）HSS 计算 Ks_NAF=KDF$_1$ (CK‖IK, RAND‖IMSI‖BM-SC_ID)。随后，HSS将 Ks_NAF 以及 IMSI 传输给 BM-SC。

（3）终端初始接入认证成功后，直接触发 BK 分发。BM-SC 同样利用 MIKEY机制（over UDP）向 UE 传输 BK。为确保 BK 的机密性和完整性，BM-SC 利用上述获得的 Ks_NAF 计算广播用户密钥 BUK=KDF$_3$(Ks_NAF,"mbms – buk")，利用BUK 加密保护 BK 生成密文，并且将密文以及当前密文标识 BK ID 传输给对应的 UE。

UE 侧接入认证成功后添加如下操作。

（1）UE 侧计算 CK $= f_3(K, \text{RAND})$，IK $= f_4(K, \text{RAND})$。

（2）UE 侧同样计算 Ks_NAF=KDF$_1$ (CK‖IK, RAND‖IMSI‖BM-SC_ID) 以及BUK 等。

（3）UE 侧解密获得 BK，本地保存（BK，BK ID）。

所有的广播服务共同使用一个 BK，BK 是 BM-SC 为广播服务随机生成的256bit 密钥。

6.2.2.4　广播数据传输流程

BM-SC 向 UE 通知即将进行的广播数据传输，包括广播用户服务标识、广播业务简要描述等内容，此过程中想接收广播业务的 UE 需要根据通知消息在本地进行相应的广播配置。

广播数据传输流程如图 6-16 所示。

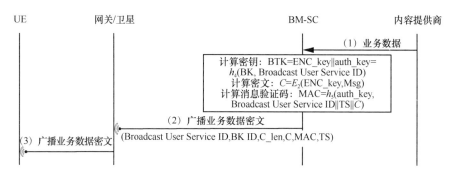

图 6-16　广播数据传输流程

（1）内容提供商向 BM-SC 发送广播业务数据。

（2）BM-SC 开始传输数据：BM-SC 利用广播密钥 BK 计算广播服务密钥 $BTK = h_4(BK,Broadcast\ User\ Service\ ID) = ENC\_key\|auth\_key$，加密数据将密文采用广播方式传输给所有拜访域网关/卫星，广播内容包括：Broadcast User　Service ID、BK ID、密文长度、密文 $C = E_2(ENC\_key,Msg)$、消息验证码 $MAC = h_5(auth\_key,Broadcast\ \ User\ Service\ ID\|TS\|C)$、时间戳 TS 等。

（3）各拜访域网关/卫星本区域广播。

6.2.2.5　广播密钥 BK 更新流程

考虑到密钥老化等问题，BK 需要更新，例如，一次广播会话更新一次 BK（广播会话不频繁的情况下），或者定时（如每 10s 更新一次 BK）。更新过程与 BK 密钥分发过程（第 6.2.2.3 节第 3 步）相同。

BK 更新后，在特定时间新业务采用新密钥加密，而终端如果没有及时更新密钥无法解密新业务，则向 BM-SC 主动发起对新密钥的请求。

｜6.3　高并发按需服务｜

天地一体化信息网络中具有数据海量、业务处理高并发、硬件资源和运算能力差异等特征，这些特征使得天地一体化信息网络面临密码计算资源高效管理、高可靠高性能的异步处理等技术问题。针对上述问题，本节介绍了密码按需服务[13]、支持差异化可协商的并行数据通信等关键技术，提升了天地一体化信息网络中按需服务能力。

6.3.1 密码按需服务

密码按需服务是充分利用密码资源、保障天地一体化信息网络业务安全的关键技术。高效作业调度、计算资源重构、利用虚拟化技术对异构密码设备进行统一均衡任务调度，可有效满足天地一体化信息网络中密码服务按需配置的需求，支持千万级以上在线并发随机交叉密码服务请求，实现统一、高效和高可用的密码运算服务。

1. 密码按需服务架构

密码按需服务架构如图 6-17 所示，包括密码服务需求分析、密码服务配置管理、密码计算资源柔性重构、密码作业管理、密码计算池和密码计算资源运行状态管理等单元。

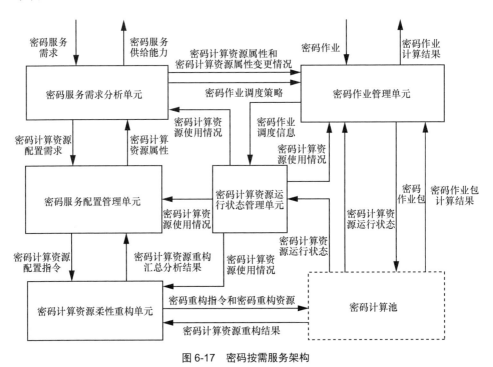

图 6-17　密码按需服务架构

（1）密码服务需求分析：根据现有密码计算资源、密码服务需求，生成密码计算资源配置需求和密码作业调度策略。

（2）密码服务配置管理：根据密码计算资源配置需求，生成密码计算资源配置指令。

（3）密码计算资源柔性重构：根据密码计算资源配置指令、密码计算资源属性和密码计算资源使用情况等信息，生成密码重构指令和密码重构资源。

（4）密码作业管理：根据密码作业调度策略、密码计算资源属性、密码计算资源使用情况和密码计算资源运行状态等信息，将上层密码应用的密码作业拆分为多个密码作业包。

（5）密码计算资源运行状态管理：根据密码作业管理单元发送的密码作业调度信息和密码计算池发送的密码计算资源运行状态信息，生成密码计算资源使用情况。

2. 虚拟化设备集群密码服务系统架构

虚拟化设备集群密码服务方法通过虚拟化技术对不同厂商的密码设备资源进行统一均衡任务调度，对应用屏蔽密码服务设备的差异性，实现统一、高效的调用，同时在密码机出现故障时实现任务迁移，保障密码服务的连续性。

虚拟化设备集群密码服务系统包括密码请求设备、云密码服务接口、任务调度器、状态检测器、密码机等部分，该系统结构如图 6-18 所示。

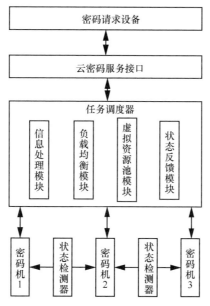

图 6-18　虚拟化设备集群密码服务系统结构

（1）密码机负载信息检测：虚拟资源池模块调用状态检测器检测各密码机CPU、内存、磁盘I/O，以及密码算法的运行速率等负载信息。

（2）密码机排序与选择：负载均衡模块接收负载信息并计算各密码机算法运算资源的占用率。

（3）密码服务请求处理：通过云密码服务接口，密码服务请求设备生成服务请求报文并发送至任务调度器，随后生成业务请求报文并发送给选定的密码机。

（4）密码业务请求处理和回应：密码机接收到密码业务请求报文后，根据报文中的服务请求类型完成相应任务，生成业务回应报文并发送至任务调度器。

（5）负载信息反馈：提供密码服务的密码机结束密码服务请求后，任务调度器中的状态反馈模块调用虚拟资源池模块，检测该密码机的负载信息。

3. 高并发业务处理系统架构

天地一体化信息网络安全接入具有传输类型多样、用户终端海量、业务峰值差异大、数据流随机交叉等特征，面临海量用户在线并发请求的快速响应问题。高并发业务数据的处理方法可满足天地一体化信息网络信关站和数据中心对高并发海量连接的高性能要求，能够解决高并发多连接业务的访问技术瓶颈。

高并发业务处理系统架构包含两部分：负责业务数据接收的前端应用服务器、负责业务数据处理的后端业务处理系统，高并发业务数据处理功能结构如图6-19所示。

（1）前端应用服务器：应用接口层负责对应用程序接口、下行队列随机选择器和上行队列的管理；作业服务层负责对业务服务引擎模块和下行队列的管理。

（2）后端业务处理系统：作业调度层负责对配置管理程序、业务管理值守程序、业务处理模块及其相应业务处理进程（读写队列）的管理；作业处理层负责对作业处理动态链接库、若干作业处理模块及其相应驱动程序的管理。

高并发业务数据的处理方法引入了上下行队列等各种机制，并通过将下行队列和数据连接、数据连接和业务处理进程之间一一对应的方式，确保对业务数据处理的进程不会随着前端应用进程的增加而增加，解决了高并发海量连接情况下进程数大幅度增加而导致的处理性能下降的问题。

4. 支持并行运行算法的异步处理与数据同步

天地一体化信息网络中各类应用系统和终端用户数量众多，应用请求数量巨大，这些应用请求通常包含数据加/解密、数字签名和验证签名等，而且需要采用多种密码算法高速加/解密数据、执行签名/验签运算。多数信息系统和设备难以满足高速业务需求，导致业务阻塞。算法的异步处理与数据同步方法可满足业务高并发对算法并行运算的需求，解决了并发操作场景下的数据处理困难问题。

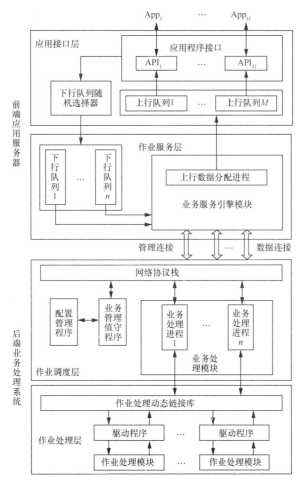

图 6-19 高并发业务数据处理功能结构

支持并行运算的异步处理架构包括接口模块、算法分转模块、算法处理模块和数据反馈模块，该架构如图 6-20 所示。

（1）接口模块：负责对下行数据存储空间和分转队列的管理，将下行数据存储空间中的数据转存到分转队列。

（2）算法分转模块：负责对分转队列和算法预处理队列进行管理，将数据从分转队列转存到算法预处理队列。

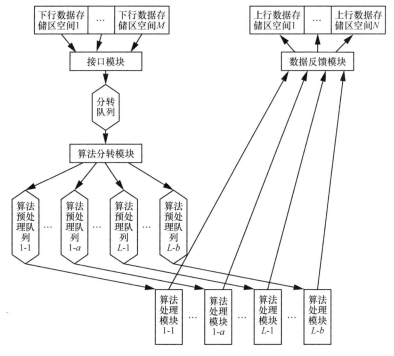

图 6-20　支持并行算法的异步处理架构

（3）算法处理模块：负责处理算法运算队列中的数据，并将运算结果放入算法处理模块对应的处理后数据队列。

（4）数据反馈模块：负责对算法处理模块和上行数据存储空间的管理，将算法处理模块的数据处理结果转存到上行数据存储空间。

虽然异步处理提高了多处理单元下算法处理的并行性，但是天地一体化信息网络客户端和传输链路的多样性导致服务器端接收到的异步数据存在业务交叉、乱序等现象，在有限的系统资源环境下，随机交叉业务流数据返回的高速同步是提升流数据多核并行处理性能的关键。多业务算法数据同步架构正是为了满足多业务数据间的同步与重组需求、解决高速数据流随机交叉处理问题。数据同步架构包含同步分转控制、算法处理和阻塞查询 3 个模块组件，如图 6-21 所示。

（1）同步分转控制模块：用于判断某作业包包头中的算法状态索引号是否已处于同步正在处理队列中。

（2）算法处理模块：根据所获取的作业包包头中的算法标识，采用相应的算法对该作业包进行处理。

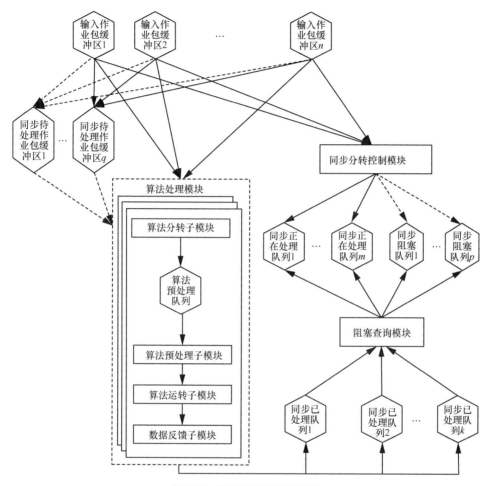

图 6-21　算法数据处理同步架构

（3）阻塞查询模块：在同步阻塞队列中查询处理完成的作业包的算法状态索引号，按查询结果进行相应的操作。

密码按需服务的方法实现了对各类密码计算需求的按需供给，能更好地满足天地一体化信息网络用户的多种应用需求，并且能对密码服务需求进行分析，进而对密码计算资源进行动态配置、管理和调度，可满足多种业务系统千万级以上在线并发随机交叉的需求。虚拟化设备集群密码服务方法通过对密码设备集群资源进行虚拟化，对密码机设备进行统一调度，可提供统一、高效、高可用的密码运算服务。

6.3.2 支持差异化可协商的数据通信机制

天地一体化信息网络数据中心的应用环境中，存在大量服务器与计算单元或者终端通信的应用场景，如图 6-22 所示。一个服务器需要与多个计算单元或者终端设备并行、高效、可靠通信。而各终端设备的计算资源、带宽等均不相同，导致不同终端设备的数据处理能力具有很大的差异性。服务器与计算单元进行通信时，需要根据每个计算单元的资源情况，采用合适的通信速率进行差异化数据通信。此外，实际通信过程中，服务器需要根据每个计算单元实际的数据接收情况和数据处理情况动态调整通信速率，及时准确判断数据丢包情况，进行数据发送和重传，降低丢包率，提高通信的效率和可靠性。

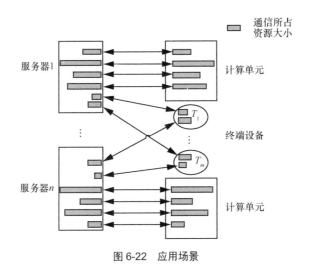

图 6-22 应用场景

6.3.2.1 通信机制模型

支持差异化、可协商的数据通信机制模型如图 6-23 所示，包含参数协商、数据发送和数据接收 3 个部分。

（1）参数协商分为参数协商请求和参数协商反馈。参数协商充分考虑不同数据通信终端硬件资源和数据处理能力的差异，通过协商避免因数据通信的原因影响设备其他功能的正常运转，同时避免通信两端数据处理能力差异导致的数据包丢失，保证数据传输的高效性。

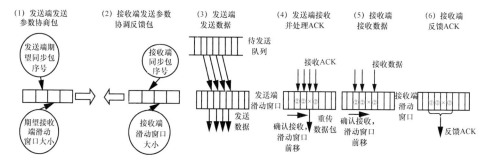

图 6-23　数据通信机制模型

（2）数据发送包括发送数据和处理 ACK。发送端根据自身当前滑动窗口状态和接收端当前数据处理情况综合判断是否满足数据发送条件；如果满足，则发送数据，否则接收并处理接收端反馈的 ACK 信息。数据发送根据反馈的 ACK 信息及时地对数据进行确认和重传，保证数据传输的稳定性和性能。

（3）数据接收包括接收数据和反馈 ACK。接收端对接收的数据包进行解析，根据数据包序号和接收端滑动窗口状态确定数据包的接收状态，根据数据包的接收状态生成 ACK 信息，将数据处理情况反馈给发送端，使发送端据此动态调整数据发送速率，避免了通信链路的拥塞，提高了数据传输的高效性。

6.3.2.2　模块的自动机建模

（1）参数协商模块的时间自动机定义为 $A =< L_a, L_{a0}, \Sigma_a, X_a, I_a, E_a >$。

① $L_a = \{Init, Request, Done\}$；

② $L_{a0} = \{Init\}$；

③ $\Sigma_a = \{send\_request, recv\_reply\}$；

④ $X_a = \{x\}$；

⑤ $I_a = I_a(x)$；

⑥ $E_a = L_a \times \Sigma_a \times \Phi(X_a) \times 2^{X_a} \times L_a$。

其中，L_a 表示参数协商模块的位置集合，包含 3 个位置，Init 表示初始位置，Request 表示发起参数协商请求，Done 表示参数协商完成。L_{a0} 表示参数协商模块的起始位置，即 Init。Σ_a 表示参数协商模块的有限字符集合，send_request 表示发送参数协商请求包，recv_reply 表示接收参数协商反馈包。X_a 表示参数协商模块的有限时钟集合。I_a 表示参数协商的映射，为 L_a 中的每一个位置指定 $\Phi(X_a)$ 的一个时钟约束。

天地一体化信息网络信息安全保障技术

E_a 表示参数协商模块位置迁移关系集合。

参数协商模块时间自动机如图 6-24 所示。通信双方开始参数协商时，发送 send_request 消息，消息中包含发送端期望同步包序号以及期望接收端滑动窗口大小，接收端收到 send_request 消息后根据自身接收能力和资源使用情况，确定接收端滑动窗口大小和同步包序号，并通过 recv_reply 消息返回给发送端，如果发送端在等待 MAX_DELAY 时间后仍未收到 recv_reply 消息，则返回初始状态。

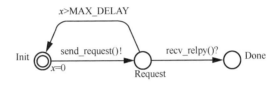

图 6-24　参数协商模块时间自动机

（2）　数据发送模块的时间自动机定义为 $S =< L_s, L_{s0}, \Sigma_s, X_s, I_s, E_s >$。

① $L_s = \{\text{Idle,SendData,RetransData,RecvAck,SendSuccess,UpdateStatus}\}$；

② $L_{s0} = \{\text{Idle}\}$；

③ $\Sigma_s = \{\text{msg[ID],ack[ID]}\}$；

④ $X_s = \{x\}$；

⑤ $E_s = L_s \times \Sigma_s \times \Phi(X_s) \times 2^{X_s} \times L_s$；

⑥ $I_s = I_s(x)$。

其中，L_s 表示数据发送模块的位置集合，包含 6 个位置，Idle 表示空闲，SendData 表示发送数据，RetransData 表示重传数据，RecvAck 表示接收 ACK，SendSuccess 表示数据发送成功，UpdateStatus 表示更新滑动窗口状态。L_{s0} 表示数据发送模块的起始位置，即 Idle。Σ_s 表示数据发送模块的有限字符集合，msg[ID] 表示发送的数据内容，ack[ID] 表示接收的 ACK。X_s 表示数据发送模块的有限时钟集合。I_s 表示数据发送的映射，为 L_s 中的每一个位置指定 $\Phi(X_s)$ 的一个时钟约束。E_s 表示数据发送模块位置迁移关系集合。

数据发送模块时间自动机如图 6-25 所示。数据发送时首先判断是否满足数据发送条件，即发送端滑动窗口未满，并且接收端滑动窗口空闲节点数量大于正在发送的数据包数量。其中，发送端滑动窗口未满指发送端滑动窗口中有空闲节点来发送新的数据包；接收端滑动窗口空闲节点数量指接收端滑动窗口中可用来接收新

256

数据包的空闲节点；正在发送的数据包数量指发送端已经发出，但尚未收到确认的数据包数量。

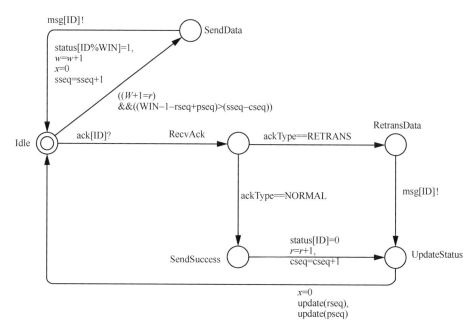

图 6-25　数据发送模块时间自动机

数据发送模块根据接收端反馈的 ACK 包解析正常接收数据包、重传数据包和丢弃数据包，进行数据包的确认和重传，并获取接收端的接收包序号和处理包序号，以此判断接收端当前的数据接收能力，进而动态调整数据发送速率，降低了通信中的拥塞情况和丢包率，提高了通信效率。

（3）　数据接收模块的时间自动机定义为 $R =< L_r, L_{r0}, \sum_r, X_r, I_r, E_r >$。

① $L_r = \{Idle, RecvData, SendAck\}$；

② $L_{r0} = \{Idle\}$；

③ $\sum_r = \{msg[ID], ack[ID]\}$；

④ $X_r = \{x\}$；

⑤ $E_r = L_r \times \sum_r \times \Phi(X_r) \times 2^{X_r} \times L_r$；

⑥ $I_r = I_r(x)$。

其中，L_r 表示数据接收模块的位置集合，包含 3 个位置，Idle 表示空闲，RecvData 表示接收数据，SendAck 表示发送 ACK。L_{r0} 表示数据接收模块的起始位置，即 Idle。

$\sum_r$ 表示数据接收模块的有限字符集合，msg[ID] 表示接收的数据内容，ack[ID] 表示发送的 ACK。X_r 表示数据接收模块的有限时钟集合。I_r 表示数据接收的映射，为 L_r 中的每一个位置指定 $\Phi(X_r)$ 的一个时钟约束。E_r 表示数据接收模块位置迁移关系集合。

数据接收模块时间自动机如图 6-26 所示。数据接收模块主要作用是接收数据，并根据数据接收情况返回 ACK。接收端根据当前滑动窗口状态对接收的数据包进行判断，将数据包标记为正常接收数据包、重传数据包和丢弃数据包，并结合当前接收端处理能力的变化生成 ACK 返回给发送端。通过反馈接收端的数据处理能力，通信双方能够自动适应通信速度的变化。

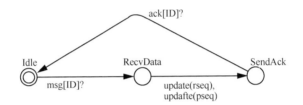

图 6-26　数据接收模块时间自动机

6.3.2.3　差异化、可协商的数据通信流程

发送端和接收端在完成参数协商之后进行数据发送和接收。接收端根据数据接收情况生成 ACK 包，发送端根据 ACK 包及时了解接收端数据的接收和处理情况，动态调整数据发送速率，并对需要重传的数据及时进行重传。此外，设计了发送端滑动窗口状态和接收端滑动窗口状态，分别表示发送端和接收端数据发送和接收情况。

1. 参数协商

参数协商交互信息包括保护参数协商包和参数协商反馈包。参数协商包结构表示为：

$$AgreePkt=\{ExpectAgreeSeq,ExpectWindowSize\} \qquad (6-1)$$

其中，ExpectAgreeSeq 表示期望同步包序号，ExpectWindowSize 表示期望接收端滑动窗口大小。参数协商反馈包结构表示为：

$$AgreeRespPkt=\{RecvAgreeSeq,RecvWindowSize\} \qquad (6-2)$$

其中，RecvAgreeSeq 表示接收端同步包序号，RecvWindowSize 表示接收端滑动窗口大小。

发送端设置期望同步包序号、期望接收端滑动窗口大小，构造参数协商包发送给接收端；接收端收到参数协商包后，解析出参数协商包中的期望同步包序号和发送端期望滑动窗口大小。接收端根据参数协商包中的期望同步包序号确定同步包序号，根据自身接收能力和资源使用情况、发送端期望滑动窗口大小等确定接收端滑动窗口大小。然后根据同步包序号和接收端滑动窗口大小构造参数协商包反馈包返回给发送端。发送端接收到参数协商反馈包后，解析并记录同步包序号和接收端滑动窗口大小，然后确定双方共同的同步包序号和滑动窗口大小。

发送端和接收端采用参数协商步骤协商出通信双方合适的滑动窗口大小、同步包序号等关键参数，使通信双方以一个合适的速度开始数据通信，避免了通信刚开始时速率过快或者过慢导致的通信效率低下。此外，参数协商机制充分考虑通信双方资源的使用情况和处理能力的差异，针对不同的设备采用不同的速率进行通信，实现了差异化、可协商的数据通信。

2. 数据通信

发送端和接收端完成参数协商之后即可进行正常的数据通信。数据通信交互信息包括数据包和 ACK 包。数据包表示待传输的有效数据，ACK 包表示接收端根据数据接收和处理情况生成的反馈包。数据包结构可表示为：

$$DataPkt=\{Seq,Cmd,Length,Data\} \tag{6-3}$$

其中，Seq 表示数据包的包序号，Cmd 表示数据包的命令字段，Length 表示数据包中 Data 的长度，Data 表示待传输的数据。ACK 包结构可表示为：

$$AckPkt=\{RecvSeq,ProcessSeq,\{NormalAck_i,RetransAck_j,AbortAck_k\}^* \\ |i \geqslant 0,j \geqslant 0,k \geqslant 0,且 i+j+k \geqslant 1\} \tag{6-4}$$

其中，RecvSeq 表示一段时间内接收端滑动窗口内已确认接收的连续数据包的最后包序号；ProcessSeq 表示一段时间内接收端滑动窗口内已处理的连续数据包的最后包序号；NormalAck 表示正常接收数据包集合，即数据包按序正确到达接收端；RetransAck 表示重传数据包集合，即在传输过程中被丢弃或者出现错误的，需要发送端重新发送的数据包；AbortAck 表示丢弃数据包集合，即不在接收端接收范围内，被接收端丢弃的数据包。

数据发送时，发送端维护待发送队列、待确认队列、ACK 队列，分别用来保存待发送的数据包、待确认的数据包以及接收端反馈的 ACK 包。

当满足数据包发送条件时，发送端从待发送队列中取出一个或多个待发送的数据包按照 DataPkt 包结构构造数据包发送给接收端，并保存到待确认队列中。当不满足数据包发送条件时，从 ACK 包队列中取出一个 ACK 包，解析接收端接收包序号、接收端处理包序号。读取 ACK 包中正常接收数据包集合，将正常数据包序号对应的数据包从发送端待确认队列中删除；读取 ACK 包中的重传数据包集合，将重传数据包序号对应的数据包从发送端待确认队列中重新发送给接收端；读取 ACK 包中的丢弃数据包集合，如果丢弃数据包序号对应的数据包在发送端待确认队列中，继续判断发送端滑动窗口状态是否正常，如果发送端滑动窗口状态不正常，调整发送端滑动窗口状态后，再将发送端待确认队列中对应的数据包发送给接收端，如果丢弃数据包序号对应的数据包不在发送端待确认队列中，不作任何处理。

数据发送完成或者 ACK 包处理完成后，更新发送端滑动窗口状态。发送端滑动窗口状态可表示为：

$$SendWindow = \{SendRptr, SendWptr, SendSeq, SendStatus, RecvSeq, \\ ProcessSeq, SendConfirmSeq, SendWindowSize\}$$

（6-5）

其中，发送端读指针 SendRptr 表示发送端滑动窗口的下界，发送端写指针 SendWptr 表示发送端滑动窗口的上界，发送端发送包序号 SendSeq 表示发送端一段时间内已经发送的数据包的最后包序号，数据包发送状态 SendStatus 表示在滑动窗口内数据包的发送状态，数据包发送状态包括：已发送、已确认接收，接收端接收包序号 RecvSeq 表示一段时间内接收端滑动窗口内已确认接收的连续数据包的最后包序号，接收端处理包序号 ProcessSeq 表示一段时间内接收端滑动窗口内已处理的连续数据包的最后包序号，发送端确认包序号 SendConfirmSeq 表示一段时间内发送端已经确认发送成功的连续数据包的最后包序号，发送端滑动窗口大小 SendWindowSize 表示发送端滑动窗口所占资源空间的大小。

数据接收时，接收端根据数据接收和处理情况生成 ACK 包反馈给发送端。首先，接收端解析接收到的数据包，获取数据包序号，并判断包序号是否在接收端滑动窗口范围内，如果不在范围内则标记该包序号为丢弃数据包序号；如果在接收端滑动窗口范围内，则搜索接收端滑动窗口处理包序号至当前数据包序号之间是否有数据包的状态为未收到，如果接收端滑动窗口处理包序号至当前数据包序号之间的数据包都收到，则将接收端滑动窗口处理包序号至当前数据包序号之间的数据包序号标记为正常接收数据包序号；如果接收端滑动窗口处理包序号至当前数据包序号之间有数据包的状态为未收到，则标记未收到的数据包序号为重传数据包序号，其余为正常数据包序号。然后，根据数据包的接收状态生成正常接收数据包集合、重传数据包集合和丢弃数据包集合，将接收端接收包序号、接收端处理包序号、正常接收数据包集合、重传数据包集合和丢弃数据包集合按照 ACK 包结构构造 ACK 包发送给发送端。最后，更新接收端滑动窗口状态。

接收端滑动窗口状态可表示为：

$$RecvWindow=\{RecvRptr,RecvWptr,RecvSeq,ProcessSeq,RecvStatus, RecvWindowSize\} \quad (6-6)$$

其中，接收端读指针 RecvRptr 表示接收端滑动窗口的下界，接收端写指针 RecvWptr 表示接收端滑动窗口的上界，接收端接收包序号 RecvSeq 表示一段时间内接收端滑动窗口内已确认接收的连续数据包的最后包序号，接收端处理包序号 ProcessSeq 表示一段时间内接收端滑动窗口内已处理的连续数据包的最后包序号，数据包接收状态 RecvStatus 表示在接收端滑动窗口内数据包的接收状态，数据包接收状态包括收到、未收到，接收端滑动窗口大小 RecvWindowSize 表示接收端滑动窗口所占资源空间的大小。

数据通信时，发送端根据数据包发送条件，充分考虑接收端接收速率的变化，动态调整发送端的数据包发送速率，能够有效降低数据传输的丢包率，同时，充分利用了接收端反馈的 ACK 包，对发送端待确认队列中的数据包进行确认和重传，发送端根据接收端不同接收能力和状态动态自适应地发送和重传，提高了通信效率和可靠性。

发送端可以给不同接收端发送数据，接收端可以同时作为发送端，原来的发送端也可以同时作为接收端进行双向通信，即一台设备、一个系统、一个组件、一个线程或一个进程中可以同时部署发送端和接收端，以实现发送端和接收端的多对多、并行、全双工、双向通信。

6.3.2.4　差异化可协商通信机制在密码服务系统中的应用

密码服务系统模型如图 6-27 所示，由 5 个模块组成。其中，负责整个密码作业数据流处理工作的模块包含数据接收、密码服务调度、密码服务汇聚和数据发送模块，它们以串联方式工作；密码算法运算模块由不同种类、不同数量的密码算法核组成，不同类型的密码算法核处于并行工作状态，以并联方式工作，在密码算法运算过程中互不影响。

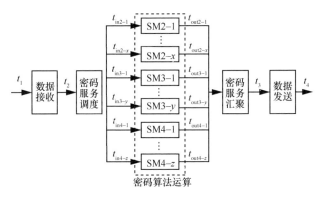

图 6-27　密码服务系统模型

数据接收模块采用滑动窗口和选择重传机制保证密码服务数据包的正确性和完整性，可提高数据传输的性能；密码服务调度模块将正确接收的密码服务数据包，根据密码算法的不同类型，分发到密码算法运算模块中不同的密码算法核进行处理；密码服务汇聚模块对运算完成后的密码服务数据包进行聚合；数据发送模块同样采用滑动窗口和选择重传机制，以保证数据传输的正确性和性能。

令数据接收模块从接收数据包完成到开始接收下一个数据包的时间间隔为 t_1，密码服务调度模块从数据接收模块读取一个数据包完成到开始读取下一个数据包的时间间隔为 t_2，密码算法运算模块中的 SM2/SM3/SM4 密码算法核从密码服务调度模块排队读取数据包的时间间隔为 $t_{in2}/t_{in3}/t_{in4}$，密码服务汇聚模块从 SM2/SM3/SM4 密码算法核读取数据包的时间间隔为 $t_{out2}/t_{out3}/t_{out4}$，数据发送模块从密码服务汇聚模块读取数据包的时间间隔为 t_3，数据发送模块从发送数据包完成到开始发送下一个数据包的时间间隔为 t_4，则密码服务系统处理一个密码服务数据包的额外时间开销 Δt 为：

$$\Delta t = t_1 + t_2 + \max(t_{in2-i}, t_{in3-j}, t_{in4-k}) + \max(t_{out2-i}, t_{out3-j}, t_{out4-k}) + t_3 + t_4 \qquad （6\text{-}7）$$

其中，$i=1,\cdots,x$，$j=1,\cdots,y$，$k=1,\cdots,z$。

为降低密码服务处理的额外时间开销，算法核采用全流水的设计方式，处理模块之间使用先进先出（FIFO，first input first output）存储器进行解耦，实现数据包的不间断处理，使密码服务调度、密码算法运算和密码服务汇聚等模块间的时间间隔降为 0，密码服务数据包的额外时间开销仅与数据发送和接收的时间相关，即 $\Delta t = t_1 + t_4$。

| 6.4 存储安全 |

天地一体化信息网络产生了海量数据,其中大部分数据将会长期或临时存储在磁盘介质上,需要确保授权用户能按需读取存储在磁盘介质上的数据,同时确保这些数据不被非授权读取、篡改与泄露。在天地一体化信息网络中,Hadoop 平台和安全存储盘阵可作为天地一体化信息网络的基础存储平台,本节介绍 HDFS(Hadoop distributed file system)安全存储、安全存储盘阵和高性能密码设备,支持海量数据环境下的存储安全。

6.4.1 HDFS 安全存储

HDFS 是 Hadoop 平台下对海量数据进行分布式存储管理的文件系统,为 Hadoop 集群上的数据和组件提供高可用的数据存储服务。Hadoop 平台上将存储大量的敏感信息,因此 HDFS 的安全性至关重要。本节介绍 HDFS 安全存储模型和 HDFS 透明加/解密体系。

6.4.1.1 HDFS 安全存储模型

HDFS 安全存储模型将访问控制、密钥统一管理、数据完全删除、完整性验证与修复、密态数据检索等技术有机融合。面向 HDFS 的大数据安全存储数据流模型如图 6-28 所示,该模型包括服务端和客户端两部分。其中,服务端包括 5 个单元:接受服务请求的数据访问服务单元、访问控制管理与授权单元、工作节点管理单元、密钥管理单元和密态分布式检索单元;客户端负责发起访问控制、数据完全删除、完整性验证与修复、密态数据检索等请求。

在数据访问单元中,数据访问代理子单元接收来自客户端数据访问请求,并执行 map 等任务,将 map 后的数据访问请求交付给访问控制代理子单元,访问控制代理子单元将解析后的访问控制要素发送给访问控制管理与授权单元,并从访问控制管理与授权单元获取访问请求者对数据的访问权限,并确认对该次访问是否具有访问权限。若具有访问权限,则将 map 后的任务交付给 HDFSClient,并由 HDFSClient 向 NameNode 查询待访问数据所在节点的位置;在获得待访问数据所在节点的位置后,从该位置获取数据并执行相应的计算,并对所有的计算结果执行 reduce 操作,将 reduce 后的数据返回给数据访问代理。

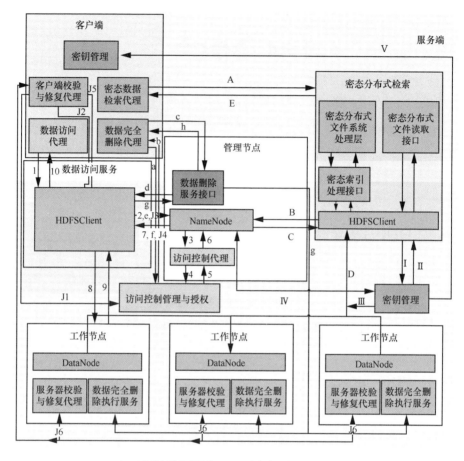

I~10为访问控制数据流,A~E为密态检索数据流,
a~h为数据完全删除数据流,I~V为密钥管理服务数据流,J1~J6为完整性校验数据流

(**访问控制流**:1.数据访问请求,2.向NameNode查询数据所在的节点,3/4.访问权限查询,5/6.鉴权结果,7.返回数据所在的节点,8.向DataNode申请获取数据,9.从DataNode获得的数据,10.最终访问结果;
密态数据检索流:A.密态检索任务,B.向NameNode申请密态数据地址,C.返回密态数据地址,D.与DataNode交互获取密态数据,E.返回密态检索结果;
数据完整性校验与修复数据流:J1.判断是否具有完整性校验与修复权限,J2.向文件信息查询代理发送文件信息查询请求,J3.向NameNode查询数据所在的节点,J4/J5.返回数据所在的节点,J6.向文件所在DataNode上的服务器校验与修复代理发送校验修复请求,并返回校验结果;
密钥管理流:I、II.为密态检索系统提供密钥服务,III.为DataNode与HDFSClient间的交互提供加/解密服务,IV.为NameNode提供加密的文件密钥,V.为客户端解密文件密钥;
数据完全删除:a.数据删除请求,b.判断是否具有删除权限,c/d.通过远端过程调用发起权限查询,e.向NameNode查询数据所在的节点,f.返回数据所在的节点,g.执行完全删除,h.返回数据完全删除结果)

图6-28 面向HDFS的大数据安全存储数据流模型

当密态分布式文件代理启动数据检索任务后,向密态分布式检索单元发送检索任务,向管理节点中的NameNode节点申请查询密态数据所在节点的地址,当获得

密态数据后，执行密态数据检索并返回检索结果。在数据删除方面，当客户端请求删除数据后，数据删除服务接口向访问控制代理查询是否具有删除权限；若具有删除权限，则启动数据完全删除服务，并返回数据完全删除结果。面向 HDFS 大数据安全存储的技术架构如图 6-29 所示。

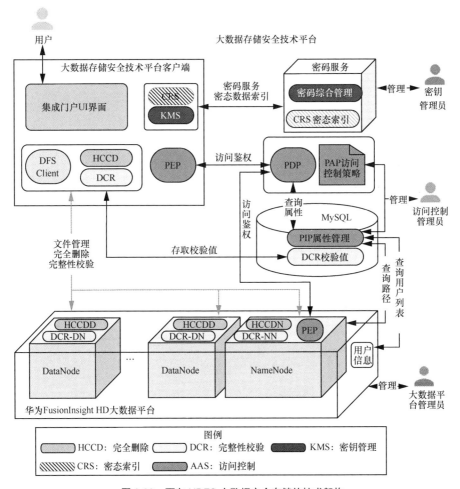

图 6-29 面向 HDFS 大数据安全存储的技术架构

6.4.1.2 透明加/解密体系

1. 3 层密钥管理体系

我们对 HDFS 的 3 层密钥管理体系（如图 6-30 所示）进行了改进，增加支持商用密码算法。该密钥管理体系包含密钥库口令、加密区密钥和文件密钥。其中密钥库口令为一级密钥，一级密钥使用 SM3 单向函数进行哈希处理，用于加密保护二级密钥；加密区密钥为二级密钥，该密钥可与 HDFS 的空目录绑定，形成加密区；文件密钥为三级密钥，用于加/解密存储在加密区中的文件，每个文件的密钥均不相同，文件密钥由二级密钥加密保护，以密文方式存储在 NameNode 文件 iNode 的扩展属性中。在 3 层密钥管理中，管理员为用户预置密钥和加密区，用户向专属加密区上传/下载文件时，无须用户输入密码，Hadoop 客户端在本地加/解密，随后将密文数据远程传输至 DataNode 存储和备份。

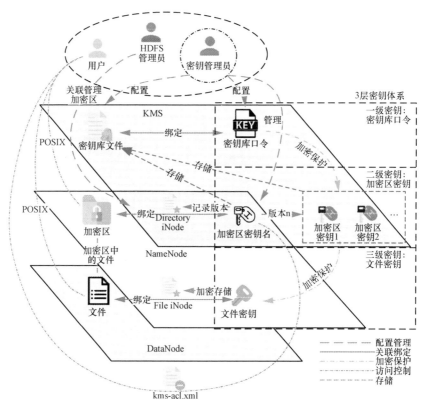

图 6-30　3 层密钥体系

用户不能直接访问 KMS 的 3 层密钥，而是在访问加密区中的文件时，由 HDFS 自动加/解密，密钥和加/解密过程对用户透明。访问控制分为两层，其中 HDFS 的访问控制管理系统控制用户对文件的访问权限，KMS 的 ACL 用于控制用户对密钥的访问权限。

2. 3 层密钥管理信息流

密钥管理信息流包括 3 类：加密区创建信息流、客户端上传文件信息流和客户端下载文件信息流，HDFS 密钥管理信息流如图 6-31 所示。在创建加密区时，在 KMS 中创建密钥 key，在 NameNode 中创建空目录/zone，并为该空目录/zone 绑定密钥 key，从而创建加密区；KMS 用 key 加密文件密钥池中的文件密钥，其中文件密钥用于上传到加密区的文件加密。

在使用 HDFS 客户端上传文件时，HDFS 客户端首先向 NameNode 发送上传路径，NameNode 查看该路径是否在加密区中；若是，则向 KMS 从文件密钥池申请文件密钥；若申请成功，则从文件密钥池中删除该密钥，并以密态形式将该文件密钥存储在该文件的 iNode 扩展属性中。NameNode 查看 DataNode 资源，获取用于上传数据的数据通道；NameNode 将加密的文件密钥和数据通道返回给 HDFS 客户端；HDFS 客户端向 KMS 申请解密文件密钥，解密的文件密钥用于加密数据块，加密的数据块通过数据通道，直接发送给 DataNode 存储。

在使用 HDFS 客户端下载文件时，HDFS 客户端向 NameNode 发送待下载文件的路径，申请文件下载。NameNode 查看该文件的扩展属性中是否保存文件密钥，若是，则说明文件处于加密区中，需要用文件密钥解密；NameNode 查看 DataNode 资源，从多备份中选取 DataNode，并获取数据通道；NameNode 将加密的文件密钥、数据通道回复给 HDFS 客户端。HDFS 客户端向 KMS 申请解密文件密钥，解密的文件密钥用于解密从数据通道下载的数据块。

6.4.2　安全存储盘阵

随着数据存储需求越来越大，对存储 IOPS（input/output operations per second）的需求也越来越大。新一代存储应具备经济性，且可通过软件配置应用所需的 IOPS。由于传统硬盘驱动器自身结构，在高 I/O 读写时寻道时间大量增加，因此传统磁盘性能不能满足业务发展需求；此外传统控制器结构特征导致需要分步读写数据，这也增加了响应时延。在数据读取速度和传输等方面，固态硬盘比传统磁盘的速度更快。近几年来，固态存储技术已经渗入服务器、混合存储阵列以及缓存设备的应用中，而且新兴的全闪存固态盘阵正进入高性能存储系统市场。在大数据环境下，存储系统面临以下安全性的挑战。

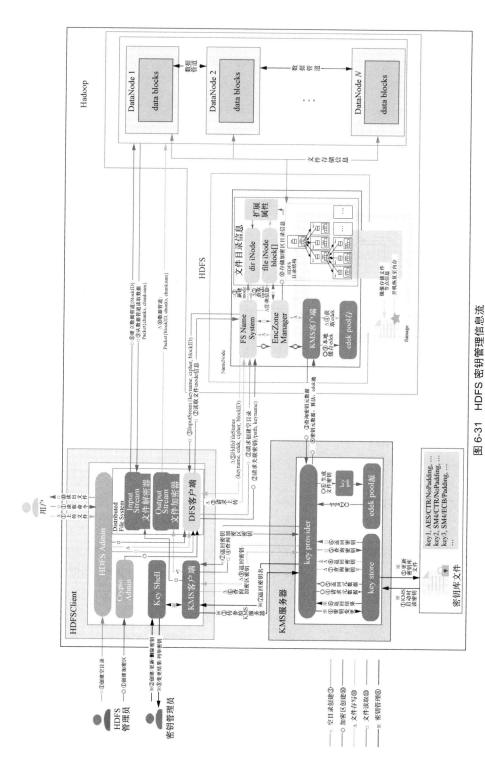

图 6-31　HDFS 密钥管理信息流

（1）资源高度整合、基础设施架构高度共享，无法清晰地定义数据的安全边界。

（2）传统存储技术中，存储数据时对所有数据都采用单一加密方式和单一密钥进行加密存储。大数据环境下从租户角度考虑，传统技术无法为文件分配独立密钥、甚至不能为用户分配独立密钥。

（3）当前在线密钥管理及其加密速度无法满足大数据环境下高并发业务请求的需要。

6.4.2.1　高速存储盘阵技术

固态盘阵是完全由固态存储介质（通常是 NAND 闪存）构成的独立存储阵列。这些全闪存介质的固态盘阵可提升传统磁盘阵列的性能，并取代所有传统的磁盘阵列。

全闪存的固态盘阵非常适用于高 IOPS 的应用环境，能满足云计算和大数据应用环境下存储设备的高并发访问需求，为各类云计算和大数据应用提供大容量、高安全、高可靠、高性能、统一管理的安全数据存储服务。根据应用服务器使用存储方式的不同，分为 4 种应用模式：一对一模式、多对一模式、一对多模式和多对多模式。在云计算和大数据的环境下一般会采用一对多和多对多的应用模式。数据中心内部可以部署多个高速安全固态盘阵，多个安全固态盘阵可以单独提供服务，也可以通过集群方式统一对外提供服务。

高速安全固态盘阵既支持基于文件的 NAS 存储，又支持基于块的 SAN 存储。块访问通过 FCP、SRP 或 iSCSI 等协议实现；文件访问使用 CIFS 或 NFS 协议实现。用户可以在无须知道应用是否需要数据块或者文件数据访问的情况下，自由分配存储以满足不同应用环境的需要。高速存储盘阵可通过内置加密卡或者外置高性能密码机的方式，实现对存储数据的集中安全管理。当用户访问存储资源时，根据角色和访问用户行为信息（包括用户登录 IP 地址、终端安全状态等），进行强制访问控制和分权管理。当存取数据时，集中进行透明加/解密，为不同用户的数据分配不同密钥，实现数据加/解密的集中安全管理。同时针对云计算和大数据环境下多租户的需求，对多租户数据进行安全隔离，高达上亿的并发密钥数量也保障了租户的存储空间和文件可以使用不同密钥，不会因为密钥数量不足引起重复使用密钥的问题。

高速安全固态盘阵的部署由控制单元、磁盘扩展柜、集群高速互联网络、SAS

交换网络、存储区域网络、高性能密码机、加密通信网络组成。在硬件上，高速安全固态盘阵主要由固态盘阵、PCI-E 加密卡/高性能密码机和管理控制台等组件组成；在软件上，高速安全固态盘阵的软件共分为 3 个部分：盘阵控制器软件、部署在应用服务器上的存储客户端软件、部署在管理控制台上的管理客户端软件，高速安全固态盘阵软件结构如图 6-32 所示。

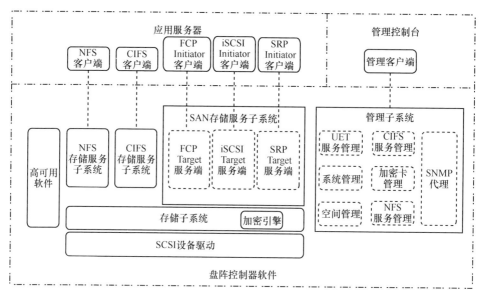

图 6-32　高速安全固态盘阵软件结构

6.4.2.2　高速存储盘阵的安全性

云存储虽然可带来提高资源利用率、降低管理成本等一系列好处，但是这些数据处于公司或部门的安全边界之外，将会增加数据保护的复杂度，也会降低数据的安全系数，需对云数据进行加密。设计既能减小加密的容量开销，也能保证加密性能的加密技术，是云计算和大数据环境下保证存储安全的必要手段。高速固态盘应具有以下 3 个方面的特征。

（1）高性能：传统提高性能的技术主要包括增加磁盘容量、提高控制器 I/O 处理能力、增强外部端口。但是，上述技术也只能有限地改善系统的性能。选用全新的全闪存固态盘阵可获得高性能的保障，性能最好的全 SSD 固态盘阵可以提供 500000～1000000 的 IOPS，即使是一般全闪存固态盘阵也能够提供 100000～200000

的 IOPS。

（2）高可靠：IT 系统与其他设备一样容易发生故障。造成故障的原因多种多样，包括磁盘崩溃、电源故障、软件错误，甚至人为破坏。固态盘阵必须保证即便发生故障，也能够保障数据的完整性和一致性，尽可能减少数据的丢失和对用户使用的影响。

（3）高安全：为了解决固态盘阵环境下的数据安全存储问题，需要能实现数据的分布式/集中存储管理及备份恢复，并安全隔离多租户数据，加密固态盘阵中存储的数据。

6.4.2.3　高速安全固态盘阵

在高速安全固态盘阵系统中，数据中心内部可部署多个高速安全固态盘阵，他们可独立提供服务，也可通过集群方式统一对外提供服务。

高速安全固态盘阵通过管理控制台，实现对高速安全固态盘阵、加密卡和高性能密码机的统一配置与监控等管理功能。通过采用数据 Checksum 校验、自我修复功能等技术，可提升优化高速固态盘阵的可靠性；通过动态条带化、块大小动态调整、存储池线性扩展等技术，进一步优化盘阵性能；通过逻辑安全域保障多租户数据隔离的安全性和可靠性、建立不同安全等级的安全存储空间、更细粒度的安全审计和文档操作权限管理等，确保系统高安全性和高性能。高速安全固态盘阵具有以下特点及优势。

（1）高速安全固态盘阵以统一存储架构提供多协议支持。采用统一存储架构设计，既支持基于文件的 NAS 存储，又支持基于块的 SAN 存储。

（2）高速安全固态盘阵采用存储虚拟化技术，提高了存储空间整体利用率。该技术将数量庞多、分布在不同的地域/不同厂商/同一厂商不同型号的异构存储资源进行统一管理，形成虚拟的逻辑存储资源池，统一向外提供存储服务，提高整体利用率，同时降低了系统管理成本。

（3）高速安全固态存储盘阵采用数据校验及自我修复技术保证数据一致性。存储子系统采用 COW（copy on write）保证设备上的数据的一致性，不会因为系统崩溃或者意外掉电出现数据文件的损坏。

（4）高速安全固态存储盘阵采用远程镜像技术实现数据灾难恢复，利用物理位置上分离的存储设备所具备的远程数据连接功能，远程维护一套数据镜像，将由灾难引发的数据损耗风险降至最低。

（5）异步远程镜像由本地存储系统提供给请求镜像主机的 I/O 操作完成确认信息，保证在更新远程存储视图前完成向本地存储系统输出/输入数据。该技术采用"存储转发（store-and-forward）"方式，所有的 I/O 操作在后台同步进行，可大幅度缩短数据处理时的等待时间。

（6）高速安全固态存储盘阵采用密钥分割的透明加/解密解决数据存储的多租户隔离问题。当用户提交数据到高速安全固态盘阵时，不同用户、文件和存储空间可以动态指定不同的密钥，当数据写入时自动地执行数据加密，当数据读出时自动地执行数据解密，整个过程对用户完全透明。密钥动态指定，能满足云计算和大数据环境下多租户的数据安全隔离需求；由于加/解密对用户是自动透明的，因此用户无须额外的部署开发成本。采用集中的密钥管理方式，用户在任何地点都可通过密钥管理中心获得自己的密钥信息，加密后的数据无须解密即可迁移。

6.4.3 高性能密码设备

天地一体化信息网络具有数据流量大、高并发等特点，其中密码服务连接数甚至可达千万级。为了实现千万级并发，可通过增加密码服务设备数量线性扩展密码性能，密码设备包含 3 种：大数据存储端高性能密码服务设备、机架式终端密码服务设备和 PCI-E 密码卡。大数据存储端高性能密码服务设备、终端密码服务设备分别用于不同的应用环境，前者适用于数据处理量大的云计算中心，一般多台配合组成集群，因此需要和密码服务前置机一起配合使用。而后者主要用于一些数据处理量并不太大的中小信息中心等。密码服务设备上都配备有密码模块，密码模块是整个系统的核心关键组件，直接决定了所支持的密码服务的种类、质量、处理性能等。所研发的高性能密码设备已应用到天地一体化信息网络建设中。

大数据存储端高性能密码服务设备的 SM4 加/解密性能≥35Gbit/s，SM3 杂凑性能≥5.6Gbit/s，SM2 性能≥7000 次/秒；可支持 5600 万个 SM3 密码线程、5600 万个 SM4 密码线程，当 SM3 和 SM4 按 1:1 使用时，可支持 2800 万个 SM3 密码线程和 2800 万个 SM4 密码线程。部署 1 台云端高性能密码服务设备就可以满足大型数据中心的需求。密码服务前置机通过异步回调、状态跟随等机制，能够支持亿级别的密码服务连接数。

机架式终端密码服务设备的 SM4 性能≥10Gbit/s，SM3 性能≥1.6Gbit/s，SM2 性能≥ 2000 次/秒；可支持 1600 万个 SM3 密码线程、1600 万个 SM4 密码线程，当 SM3 和 SM4 按 1:1 使用时，可支持 800 万个 SM3 密码线程和 800 万个 SM4 密码线程。

PCI-E 密码卡的 SM4 性能≥4Gbit/s，SM3 性能≥800Mbit/s，SM2 性能≥ 3000 次/秒；可支持 800 万个 SM3 密码线程、800 万个 SM4 密码线程，当 SM3 和 SM4 按 1:1 使用时，可支持 400 万个 SM3 密码线程和 400 万个 SM4 密码线程。可以满足一般云计算密码服务的需要。

| 6.5 海量密钥管理 |

天地一体化信息网络具有天基设备性能/资源受限、传输链路开放、通信时延长/方差大等特征，传统密钥管理模式不再适用天地一体化信息网络环境。本节针对天地一体化信息网络的特点，介绍了密钥管理框架[6-7]、分域分级通用密钥管理[8-9]和无证书通用密钥管理[10]，支撑天地一体化信息网络的海量密钥管理。

6.5.1 天地一体化信息网络密钥管理框架

天地一体化信息网络密钥管理框架如图 6-33 所示。信任模型是密钥管理方案设计首要考虑的问题，关系到可信根的建立和使用。密钥管理中心为注册用户生成并分发节点密钥，并适时地更新与撤销密钥，节点密钥则用于为存在密钥关系的节点建立共享密钥。管理中心的功能包括基础设施服务、密钥管理策略维护、密钥关系维护和节点撤销策略维护等。终端用户节点功能包括节点密钥申请、节点密钥维护、节点身份认证、密钥关系管理以及会话密钥的协商和建立。密钥管理中心由密钥管理策略中心（KPC, key policy center）、密钥生成中心（KGC, key generation center）、密钥分发中心（KDC, key distribution center）和密钥监管中心（KSC, key supervision center）等多种功能实体组成，密钥管理中心组成如图 6-34 所示。对于不同的安全管理需求，密钥管理的安全目标不同，各实体的权限和功能也不同。

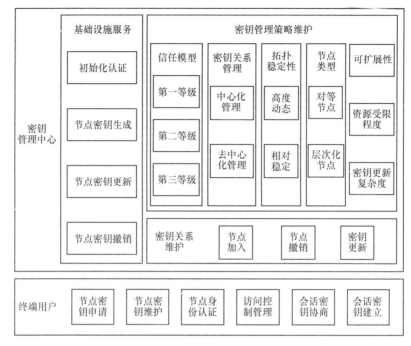

图 6-33　天地一体化信息网络密钥管理框架

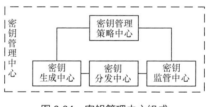

图 6-34　密钥管理中心组成

在用户提出安全管理需求后，密钥管理策略中心进行安全目标转化，并根据策略进行密钥管理策略的选择，指导密钥生成中心、密钥分发中心和密钥监管中心采取适当的策略为用户提供服务。密钥生成中心在用户发起节点密钥申请后，对实体用户的合法性进行认证，根据密钥关系为用户生成节点密钥及密钥更新。作为密钥管理中心的基础设施服务，密钥生成中心和密钥分发中心负责用户节点密钥的维护，密钥分发中心作为纽带为管理中心和用户建立公开或安全的信道进行密钥内容的传输。密钥监管中心负责节点状态的维护和恶意节点监测，对监测到的恶意节点进行公布和撤销，通过维护用户撤销列表和密钥关系列表实现对非法用户的吊销。密钥管理流程如图 6-35 所示。

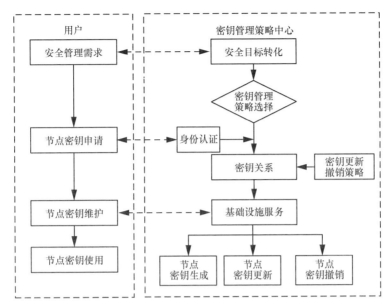

图 6-35　密钥管理流程

6.5.2　分域分级通用密钥管理

6.5.2.1　分域分级密钥管理模型

系统实体包括由密钥生成中心（KGC，key generation center）、等级管理服务器、审计和监管组件组成的密钥管理平台和各级用户节点。密钥管理平台根据覆盖范围、通信能力、功能应用等对用户进行分域管理，在每个管理域设置高安全等级、资源丰富的域管理节点负责数据中继等功能。对于一般节点，根据其安全等级和密钥关系生成相应的公/私钥和数据密钥，并预分配密钥。

当存在密钥关系的节点访问资源时，高等级节点通过解密派生低等级节点的数据密钥实现共享密钥的建立。对于域内节点，访问主体独立建立共享密钥；在发生跨域资源访问时，域管理节点转发跨域资源请求消息，经等级管理服务器认证后，KGC 更新被请求节点的公钥和数据密钥，审计和监管组件记录跨域密钥分配日志，并在密钥有效期结束时对被请求节点进行密钥更新。相关的算法包括系统建立、密钥更新、节点加入、节点退出和跨域密钥建立。跨域分层密钥管理系统模型如图 6-36 所示。

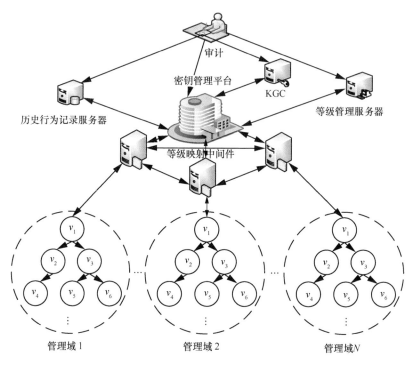

图 6-36　跨域分层密钥管理系统模型

（1）系统建立：设系统的规模为 N（网络中的成员节点数量），划分的管理域数量为 M，对于任意节点 v_i，密钥管理平台根据部署知识将其划分到适当的域，分配相应的安全等级，并在有向无环图（DAG，directed acyclic graph）添加该节点。然后，KGC 根据节点资源能力和安全等级选择域管理节点，并为节点分配私钥 s_i、数据密钥 k_i 和公钥 pk_i，安全地发送给 v_i。

（2）密钥更新：设节点 v_i 需要进行密钥更新，KGC 为其分配新私钥 s_i'、数据密钥 k_i' 和公钥 pk_i'，并更新其子节点 $v_j \in C_i$ 的数据密钥 k_j' 和公钥 pk_j'。

（3）节点加入：设节点 v_i 为新加入节点，在划分到适当的域和安全等级后更新有向无环图，若 v_i 已分配私钥 s_i，则使用 s_i 为新连边节点更新数据密钥和公钥；若 v_i 未分配私钥，则 KGC 为其分配新私钥 s_i 并为新连边节点更新数据密钥和公钥。

（4）节点退出：设节点 v_i 为退出节点，KGC 为 v_i 父子节点建立新连边，并更新子节点 $v_j \in C_i$ 的数据密钥 k_j' 和公钥 pk_j'，删除节点 v_i 并更新有向无环图。

（5）跨域密钥建立：设域 D 中的节点 v_i 与域 D' 中的节点 v_j 间建立密钥关系，节点 v_i 通过域 D 的管理节点（根节点）转发密钥建立请求至密钥管理平台，经等级管理服务器验证合法后，KGC 更新 v_j 的公钥和数据密钥，并设置密钥有效期 kl，在密钥有效期结束时，KGC 更新 v_j 的密钥。

6.5.2.2　密钥管理设计

1. 系统建立

KGC 构造一个非超奇异的椭圆曲线 $E_{a,b}:y^2=x^3+ax+b$，其中 $a,b\in F_p$，p 是一个素数，且 $4a^3+27b^2\bmod p\neq 0$。令 $g\in E_{a,b}(F_p)$ 是一个公开的基点，其阶为一个大的素数 $N=\mathrm{ord}(g)$。系统参数为 $\mathrm{SP}=\{E_{a,b}(F_p),g,N\}$。

步骤 1　假设系统中有 N 个成员节点 $\{v_0,v_1,v_2,\cdots,v_N\}$，根据部署知识划分为 M 个管理域 $\{D_0,D_1,D_2,\cdots,D_{M-1}\}$。

步骤 2　KGC 建立系统标准等级映射表 $\mathrm{PL}=\{\mathrm{sl}_1,\cdots,\mathrm{sl}_n\}$，$n$ 为系统最大标准等级数量，并将所有节点映射到标准等级 PL 中。

步骤 3　KGC 根据部署知识将用户分配到相应的 M 个管理域中，然后，KGC 为每个管理域内的节点生成并分发密钥。对于具有 l 个用户节点的任意管理域 D，其域内节点间的密钥关系形成一个有向无环图 G，令 $\{v_0,v_1,v_2,\cdots,v_{l-1}\}$ 为 G 的顶点集，其中 $l=|G|$，$l\leq N$，v_0 是 G 的根节点。$\forall v_i\in G$，KGC 选择一个随机元素 $s_i\in F_p^*$，将 s_i 作为私钥安全地分发给 v_i。

步骤 4　KGC 计算节点 v_i 的数据密钥 k_i。令 $k_0=s_0g$ 为根节点 v_0 的数据密钥，对于其他节点 v_i，$i\neq 0$，设节点 v_i 的父节点集为 $P_i=\{v_i^1,v_i^2,\cdots,v_i^n\}$，其中 $n=\mathrm{ID}(v_i)$ 是节点 v_i 的入度，对于 P_i 中的每个节点，其私钥为 $s_i^1,s_i^2,\cdots,s_i^n$。计算椭圆曲线上点的坐标为节点的加密密钥 k_i，并安全地分发给 v_i：

$$k_i=s_i^1s_i^2\cdots s_i^ns_ig\bmod p \tag{6-8}$$

步骤 5　KGC 计算节点 v_i 的公钥 pk_i：

$$\mathrm{pk}_i=\{\mathrm{pk}_{ij},j\in[1,n]\}=\left\{s_ig\prod_{t=1,t\neq j}^n s_i^t\Big|s_i^j,s_i^t\in P_i,j\in[1,n]\right\} \tag{6-9}$$

若节点 v_i 的入度为 n，则需要公开 n 个公钥，即 $|\mathrm{pk}_i|=n$。然后，KGC 将 pk_i 发送给 v_i。

2. 跨域密钥建立

跨域密钥的建立过程如图 6-37 所示。在发生跨域资源访问时，为了将在域 D 中的节点 v_i 与域 D' 中的节点 v_j 间建立密钥关系 $v_j\preceq v_i$，需要进行以下步骤。

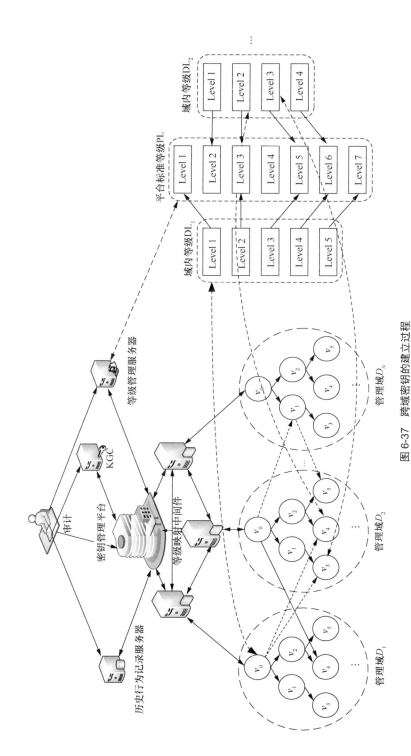

图 6-37　跨域密钥的建立过程

步骤 1　域 D 中的节点 v_i 生成跨域资源请求消息，并使用私钥 s_i 和安全 HMAC 算法生成消息验证码。

步骤 2　节点 v_i 向域管理节点 v_0^D 发送跨域资源请求消息和相应的消息验证码。

步骤 3　域 D 的域管理节点 v_0^D 转发节点 v_i 的跨域资源请求消息至密钥管理平台。

步骤 4　密钥管理平台使用节点 v_i 的私钥 s_i 验证该跨域资源请求消息和消息验证码，完成节点身份的认证。

步骤 5　身份认证通过后，等级映射中间件将节点 v_i 的域内等级 DL_i^D 映射为平台标准级别 PL_i。

步骤 6　等级管理服务器验证 v_i 的标准级别 PL_i 与 v_j 的标准级别 PL_j 是否满足关系 $PL_i > PL_j$。

步骤 7　若该请求合法，KGC 使用系统建立中步骤 4、步骤 5 的方法更新 v_j 的公钥和数据密钥，并设置密钥有效期 kl，通过域 D' 的域管理节点 $v_0^{D'}$ 将密钥分发至节点 v_j。

步骤 8　审计和监管组件记录跨域密钥建立日志。

步骤 9　在密钥有效期结束时，KGC 更新 v_j 的密钥。

3. 密钥更新

设节点 v_i 需要进行密钥更新，KGC 为其分配新私钥 s_i'、数据密钥 k_i' 和公钥 pk_i'，并更新其子节点 $v_j \in C_i$ 的数据密钥 k_j' 和公钥 pk_j'。

步骤 1　KGC 维护一个列表 ulist 用以保存当前需要进行密钥更新的节点集合。

步骤 2　对于任意节点 $v_i \in$ ulist，KGC 选择一个随机元素 $s_i' \in F_p^*$，其中 $1 \leqslant s_i' \leqslant n$，$0 \leqslant i \leqslant m$，将 s_i' 作为新私钥安全地发送给 v_i。

步骤 3　KGC 维护一个列表 culist = $\{cu_x : x \in$ ulist$\}$，其中 $cu_x = \{v_i : v_i \in C_x\}$。对于任意 $v_i \in$ culist，KGC 按照以下方式计算 v_i 的数据密钥 k_i' 和公钥 pk_i'，其中 $n = \mathrm{ID}(v_i)$：

$$k_i' = s_i^1 s_i^2 \cdots s_i^n s_i g \bmod p \tag{6-10}$$

$$pk_i' = \left\{ pk_{ij}', j \in [0, n] \right\} = \left\{ s_i g \prod_{t=1, t \neq j}^{n} s_i^t \mid s_i^t, s_i^t \in P_i, j \in [0, n] \right\} \tag{6-11}$$

步骤 4　对于任意 $v_i \in$ ulist，KGC 使用其新私钥 s_i' 按照以下方式计算 v_i 的数据密钥 k_i' 和公钥 pk_i'：

$$k_i' = s_i^1 s_i^2 \cdots s_i^n s_i' \, g \bmod p \qquad (6\text{-}12)$$

$$\mathrm{pk}_i' = \left\{ \mathrm{pk}_{ij}', j \in [0,n] \right\} = \left\{ s_i' \, g \prod_{t=1,t\neq j}^{n} s_t' | s_i^j, s_i' \in P_i, j \in [0,n] \right\} \qquad (6\text{-}13)$$

4. 节点加入

设节点 v_i 为新加入节点，在划分到适当的域和安全等级后更新有向无环图，若 v_i 已分配私钥 s_i，则使用 s_i 为新连边点更新数据密钥和公钥；若 v_i 未分配私钥，则 KGC 为其分配新私钥 s_i 并为新连边节点更新数据密钥和公钥。下面分情况进行描述。

（1）新加入节点已分配私钥：为图 G 中已分配私钥 s_i 的节点 v_i 建立新的密钥关系，即 v_i 存在父节点在 G 中，满足关系 $\exists v_j \in G : v_i \in P_i$。对于新的密钥关系 $v_i \preceq v_j$，有 $P_i^{\mathrm{new}} = P_i^{\mathrm{old}} \bigcup v_j$，KGC 更新有向无环图，并使用系统建立中步骤 4、步骤 5 的方法更新节点 v_i 的数据密钥和公钥。

（2）新加入节点未分配私钥：为图 G 添加新的节点 v_i，即满足关系 $\exists v_j \in G : P_i^{\mathrm{old}} \leftarrow \varnothing \wedge v_j \in P_i^{\mathrm{new}}$。对于新的密钥关系 $\forall v_j \in P_i \wedge v_i \preceq v_j$ 和 $\forall v_k \in C_i \wedge v_k \preceq v_i$，KGC 更新有向无环图后为 v_i 分配私钥 s_i、数据密钥 k_i 和公钥 pk_i，并使用系统建立中步骤 4、步骤 5 的方法更新 $v_k \in C_i$ 的数据密钥和公钥。

5. 节点退出

设节点 v_i 为退出节点，KGC 为 v_i 父子节点建立新连边并更新子节点 $v_j \in C_i$ 的数据密钥 k_j' 和公钥 pk_j'，删除节点 v_i 并更新有向无环图。下面分情况进行描述。

（1）退出的节点是图 G 的根节点 root：当图 G 的根节点 root 退出后，图 G 分解为由 root 节点和 n 个以 root 的子节点 $v_i \in C_{\mathrm{root}}$ 为根节点的子图集合 $\{SG\}$，其中 $n = \mathrm{old}(\mathrm{root})$，KGC 更新有向无环图后使用系统建立中步骤 4、步骤 5 的方法为 v_k 更新数据密钥和公钥，使得 root 不能继续访问 v_i 的数据。

（2）退出的节点是中间节点：当图 G 的中间节点 v_i 退出后，需要为 v_i 的父子节点建立新密钥关系 $v_k \preceq v_j : \forall v_j \in P_i, v_k \in C_i$，KGC 更新有向无环图后使用节点加入（1）中的方法为 v_k 更新数据密钥和公钥，并且 v_i 不能继续访问 v_k 的数据。

（3）退出的节点是叶节点：当图 G 的叶节点 v_i 退出后，$C_i = \varnothing$，因此没有新密钥关系建立，无须对其他节点进行密钥更新。

密钥更新、节点加入、节点退出示意图如图 6-38 所示。

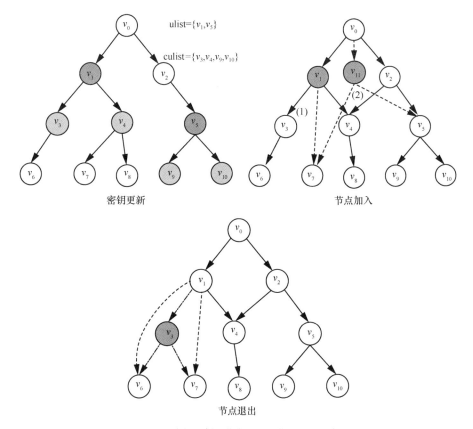

图 6-38　密钥更新、节点加入、节点退出示意图

6.5.2.3　方案分析

1. 正确性分析

首先确定系统参数 $\mathrm{SP}=\{E_{a,b}(F_p),g,n\}$，为每个节点 v_i 分配私钥 s_i，并生成加密密钥 k_i 和公钥集 pk_i。由于每个节点 v_i 都有 $n=\mathrm{ID}(v_i)$ 个公钥，即 $|\mathrm{pk}_i|=n$，任意父节点 $\forall v_j \in P_i$，都可使用自己的私钥 s_i^j 相应的公钥 pk_{ij} 推导加密密钥 k_i。方案的正确性由式（6-14）证明。

$$k_i = U_i \mid (U_i,V_i) = s_i^1 s_i^2 \cdots s_i^n s_i g \bmod p = s_i^j \left(\frac{s_i g s_i^1 s_i^2 \cdots s_i^n}{s_i^j} \right) \bmod p = s_i^j \mathrm{pk}_{ij} \bmod p \quad (6\text{-}14)$$

其中每个节点 v_s 都将子节点 v_c 的加密密钥 k_c 用自身加密密钥 k_s 加密存储，这样祖先节点 v_a 就可递归地解密子孙节点 v_d 的加密密钥。

2. 安全性分析

该方案的安全性建立在椭圆曲线离散对数问题（ECDLP）困难问题上，通过以下 3 个引理证明方案的安全性、前后向保密性。

引理 6-1 在 ECDLP 假设下，若存在敌手 A 能以不可忽略的优势攻击节点 v_i，即 $\forall v_A \notin A_i$，v_A 可以获取 v_i 的加密密钥 k_i，则敌手 A 能够以不可忽略的优势解决 ECDLP 问题。

证明：令系统参数为 $SP = \{E_{a,b}(F_p), g, n\}$，节点 v_i 的私钥为 $s_i \in F_p^*$，加密密钥为 k_i，公钥为 pk_i。由于 $\forall pk_{ij} \in pk_i$，$pk_{ij} = s_i g s_i^1 s_i^2 \cdots s_i^n / s_i^j$，$k_i = \{U_i \mid (U_i, V_i) = s_i^j(s_i g s_i^1 s_i^2 \cdots s_i^n / s_i^j) = s_i^j pk_{ij} \bmod p\}$，计算加密密钥 k_i 需要获取私钥 s_i^j。敌手 A 可以获取 v_i 的任意公钥 $pk_{ij} \in pk_i$ 和除 s_i^j 以外的任意私钥。由 $v_A \notin P_i \leftarrow v_A \notin A_i$，即敌手 A 不能获取关于私钥 s_i^j 的任意信息，若敌手 A 能够通过 pk_{ij} 和其他节点的私钥 s_i^k，$k \neq j$ 计算 s_i^j，则敌手 A 能够以不可忽略的优势解决 ECDLP。

引理 6-2 所提出的方案是后向保密的。

证明：当外部节点 v_i 加入管理域时，更新 v_i 的子节点 $v_c \in C_i$ 的公钥 pk_c 和加密密钥 k_c。加入事件发生前的资源使用原始加密密钥加密，对于新加入的节点，它所观察到的信息和攻击者所观察到的信息是一致的，由引理 6-1，即通过 v_c 的公钥和其他节点的私钥不能计算 v_c 的私钥 s_c，也无法计算相应的加密密钥 k_c。

引理 6-3 所提出的方案是前向保密的。

证明：当管理域内节点 v_i 退出时，更新 v_i 的子节点 $v_c \in C_i$ 的公钥 pk_c 和加密密钥 k_c。退出事件发生后的资源使用新的加密密钥进行加密，对于已退出的节点，由引理 6-1，即通过 v_c 的公钥和其他节点的私钥不能计算 v_c 的私钥 s_c，也无法计算相应的加密密钥 k_c。

6.5.3 无证书通用密钥管理

天地一体化信息网络中，为确保对等节点间安全直接互通，需确保相关节点使用相同的算法和安全参数。公钥加密可为天地一体化信息网络中的通信实体建立安全信道，实现数据安全传输。如何确保公钥被合法用户使用，及时撤销恶意用户、过期用户的公钥是加密算法研究重点。

基于证书的密码体制已经得到了广泛的研究和应用，但由于证书链等原因，在证书管理和验证环节引入了较多计算、通信、存储负荷，导致性能下降。与基于证书的解决方案相比，基于身份的密码体制和无证书的密码体制都消除了对证书的依赖，但基于身份的密码体制和无证书的密码体制由于没有证书有效期、证书吊销列表、在线证书验证等协议和方法对过期、非法用户的撤销管理，需要研究用户撤销机制。

6.5.3.1　相关困难问题和安全性假设

1. 双线性对和双线性 DH 困难问题

定义 6-1　令 G_1、G_2 和 G_T 是 3 个阶为大素数 q 的同阶循环群，其中 G_1、G_2 是加法循环群，零元分别记为 $\mathcal{O}_1$、$\mathcal{O}_2$，G_T 是乘法循环群。假定在群 G_1、G_2 和 G_T 上计算离散对数问题是困难的，如果满足以下条件，则将双线性对定义为映射 $e: G_1 \times G_2 \to G_T$。

（1）双线性

①对任意的 $P_1, P_2 \in G_1$，$Q \in G_2$：

$$e(P_1 + P_2, Q) = e(P_1, Q)e(P_2, Q) \tag{6-15}$$

②对任意的 $P \in G_1$，$Q_1, Q_2 \in G_2$：

$$e(P, Q_1 + Q_2) = e(P, Q_1)e(P, Q_2) \tag{6-16}$$

（2）非退化性

存在 $P \in G_1$，$Q \in G_2$，使得 $e(P, Q) \neq 1_{G_T}$。

根据定义，可以推导出双线性对具有以下性质。

①对任意的 $P \in G_1$，$Q \in G_2$：

$$e(P, \mathcal{O}_2) = e(\mathcal{O}_1, Q) \tag{6-17}$$

②对任意的 $P \in G_1$，$Q \in G_2$：

$$e(-P, Q) = e(P, Q)^{-1} = e(P, -Q) \tag{6-18}$$

③对任意的 $P \in G_1$，$Q \in G_2$ 和任意的 $a, b \in \mathbf{Z}_q^*$：

$$e(aP, bQ) = e(P, Q)^{ab} \tag{6-19}$$

（3）可计算性

对任意 $P \in G_1$，$Q \in G_2$，存在多项式时间算法计算 $e(P, Q)$。

在密码学中，通常定义循环群 $G_1 = G_2$，此时双线性对的定义为 $\hat{e}: G \times G \to G_T$。

定义 6-2 双线性 Diffie-Hellman（BDH，bilinear diffie-hellman）问题。

令 $\mathcal{G}$、$\mathcal{G}_T$ 是阶为大素数 q 的同阶循环群，其中 $\mathcal{G}$ 是加法循环群，零元分别记为 $\mathcal{O}_1$、$\mathcal{O}_2$，$\mathcal{G}_T$ 是乘法循环群，$\hat{e}:\mathcal{G}\times\mathcal{G}\to\mathcal{G}_T$ 上的双线性 Diffie-Hellman 问题定义为：给定 $\mathcal{G}$ 的一个生成元 P 和 3 个元素 aP、bP、$cP\in\mathcal{G}$，其中 a、b、$c\in\mathbf{Z}_q^*$ 是未知的，计算 $\hat{e}(P,P)^{abc}\in\mathcal{G}_T$。对于概率算法 A，将该算法解决 BDH 问题的优势定义为：

$$\text{Adv}_{\text{BDH}}(\lambda)=\Pr\left[h=\hat{e}(P,P)^{abc}\,\middle|\,\begin{array}{l}\hat{e}:\mathcal{G}\times\mathcal{G}\to\mathcal{G}_T\leftarrow IG(1^\lambda);|\mathcal{G}|=|\mathcal{G}_T|=q;\\P\leftarrow\mathcal{G}^*;a,b,c\leftarrow Z_q^*;h\leftarrow A(P,aP,bP,cP)\end{array}\right]\quad(6\text{-}20)$$

定义 6-3 （计算性）BDH 假设。

不存在概率多项式时间（PPT）算法 A，能在多项式时间内以不可忽略的优势 $\text{Adv}_{\text{BDH}}(\lambda)$ 解决 BDH 问题，即对任意的多项式 $\rho\in Z[\lambda]$，满足关系式：

$$\text{Adv}_{\text{BDH}}(\lambda)\leqslant 1/\rho(\lambda)\quad(6\text{-}21)$$

2. 门限密钥共享

门限密码学是密码学的重要分支，下面简单介绍典型的 Shamir 的 (t,n) 门限秘密共享方案，其中 n 是系统成员总数，t 是重构秘密值所需的成员数量阈值，任意 t 个或更多个成员可以合作重构该秘密值。

（1）初始化阶段：设 q 是一个大素数，$1\leqslant t\leqslant n$，分发者 D 要将秘密值为 $k\in\mathbf{Z}_q$ 分发给 n 个用户，则分发者定义 $a_0=k$，然后随机地从 $\mathbf{Z}_q$ 中选取 $t-1$ 个值 $a_i(i=1,2,\cdots,t-1)$，构成 $t-1$ 次多项式 $f(x)=a_0+a_1x+\cdots+a_{t-1}x^{t-1}(\text{mod}q)$，显然，$f(0)=k$。

（2）密钥分发阶段：分发者 D 为每个成员产生秘密份额，计算 $y_i=f(i)$ 作为秘密份额并发送给用户 i。

（3）密钥重构阶段：任意 t 个成员可以重构秘密值 k，不妨设前 t 个成员使用他们的秘密份额恢复秘密值，通过拉格朗日插值公式重构多项式 $f(x)$ 和秘密值 k，具体计算如下。

$$f(x)=\sum_{i=1}^{n}y_i\prod_{j=1,j\neq i}^{t}\frac{x-x_i}{x_i-x_j}\quad(6\text{-}22)$$

$$k=f(0)=\sum_{i=1}^{n}y_i\prod_{j=1,j\neq i}^{t}\frac{x_j}{x_j-x_i}\quad(6\text{-}23)$$

Shamir (t,n) 门限密钥共享方案具有以下特点。

（1）安全阈值内的秘密份额暴露，不会造成秘密值 k 的任何泄露。

（2）新增参与者不会引发额外密钥更新。

（3）可以设置多于用户数量的密钥份额，并根据参与者的可信度额外分发一定数量的密钥份额，实现高效的秘密重构。

6.5.3.2　系统框架和安全模型

1. 系统框架

无证书密钥管理方案 RCL-PKE-STRA 涉及密钥生成中心 KGC、半可信更新代理（STRA，semi-trusted revocation agent）和用户三方。

定义6-4　半可信云外包无证书密钥管理方案 RCL-PKE-STRA 由系统初始化算法、公钥提取算法、部分身份密钥提取算法、身份密钥提取算法、密钥更新算法、加密算法和解密算法构成。

（1）系统初始化算法。KGC 运行此算法输入安全参数 λ、半可信云更新代理STRA 的数量 n、密钥更新阈值 t 和系统最大运行时间 I 作为输入，输出主身份密钥 α、主更新密钥 β、主更新密钥份额 $\beta_j(j=1,\cdots,n)$ 以及公共参数 params，并将公共参数发布给系统中的所有用户。

（2）公钥提取算法。用户运行此算法将公共参数和随机选择的秘密值 s_{ID} 作为输入并输出其公钥 P_{ID}。然后，用户将公钥 P_{ID} 发送给 KGC。

（3）部分身份密钥提取算法。KGC 运行此算法将主身份密钥 α、用户身份标识 ID 和用户公钥 P_{ID} 作为输入，输出用户的部分身份密钥 D_{ID}。然后，KGC 通过安全通道将 D_{ID} 发送给用户。

（4）身份密钥提取算法。用户运行此算法将部分身份密钥 D_{ID} 及其秘密值 s_{ID} 作为输入，输出用户的身份密钥 IK_{ID}。

（5）密钥更新算法。在系统运行周期 $i \in I$，每个 STRA 都使用其主更新密钥份额 β_j 和合法用户的身份标识 ID 作为输入，输出与用户更新密钥 $T_{\text{ID},i}$ 对应的一组用户更新密钥份额 $\langle T_{\text{ID},i,j} \rangle$，并通过公开信道将用户更新密钥份额发送给用户。

（6）加密算法。在系统运行周期 $i \in I$，该算法将身份标识 ID、用户的公钥 P_{ID} 和待加密明文 M 作为输入，输出密文 C。

（7）解密算法。将密文 C、用户的身份密钥 IK_{ID} 和用户的更新密钥 $T_{\text{ID},i}$ 作为输

入。若解密成功，则输出明文 M ；否则，输出 $\perp$ 表示解密失败。

对于每个系统运行周期 $i \in I$ ，STRA 都会根据用户撤销列表使用其主更新密钥份额为合法用户生成更新密钥份额 $T_{\text{ID},i,j}$ 。如果用户被撤销，诚实的 STRA 会拒绝为其生成用户更新密钥份额。如果用户从 n 个 STRA 接收到至少 t 个用户更新密钥份额，则用户可以恢复在运行周期 i 的更新密钥 $T_{\text{ID},i}$ 并解密消息。半可信云外包无证书密钥管理系统模型如图 6-39 所示。

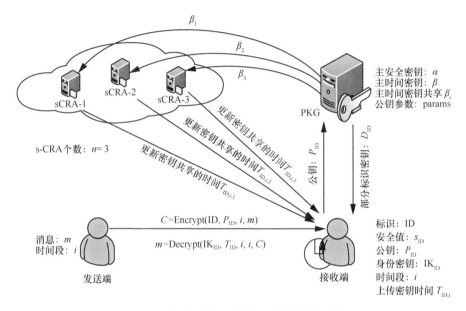

图 6-39　半可信云外包无证书密钥管理系统模型

2. 安全模型

（1）I 型敌手 A_{I} （已撤销用户）

该敌手被定义为身份标识为 ID^* 的已撤销用户，该用户曾经是合法用户，并已在之前某个系统运行周期 i^* 中被 KGC 撤销。这样的敌手试图解密系统在运行周期 i^* 内用其身份标识加密的密文，同时假设该敌手可与他人串通。因此，这种类型的敌手可以获取每个用户的身份密钥，并且能够在任意时间段获得所有用户的更新密钥（除了目标身份 ID^* 在目标运行周期 i^* 的更新密钥）。

（2）II 型敌手 A_{II} （外部攻击者）

该敌手被定义为外部攻击者，旨在解密身份标识为 ID^* 的目标的密文。由于更新密钥是通过公开信道发布的，因此攻击者可以获得攻击目标的更新密钥。因此，这种 Ⅱ型敌手可以获得除目标用户 ID* 身份密钥以外所有用户的更新密钥和身份密钥。

（3）Ⅲ型敌手 $A_Ⅲ$（好奇的 KGC）

该敌手被定义为能够获取主身份密钥 α 和主更新密钥 β 的好奇的 KGC。这样的Ⅲ型敌手可独立计算目标用户 ID* 的部分身份密钥和更新密钥以供自用，但不能获得 ID* 的身份密钥。

（4）Ⅳ型敌手 $A_Ⅳ$（贪心的 STRA）

该敌手被定义为能够通过自己的更新密钥份额 β_j 秘密地为非法用户生成更新密钥份额的 STRA。尽管贪心的 STRA 无法解密目标用户 ID* 的密文，但它可帮助已撤销目标用户获得明文。因此，这种Ⅳ型敌手可获得每个用户的身份密钥，并且能获得目标用户有限的更新密钥份额。

RCL-PKE-STRA 方案的安全模型通过挑战者与上述敌手间的游戏（game）来定义的。

定义 6-5 如果没有 PPT 敌手 A 在 RCL-IND-CCA2 游戏中对挑战者 B 具有不可忽略的优势，则 RCL-PKE-STRA 对适应性不可区分选择密文攻击（RCL-IND-CCA2）敌手是语义安全的。

定义 6-6 在攻击 RCL-PKE-STRA 方案的模拟 RCL-IND-CCA2 游戏中，包括系统初始化、阶段 1、挑战阶段、阶段 2 和猜测阶段。

（1）系统初始化。挑战者 B 运行系统初始化算法以输出 $\langle G, G_T, \hat{e} \rangle$，并输出群 G 的生成元 $P \in G$、公共参数 params、主身份密钥 α、主更新密钥 β、主更新密钥份额 $\beta_j (j=1,\cdots,n)$。然后，将 params 发送给敌手 A。同时，如果 A 是Ⅲ型敌手，挑战者 B 将身份密钥 α 发送给 A；如果 A 是Ⅳ型敌手，挑战者 B 将至多 $t-1$ 个用户更新密钥份额发送给 A。对于其他情况，挑战者 B 秘密存储主身份密钥 α 和主更新密钥 β。

（2）阶段 1。允许敌手 A 以自适应方式进行以下查询。

公钥请求查询（ID）。挑战者 B 在接收到对身份标识 $ID \in \{0,1\}^*$ 的查询后，运行公钥提取算法以生成适当的公钥 P_{ID}，然后发送回敌手 A。

公钥替换查询（ID, P'_{ID}）。敌手 A 将用户 ID 的公钥替换为其选择的 P'_{ID}。此后，挑战者 B 将使用 P'_{ID} 在任何相应问询中进行计算和答复，如回答敌手 A 的公钥请求查询。

部分身份密钥提取查询（ID, P_{ID}）。当敌手 A 对（ID, P_{ID}）进行部分身份密钥提取查询时，挑战者 B 运行部分身份密钥提取算法以生成部分身份密钥 D_{ID}。然后，挑战者 B 将 D_{ID} 发送回敌手 A。需要注意的是，敌手 A 不能既在挑战阶段之前替换挑战身份 ID* 的公钥，又在某个阶段提取 ID* 的部分身份密钥。

秘密值提取查询（ID, i）。在收到针对身份标识 ID $\in \{0,1\}^*$ 的秘密值提取查询后，挑战者 B 将关联的秘密值 s_{ID} 返回给敌手 A。此查询的限制敌手 A 无法提取已进行公钥替换查询的用户 ID* 的秘密值 s_{ID^*}。

更新密钥查询（ID, i）。当敌手 A 对身份 ID $\in \{0,1\}^*$ 和运行周期 i 进行更新密钥查询时，挑战者 B 运行密钥更新算法以生成适当的更新密钥 $T_{ID,i}$ 并发送回敌手 A。

解密查询（C, ID, i）。当挑战者 B 接收到针对密文 C、身份标识 ID $\in \{0,1\}^*$ 和周期 i 的解密查询时，挑战者 B 运行密钥提取算法和密钥更新算法获得私钥对 $(IK_{ID}, T_{ID,i})$。然后，挑战者 B 运行解密算法以解密密文 C，并将明文 M 返回给敌手 A。

（3）挑战阶段。敌手 A 生成两个相同长度的不同明文（M_0, M_1），然后 A 向挑战者 B 发送目标标识 ID*、目标周期 i^* 和明文（M_0, M_1）。挑战者 B 随机选择 $\gamma \in (0,1)$ 计算密文 $C^* = E(ID^*, P_{ID^*}, i^*, M_\gamma)$，并将 C^* 返回给 A。针对不同类型敌手的限制如下。

①对于 I 型敌手，要求它在阶段 1 中不能进行针对（ID*, i^*）的更新密钥查询。

②对于 II 型敌手，要求它在阶段 1 中不能进行针对 ID* 的部分身份密钥提取查询。

③对于 III 型敌手，要求它在阶段 1 中不能同时进行针对 ID* 秘密值提取查询和公钥替换查询。

④对于 IV 型敌手，要求它在阶段 1 中不能进行针对（ID*, i^*）的更新密钥查询。

（4）阶段 2。敌手 A 自适应地进行更多查询，但条件是 A 不能进行针对（ID*, i^*, C^*）的解密查询。其他限制与第一阶段和挑战阶段相同。

（5）猜测阶段。敌手 A 输出一个猜测 $\gamma' \in (0,1)$。如果 $\gamma' = \gamma$，则敌手 A 赢得游戏。

敌手 A 攻击 RCL-PKE-STRA 方案的模拟 RCL-IND-CCA2 游戏的优势定义为

$$Adv_A(\lambda) = \Pr[\gamma' = \gamma] - 1/2。$$

6.5.3.3 半可信云外包无证书密钥管理

1. 系统初始化算法

（1）KGC 选取一个安全参数 λ 并生成 $\langle G, G_T, \hat{e} \rangle$，其中 G 是一个加法循环群，G_T

是一个乘法循环群，且群的阶 $q > 2^\lambda$，$\hat{e}: \mathcal{G} \times \mathcal{G} \to \mathcal{G}_T$ 是双线性映射。

（2）KGC 任意选择群 $\mathcal{G}$ 的一个生成元 $P \in \mathcal{G}$。

（3）KGC 输入系统最大运行时间 I，并随机选择两个秘密值 $\alpha, \beta \in \mathbf{Z}_q^*$，$\alpha$ 和 β 分别是主身份密钥和主更新密钥，然后设置 $P_0 = \alpha P$，$C_{\text{pub}} = \beta P$。

（4）KGC 选择 4 个安全哈希函数 $H_1, H_2 : \{0,1\}^* \to \mathcal{G}$，$H_3 : \mathcal{G}_T \to \{0,1\}^l$ 和 $H_4 : \{0,1\}^* \to \{0,1\}^l$。其中，$l$ 是明文的比特长度。

（5）KGC 根据密钥更新阈值 t 随机生成次数为 $t-1$ 的多项式 $f(x) = \beta + a_1 x + \cdots + a_{t-1} x^{t-1}$。然后，KGC 计算主更新密钥份额 $\beta_j = f(j)(j = 1, \cdots, n)$，其中，$n$ 是系统中 STRA 的数量。此后，KGC 将主更新密钥份额 β_j 安全地发送到 SCRA_j。

系统参数 $\text{params} = \langle \mathcal{G}, \mathcal{G}_T, \hat{e}, P, P_0, C_{\text{pub}}, n, t, H_1, H_2, H_3, H_4 \rangle$。明文空间 $\mathcal{M} = \{0,1\}^l$，密文空间 $\mathcal{C} = \mathcal{G} \times \{0,1\}^{2l}$。

2. 公钥提取算法

该算法以系统参数 params 和用户随机选择的秘密值 $s_{\text{ID}} \in \mathbf{Z}_q^*$ 为输入，输出用户公钥 $P_{\text{ID}} = \langle X_{\text{ID}}, Y_{\text{ID}} \rangle$，其中，$X_{\text{ID}} = s_{\text{ID}} P$，$Y_{\text{ID}} = s_{\text{ID}} P_0 = s_{\text{ID}} \alpha P$。

3. 部分身份密钥提取算法

当 KGC 收到身份标识为 $\text{ID} \in \{0,1\}^*$、公钥为 P_{ID} 的合法用户的部分身份密钥提取请求时，KGC 使用主身份密钥 α 通过以下步骤计算部分身份密钥 D_{ID}。

（1）计算 $Q_{\text{ID}} = H_1(\text{ID}, P_{\text{ID}}) \in \mathcal{G}$。

（2）计算部分身份密钥 $D_{\text{ID}} = \alpha Q_{\text{ID}}$ 并通过公开信道发送给用户。

用户可以通过检查 $\hat{e}(D_{\text{ID}}, P) = \hat{e}(Q_{\text{ID}}, P_0)$ 验证部分身份密钥 D_{ID} 的正确性。

4. 身份密钥提取算法

该算法以系统参数 params、用户的部分身份密钥 D_{ID} 和用户的秘密值 $s_{\text{ID}} \in \mathbf{Z}_q^*$ 为输入，计算身份密钥 $\text{IK}_{\text{ID}} = s_{\text{ID}} D_{\text{ID}} = s_{\text{ID}} \alpha Q_{\text{ID}} \in \mathcal{G}$。

5. 密钥更新算法

为了定期为合法用户进行密钥更新，SCRA_j 通过以下步骤使用其主更新密钥份额 β_j 计算用户 $\text{ID} \in \{0,1\}^*$ 在运行周期 i 的用户更新密钥份额 $T_{\text{ID},i,j}$。

（1）计算 $R_{\text{ID},i} = H_2(\text{ID}, i) \in \mathcal{G}$。

（2）计算用户更新密钥份额 $T_{\text{ID},i,j} = \beta_j R_{\text{ID},i}$。

然后，每个 SCRA_j 都通过公开信道将用户更新密钥份额 $T_{\text{ID},i,j}$ 发送给用户。当接收到至少 t 个用户更新密钥份额时，合法用户可以通过拉格朗日插值恢复更新密钥 $T_{\text{ID},i}$。

6. 加密算法

为了在运行周期 i 给身份标识为 ID 、公钥为 $P_{ID} = \langle X_{ID}, Y_{ID}\rangle$ 的接收者加密消息 $M \in \mathcal{M}$ ，发送者执行以下步骤。

（1）检查 $X_{ID}, Y_{ID} \in \mathcal{G}$ 和等式 $\hat{e}(X_{ID}, P_0) = \hat{e}(Y_{ID}, P)$ 验证 P_{ID} 是一个合法的公钥。否则，输出 $\perp$ 并退出。

（2）计算 $Q_{ID} = H_1(ID, P_{ID}) \in \mathcal{G}$ 和 $R_{ID,i} = H_2(ID, i) \in \mathcal{G}$ 。

（3）选择一个随机值 $r \in \mathbf{Z}_q^*$ 并计算 $U = rP$ 。

（4）计算并输出密文：

$$g_1 = \hat{e}(Q_{ID}, Y_{ID}) \tag{6-24}$$

$$g_2 = \hat{e}(R_{ID,i}, C_{pub}) \tag{6-25}$$

$$V = M \oplus H_3\big((g_1 g_2)^r\big) \tag{6-26}$$

$$W = H_4\big(U, V, M, ID, P_{ID}, i\big) \tag{6-27}$$

$$C = (U, V, W) \tag{6-28}$$

7. 解密算法

为了解密运行周期为 i 、身份标识为 ID 、公钥为 $P_{ID} = \langle X_{ID}, Y_{ID}\rangle$ 的密文 $C = (U, V, W)$ ，接收者使用其身份密钥 IK_{ID} 和更新密钥 $T_{ID,i}$ 进行如下步骤。

（1）计算 $M' = V \oplus H_3\big(\hat{e}(IK_{ID} + T_{ID,i}, U)\big)$ 。

（2）计算 $W' = H_4(U, V, M', ID, P_{ID}, i)$ 。

（3）如果 $W' = W$ ，则输出 M' 作为 C 的解密密钥。否则，输出 $\perp$ 并拒绝密文。

6.5.3.4 方案分析

1. 正确性分析

解密算法的正确性基于合法用户对更新密钥份额的成功组合和对密文数据的正确解密。当至少接收到 t 个份额时，由于以下事实，解密算法的正确性得到保证。

$$T_{ID,i} = \beta R_{ID,i} = \sum_{j=1}^{t} \prod_{k=1, k \neq j}^{t} \frac{-k}{j-k} \beta_j R_{ID,i} = \sum_{j=1}^{t} \beta_j R_{ID,i} \prod_{k=1, k \neq j}^{t} \frac{-k}{j-k} = \sum_{j=1}^{t} T_{ID,i,j} \prod_{k=1, k \neq j}^{t} \frac{-k}{j-k} \tag{6-29}$$

$$H_3\big(\hat{e}(IK_{ID} + T_{ID,i}, U)\big) = H_3\big(\hat{e}(IK_{ID}, U)\hat{e}(T_{ID,i}, U)\big) =$$

$$H_3\big(\hat{e}(s_{ID}\alpha Q_{ID}, rP)\hat{e}(\beta R_{ID,i}, rP)\big) = H_3\big(\hat{e}(Q_{ID}, s_{ID}\alpha P)^r \hat{e}(R_{ID,i}, \beta P)^r\big) = \tag{6-30}$$

$$H_3\big(\hat{e}(Q_{ID}, Y_{ID})^r \hat{e}(R_{ID,i}, \beta P)^r\big) = H_3\big((g_1 g_2)^r\big)$$

2.　安全性分析

模拟挑战者与Ⅳ型敌手进行 RCL-IND-CCA2 游戏得到 4 个安全性引理，从而证明提出的 RCL-PKE-STRA 方案的安全性。不失一般性的，在前 3 个引理的证明中忽略合法用户使用用户更新密钥份额 $T_{\text{ID},i,j}$ 插值更新密钥 $T_{\text{ID},i}$ 的过程，并将 STRA 主更新密钥份额 β_j 替换为更新密钥 β，并在引理 6-7 的证明中对 A_{IV} 型敌手攻击进行安全性证明。

引理 6-4　在随机预言模型中，假设敌手 A_{I} 在 RCL-IND-CCA2 游戏中以不可忽略的优势攻击 RCL-PKE-STRA 方案，能够构造一个模拟器 B_{I} 以不可忽略的优势解决 BDH 问题。

引理 6-5　在随机预言模型中，假设敌手 A_{II} 在 RCL-IND-CCA2 游戏中以不可忽略的优势攻击 RCL-PKE-STRA 方案，能够构造一个模拟器 B_{II} 以不可忽略的优势解决 BDH 问题。

引理 6-6　在随机预言模型中，假设敌手 A_{III} 在 RCL-IND-CCA2 游戏中以不可忽略的优势攻击 RCL-PKE-STRA 方案，能够构造一个模拟器 B_{III} 以不可忽略的优势解决 BDH 问题。

引理 6-7　在随机预言模型中，假设在 (t,n) – RCL-PKE-STRA 方案中至多有 $t-1$ 个贪心的 STRA，其中，n 为 STRA 的数量，t 为密钥更新阈值。若敌手 A_{IV} 在 RCL-IND-CCA2 游戏中以不可忽略的优势攻击 (t,n) – RCL-PKE-STRA 方案，能够构造一个模拟器 B_{IV} 以不可忽略的优势解决 BDH 问题。

定理 6-1　在随机预言模型和双线性 Diffie-Hellman（BDH）困难问题假设下，提出的 RCL-PKE-STRA 方案对适应性不可区分选择密文攻击是语义安全的。

证明：通过对引理 6-4、引理 6-5、引理 6-6 和引理 6-7 的证明，可完成定理 6-1 的证明，详细证明过程请参考文献[10]。

6.5.4　Hadoop 密钥管理

6.5.4.1　Hadoop 密钥管理架构

为了实现海量密钥高效管理的目标，需在不改变原生 Hadoop KMS（key management system）架构的前提下，基于原生 Hadoop KMS，提出了新的管理方案 CKMS（key management system with commercial cryptography），设计了密钥库

文件管理结构、内存管理结构、支撑海量密钥的生命周期管理，CKMS 架构如图 6-40 所示。CKMS 由 3 层组成：密钥服务层、内存索引层和密钥存储层，其中密钥服务层接收和解析来自上层应用程序的操作命令，并为其提供服务；内存索引层负责对密钥索引进行管理操作，如密钥查询和修改；密钥存储层负责密钥及其元数据/密钥内容实时持久化存储至磁盘中。

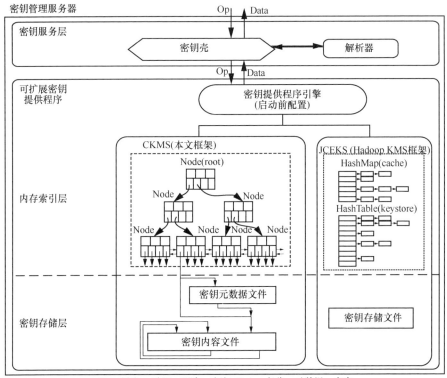

Op: 创建、升级、删除、查询 Data: 名称、元数据、内容

图 6-40　CKMS 架构

6.5.4.2　密钥在外存中存储结构

在现有的 Hadoop KMS 中，密钥是通过 Java 序列化方式输出持久化存储的，也就是说，对于每个密钥及其版本，其 Java 类和所有变量都会被序列化为一个字节流，造成大量数据冗余。为了解决这个问题，考虑到操作中密钥使用频率与密钥关键元数据的使用频率不同，采用元数据索引文件和密钥内容文件来协同存储密钥元数据和密钥内

容，并按照元数据和密钥内容的规律特性，进行字段设计和存储，简化文件结构。

1. 元数据索引文件

元数据索引文件存储每个密钥的描述信息，包括两部分：数据头和元数据载荷，其中数据头部包含状态标识位、存储长度、版本号和最新密钥内容的偏移量。状态标识位用于标记密钥的当前使用状态，即是否已删除，其值为 0、1 或 2（0 表示新建密钥、1 表示已更新密钥、2 表示已删除密钥），已删除的密钥不会被读至内存中，也不会立刻删除，而是间隔一段时间后，离线重写整个元数据索引文件，清理过期数据。存储长度表示整个载荷的长度。字段偏移字段存储密钥内容文件中最新版本密钥的偏移量，由于最新版本的密钥使用最为频繁，因此在元数据索引文件中，仅记录最后一个版本密钥在密钥内容文件中的偏移量，其他前序版本，由密钥内容文件内部跳转索引。

载荷包含 6 个字段，即密钥名称、创建时间、密码、密钥长度、密钥描述和密钥属性对，其中密钥属性对是保留字段。同时增加了密钥名长度、加密算法名长度、密钥描述长度、密钥属性键值对个数等对于变长参数的描述。

为了快速查询版本号和版本偏移量，元数据帧中的帧头以明文形式存储；为了保护密钥的机密性，载荷中的字段均采用商用密码算法 SM4 进行对称加密，以密文形式存储。单个密钥所存储的元数据字段、结构如图 6-41 所示，字段在文件中顺序排列。所存储的元数据索引文件的字段信息说明见表 6-2。

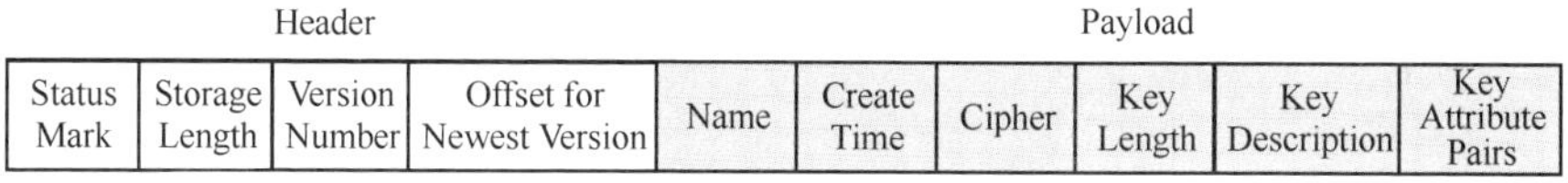

(a) 密钥元数据的帧格式

注：(Payload 每个字段包含两个部分：长度和内容)

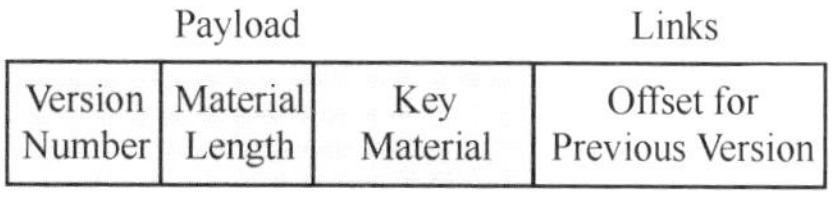

(b) 密钥材料的字段结构

图 6-41　单个密钥所存储的元数据字段、结构

表 6-2　元数据索引文件的字段信息说明

字段	长度	含义
状态标识位	1byte	0 为新建密钥，1 为已更新，2 为已删除
元数据长度	4byte	除状态标识位以外，加密后的元数据信息占文件总长度

字段	长度	含义
密钥版本个数	4byte	当前密钥名的版本数
最后一个版本密钥偏移量	8byte	在密钥内容文件中，最新版本密钥的索引
密钥名长度	4byte	密钥名的字符个数
密钥名	>0	不定长的密钥名
密钥创建时间	8byte	当前密钥的创建时间，以格林尼治标准时间记录
加密算法名长度	4byte	加密算法描述的字符个数
加密算法名	>0	加密算法描述
密钥长度	4byte	单个版本的密钥长度
密钥描述长度	4byte	密钥描述的字符个数
密钥描述	≥0	不定长的密钥描述
密钥属性键值对个数	4byte	属性键值对的个数 n
属性键值对 1	≥0	第 1 个属性键值对
属性键值对 2	≥0	第 2 个属性键值对
…	≥0	…
属性键值对 n	≥0	第 n 个属性键值对

2. 密钥内容文件

为实现软删除和增量更新，密钥内容文件在密钥创建和更新时追加写入，并且密钥查询和删除时不会直接改变，而是修改元数据文件的状态标识位，在延时清理密钥时，随元数据索引文件一同清理过期密钥。

密钥内容单独存储在一个文件中，每个密钥主要由 4 个字段组成，即上一版本密钥偏移量、密钥数据长度、密钥版本号和 128 位密钥内容数据。在密钥内容文件中，同一密钥名的不同版本密钥，采用倒序索引的方式连接，元数据索引文件只记录最后一个版本的偏移量。这样做的原因有两个：首先，元数据索引文件中无法预估更新版本数，无法预留空间，记录所有版本的索引；其次，密钥更新后，最新密钥版本的使用概率更大，平均索引时间最短。

密钥内容文件的字段信息见表 6-3，两字段的连接结构示意图如图 6-42 所示。

表 6-3　密钥内容文件的字段信息

字段	长度	含义
上一版本密钥偏移量	8byte	在密钥内容文件中，上一版本密钥的索引，第 1 个版本的偏移量为-1
密钥数据长度	4byte	除偏移量外，加密后的密钥内容长度
密钥版本号	4byte	当前密钥名的版本号
密钥内容	16byte	AES、SM4 的密钥内容为 128 位
加密补丁	≥0	将加密长度补为 16byte 或 32byte 所用的补丁

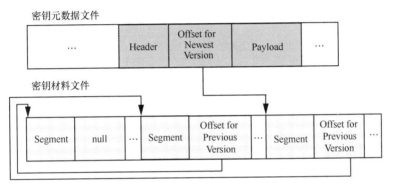

图 6-42　两字段的连接结构示意图

3. 两个文件协同管理关系

元数据索引文件和密钥内容文件存储在同一台服务器上，KMS 启动时打开这 2 个文件并将元数据索引文件缓存入内存中，便于密钥管理。

新增密钥时，需先写密钥内容文件，再写元数据索引文件。若更新时出现系统故障，将出现不完整的密钥内容信息；在这种情况下系统启动时，会检查并删除不完整的密钥内容，确保文件的一致性。访问已存在的密钥时，通过元数据索引文件中的最后一个版本密钥偏移量，索引至密钥内容文件，再依据版本号跳转至所需密钥。删除密钥时，只需要修改密钥索引文件的状态标识位即可，无须改动密钥内容文件，随后择机进行延时删除。

6.5.4.3　密钥在内存中存储结构

本节在基于商密算法的 3 层密钥管理体系[13]的基础上，增加基于双向平衡索引（TWB，two-way balanced）树的内存数据结构，确保内存查询时间稳定。

1. 内存中存储数据的选择

KMS 程序启动时，可将元数据信息和密钥信息读取至内存中，以便查询时快速响应。但当密钥量过大时，消耗内存较多，影响系统和程序性能。通过缓存部分信息可有效缓解此问题。

在内存中缓存的元数据和密钥内容，均有多种选择方式。元数据缓存有缓存全部内容、仅缓存文件中的偏移量这两种方式可选，密钥内容的缓存有三种方式：缓存全部密钥、缓存全部密钥在文件中的偏移量、仅缓存最后版本密钥在文件中的偏移量。各缓存方式的具体对比可见表 6-4 和表 6-5。

表 6-4　内存中存储的元数据选择

序号	元数据的选择	占内存大小	优点	缺点
1	每个密钥元数据的全部内容	200～300KB	元数据查询较快	占内存较多
2	每个密钥元数据在文件中的偏移量	8byte	占内存较少	每一次查询均需要读取文件，响应较慢

表 6-5　内存中存储的密钥内容选择

序号	元数据的选择	占内存大小	优点	缺点
1	所有密钥版本	密钥长度（16byte）×版本个数 n	在内存中遍历链表，直接获取密钥内容，无须读文件，查询较快	占内存过多，易导致程序崩溃
2	所有密钥版本的偏移量链表	偏移量指针长度（8byte）×版本个数 n	在内存中遍历链表，仅一次文件访问，查询较快	需要一次文件 I/O 读取密钥
3	仅最新版本偏移量链表的头指针	8byte	内存占用稳定，版本更新不影响内存占用	在文件中遍历链表，查询稍慢

根据不同场景，共实现 2 种方案，一种是在内存中缓存全部元数据（表 6-4 中的第 1 项）和最新版本偏移量链表的头指针（表 6-5 中的第 3 项）；另一种是元数据、密钥内容全部缓存至内存中（即表 6-4 中的第 1 项和表 6-5 中的第 1 项）。第 1 种方案由于不缓存密钥内容，只保存头指针，查询时在文件中跳转访问，时间开销较大；第 2 种方案缓存所有密钥，查询时从内存中一步读取，效率高，但内存消耗大。

2. 内存数据结构

采用 TWB 树来管理海量密钥，并保持查询稳定性，在 TWB 树中设置每节点最多 n 个关键字。在 TWB 树的内部节点中，仅存储密钥名用于索引；在叶节点中存储信息串，信息串包括密钥名、版本号、密钥长度、密钥算法名、创建时间、密钥描述、密钥头指针等，按照密钥名升序排列。TWB 树结构如图 6-43 所示。

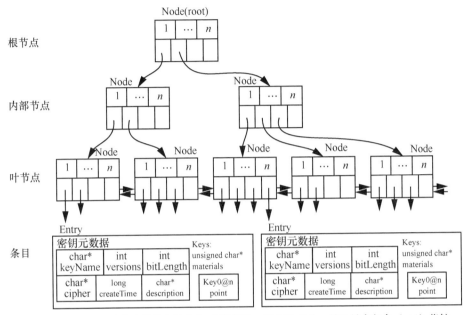

所有TWB树结构中的节点最多有n个密钥名，至少有n/2个，并且最多包含（n+1）指针

图 6-43 TWB 树结构

"元数据、密钥内容全部缓存至内存"的管理方案中，仍采用 TWB 树来管理海量密钥和密钥信息，存储相同密钥名的信息串。信息串除了密钥名（keyName）、版本号（versions）、密钥长度（bitLength）、密钥算法名（cipher）、创建时间（createTime）、密钥描述（description）6 个要素外，还有该密钥名下，所有版本的密钥内容。TWB 树结构叶节点的条目结构如图 6-44 所示。适用于小密钥量、反复查询的场景。

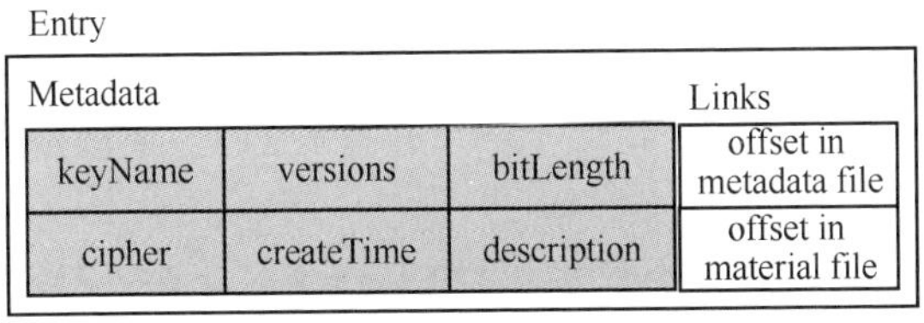

Entry

Metadata			Links
keyName	versions	bitLength	offset in metadata file
cipher	createTime	description	offset in material file

图 6-44 TWB 树结构叶节点的条目结构

| 6.6　本章小结 |

　　天地一体化信息网络的运营将产生海量的敏感数据,数据安全是保障天地一体化信息网络运行安全的核心目标之一。本章围绕天地一体化信息网络数据传输、数据存储和数据使用等方面的保护机制,详细介绍了天地一体化多播业务协议和广播业务协议、支持差异化可协商的数据通信机制、HDFS 安全存储和Hadoop 密钥管理等关键技术。未来需要研究数据细粒度流转管控、面向切片逻辑隔离的数据保护、数据违规流转与使用的溯源取证。

| 参考文献 |

[1]　3GPP. Multimedia broadcast/multicast service (MBMS); architecture and functional description (Rel 17): TS 23.246 V17.0.0[S]. 2022.

[2]　3GPP. Multimedia broadcast/multicast service (MBMS) user services; stage 1 (Rel 17): TS 22.246 V17.0.0[S]. 2022.

[3]　3GPP. 3G security; security of multimedia broadcast/multicast service (MBMS) (Rel 17): TS 33.246 V17.0.0[S]. 2022.

[4]　曹进, 石小平, 马如慧, 等. 组播服务有效认证和密钥分配协议实现方法、系统及设备[P]. 2022.

[5]　KOU W L, YOU W, LI S, et al. An eficient authentication and key distribution protocol for multicast service in space-ground integration network[J]. Security and Communication Networks, Article ID 2200546, 2022.

[6]　MA M X, SHI G Z, LI F H. Privacy-oriented blockchain-based distributed key management architecture for hierarchical access control in the IoT scenario[J]. IEEE Access, 2019(7): 34045-34059.

[7]　MA M X, YANG X T, SHI G Z, et al. Enhanced blockchain based key management scheme against key exposure attack[C]//2019 International Conference on Artificial Intelligence, Information Processing and Cloud Computing, ACM, 2019.

[8]　马铭鑫, 李凤华, 史国振, 等. 物联网感知层中基于 ECC 的分层密钥管理方案[J]. 通信学报, 2018, 39 (S2), 5-12.

[9]　MA M X, YANG X T, SHI G Z, et al. Hierarchical key management scheme with multilevel secure access[C]//2019 International Conference on Cyber-Enabled Distributed Computing and Knowledge Discovery, Cyber, 2019.

[10] MA M X, SHI G Z, SHI X Y, et al. Revocable certificateless public key encryption with outsourced semi-trusted cloud revocation agent[J]. IEEE Access, 2020(8): 148157-148168.

[11] 3GPP. 3GPP system architecture evolution (SAE); security architecture (Rel 17): TS 33.401 V17.1.0[S]. 2022.

[12] ARKKO J, CARRARA E, LINDHOLM F, et al. MIKEY: multimedia Internet KEYing[R]. RFC 3830, 2004.

[13] 李凤华, 李晖, 朱晖. 泛在网络服务安全理论与关键技术[M]. 北京: 人民邮电出版社, 2020.

后　记

天地一体化信息网络是一项投资大、周期长、迭代演化的系统工程，安全保障技术不能仅考虑原始创新，必须兼顾创新和成熟技术之间的平衡，并持续迭代演化。天地一体化信息网络的部分关键技术不适合作为专著的形式发布，但为了促进该方面的公开研究，本书较系统地介绍了适合学术交流的相关技术。考虑到天地一体化信息网络理论和技术的专有特征，对未来的发展趋势不适合独立的章节陈述，因此以后记的形式陈述部分发展趋势，主要包括：细粒度访问控制、组网认证与接入鉴权、全网安全设备统一管理、安全动态赋能架构与威胁处置、数据安全。

1. 细粒度访问控制

面向天地一体化信息网络的动态访问控制模型：针对天地一体化信息网络中拓扑大尺度高动态、网络架构泛云化、多模态数据海量、用户安全等级差异等特征，通过考虑传播路径、节点高速周期性/非周期性移动、数据通信大时延等要素对权限分配的影响，提出支持网络拓扑动态变化/安全需求差异化的访问控制模型，研究数据大尺度跨域流转的动态逻辑关系生成、资源传播链/网络传播链准确构建、多维操作与访问控制关联映射等内容，支撑大尺度高动态异构网络的权限高效分配。

大尺度高动态环境下的数据访问安全模型：针对天地一体化信息网络中用户跨域频繁访问、数据跨域频繁流动、数据所有权/管理权分离、操作安全形式化评估等特点和应用需求，充分考虑拓扑高动态、传输大时延对数据访问安全模型的影响，提出面向天基骨干网/天基接入网/地基节点（网）的访问安全模型及其组合方法；研究访问控制模型原子操作抽象及其组合、大尺度高动态环境下的原子操作安全规则构建、串并等组合操作下的安全性证明等内容，支撑跨业务/管理/接入等维度的域内/域外/衍生数据的安全访问。

数据海量异构场景下的访问控制策略生成：针对天地一体化信息网络中数据海量异构且持续生成、访问权限差异动态变更、数据跨域细粒度受控共享等特点和应用需求，充分考虑用户/设备动态移动、数据持续汇聚、访问场景频繁变换等对访问控制效果的影响，提出高动态场景下的访问控制策略归一化描述方法；研究海量异构数据按语义自动标识、访问控制策略可解释挖掘、场景适应的访问策略动态调整、策略语义冲突高效发现与冲突消减等内容，支撑海量异构数据的访问控制策略高效按需动态生成。

2. 组网认证与接入鉴权

天基网络自适应星间/星地组网认证：针对天基网络通信链路高动态断续连通、节点多样广域分布、多类网络融合异构、卫星节点动态移动、卫星计算承载能力受限等特点，研究场景感知的星间自适应动态组网认证、天地协同的安全路由生成及保持、多维度融合分析的星间路由控制等内容，提出星间/星地自适应安全组网认证解决方案，构建多层天基网络组网认证框架，解决天基网络卫星节点链路安全建立及可信保持等问题，支撑天地一体化信息网络空间段安全组网。

终端统一安全接入认证：针对天地一体化多类网络异构融合、通信/安全机制多样、卫星承载资源受限、通信链路断续连通、海量多模终端实时高并发接入等特点，研究大规模终端统一接入及鉴权架构、星地/星间终端安全接入与鉴权、海量终端轻量级群组接入认证等内容，提出天地一体化信息网络终端统一安全接入解决方案，构建天地一体化信息网络终端安全接入认证体系，解决场景复杂多类型异构网络融合的天地一体化信息网络中的统一接入认证与授权问题，支撑多类型用户终端的安全高效接入。

跨域认证及可信保持：针对天地一体化信息网络拓扑动态变化、星间/星地链路开放、星间/星地时延大、星际链路快速频繁切换、多种异构接入机制并存、终端漫游切换频繁、终端海量化等特点，研究跨网络/跨平台的终端统一无缝切换认证、可信终端跨管理域漫游身份认证、星地/星间可信链路维护等内容，提出天地一体化信息网络跨域认证及可信保持解决方案，构建天地一体化信息网络跨域认证体系，解决天地一体化信息网络中终端跨域统一认证问题，支撑各类型终端节点的跨域无缝安全认证。

3. 全网安全设备统一管理

海量安全设备统一管理框架：针对天地一体化信息网络中安全设备类型多元、

终端海量差异、设备频繁加入与退出、应用跨域部署等特点，提出类型差异的安全设备统一描述方法、分区分级可扩展自适应的部署管理模型，研究安全管理系统间专用安全通信协议族、星上/地面安全设备实时发现、海量设备统一配置、安全策略优化分解分发与增量更新等内容，实现亿级安全设备的统一管理。

全网安全设备状态实时监测：针对天地一体化信息网络中设备运行环境恶劣、设备状态变更频繁、监测资源受限等特点，考虑攻击者对安全设备实施策略式攻击，提出计算/存储/带宽资源受限条件下的安全设备轻量级实时监测机制；研究监测设备/组件优化部署、安全监测资源动态开启与关闭、监测策略在线实时激活、安全设备状态准确判定等内容，实现对全网安全设备运行状态的准确获取。

4. 安全动态赋能架构与威胁处置

安全服务能力动态编排：针对天地一体化信息多域互联、安全防护能力差异、安全服务需求多样、应用场景复杂等特点和应用需求，提出全网统一编排实施机制、安全服务能力需求归一化描述方法；突破服务意图匹配的安全服务需求生成、安全策略驱动的跨层跨域安全服务按需编排、多域安全互联控制指令自动分解与分发、基于关联反馈的多域协同安全服务效果评估等关键技术，支撑天地一体化信息网络安全按需服务与透明管控。

安全威胁统一处置指挥：针对天地一体化信息网络中安全设备类型多元、异构网络多层次互联、跨域部署等特点和应用需求，提出跨管理域跨层级纵横安全互联控制框架、威胁驱动的分级联动处置方法；突破安全需求/保障成本相匹配的设备动态扩展部署、区域边界安全互联管控与研判、任务驱动的安全策略重构、威胁处置效果精准研判等关键技术，实现天地一体化信息网络分区分域可扩展动态自适应的全网安全威胁统一处置。

5. 数据安全

跨域密码资源动态管理与监控：针对天地一体化信息网络设备类型多、密码资源多、分区分域复杂、行政管理归属复杂等特点，研究天地一体化信息网络密码资源跨域管理方法、密码装置监管等内容；突破域内/域间密码资源动态分发与参数配置、密码算法与协议重构策略、密码计算动态调度、密码装置状态监管等关键技术，实现百万级密码装置的密码算法、协议、密钥等资源的全网动态管理。

密码服务高并发调度：针对天地一体化信息网络用户规模大、业务峰值高、服务请求在线随机等特点，提出服务状态跨层跟随的密码计算模型、密码作业高并发调度方法；突破千万级并发密码服务请求状态管理、密码作业流与其算法运行状态动态映射、随机交叉数据流的多算法多 IP 核调度等关键技术，实现千万级在线密码服务并发调度。

支持国密算法的安全存储盘阵：针对天地一体化信息网络中业务系统对数据存储安全可靠、动态可扩展、密钥分级保护、安全隔离等应用需求，提出数据细粒度分级加密保护、用户−密钥快速关联等方法；突破支持用户随机交叉访问的透明加/解密、多租户细粒度密钥隔离、内外 I/O 带宽均衡的高性能加、解密等关键技术，满足天地一体化信息网络的安全存储、自主可控需求。

高性能服务器密码机：针对天地一体化信息网络业务动态扩展、服务峰值差异、密码计算资源按需分配等特点，提出可重构的高性能密码服务计算架构、密码计算的层次结构及服务虚拟化方法；突破密码设备/模块间计算资源虚拟化管理、密码算法安全参数与数据/文件关联映射、密码算法 IP 核按需动态配置等关键技术，实现海量用户差异化需求的密码按需服务。

体系化地保障天地一体化信息网络安全不是一件一蹴而就的事情，需要分析天地一体化信息网络独特的特征，持之以恒、长期探索其理论体系和技术体系，并不断迭代演进与完善，实现原始创新。本书作者本想保持学术定力、潜行研究，以"十年磨一剑"的精神践行原始创新，但由于天地一体化信息网络建设的紧迫性和重要性，作者基于对天地一体化信息网络安全保障的使命感和责任感，深感有必要早日出版此书，以引导和促进学术界和工业界群策群力，持续开展相关理论和技术研究，为天地一体化信息网络安全提供可靠、可信、可持续的技术支撑。

名词索引